KB073308
과학실험
The Encyclopedia of Mad-Medicine
의학 사전

의학은 상업이나 종교 또는 정치적으로 이용되고 있습니다.
현대에도 의사의 감수나 추천 혹은 수수께끼 같은 연구 성과를 근거로 한 상품이 판매되고
있지만 '건강에 좋다'거나 '건강에 유해하다'는 식으로 세간에 화제가 될 때마다
아무리 미량이 들어 있어도 건강식품이고 약이라고 믿는 사람들이 있는가 하면
아무리 미량이 들어 있어도 독이라고 생각해 완전 거부하는 선악 이원론으로만
사물을 판단하는 안타까운 이들이 많은 것이 실정입니다.

독도 잘 쓰면 약이 되고, 약도 잘못 쓰면 독이 됩니다.

독인지 약인지는 전적으로 당시 사람들의 사정일 뿐입니다.
인간에게 무해하거나 해가 적으며 세균·바이러스·암 세포 등에
독으로 작용하는 것을 '약'이라고 부르고 있는 것뿐입니다.
'탈리도마이드'는 혈관 신생 저해 작용이 있어 태아의 성장을 저해하고
기형을 유발하는 동시에 암 세포의 증식도 저해합니다.
같은 인간이라도 태아에게는 독이 되고 암 환자에게는 약이 되는 것입니다.

무쇠 냄비나 건강보조제로 철분을 섭취할 수 있다고 주장하는 상품은 모두 무해무익합니다.
철분은 과잉 섭취하면 체내에 축적되어 철분 과다로 목숨을 잃을 수 있기 때문입니다.
진짜 의약품인 철분제에는 과잉증을 일으킬 수 있으므로 철분이 부족하지 않은 환자에게는
처방하지 말라고 쓰여 있습니다.
인간의 필수 영양소는 부족해도 혹은 너무 과해도 목숨을 잃을 수 있습니다.

진짜 무쇠 냄비에서 대량의 철분이 녹아나온다면
법으로 금하지 않는 한 과잉증으로 대량의 사망자가 발생했을 것입니다.
실제 대량의 사망자가 발생한 사건도 있습니다.
규제가 없는 것은 무쇠 냄비가 철분 섭취에 아무런 효과나 영향이 없기 때문입니다.

의사가 자유 진료로 행하는 건강에 좋다고 알려진 모든 행위는 무해무익합니다.
진짜 건강에 영향을 미칠 만큼 인체에 크게 작용한다면 부작용도 크기 때문에
이익과 위험이 표리일체합니다.
진짜 의사라면 그런 사실을 알고 있을 것이므로
무해무익한 행위를 유익한 것처럼 속여 장사를 하는 것일 뿐입니다.

'호메오파시(동종요법)'가 분자 1개도 남지 않을 때까지 레메디를 희석하는 것도
실제 병증을 일으키는 유독 성분이 미량이라도 남아 있게 되면 범죄가 되기 때문입니다.
인체에 무해한 수준까지 희석한 미량의 독이지만 위법이기 때문에
완전한 물로 만들기 위해 수차례 희석한 것일수록 효과가 좋다는 식의 억지 이론을
늘어놓으며 무해무익하게 만든 후 유익한 척 팔고 있는 것입니다.

과학은 모든 양을 가감해 인간에 유익한 상태를 만드는 행위로,
너무 많거나 적어도 안 되며 적정량으로 균형을 맞추는 것이 올바른 과학입니다.

크툴루 신화 대사전

히가시 마사오 지음 | 전홍식 옮김 | 552쪽 | 25,000원

크툴루 신화 세계의 최고의 입문서!

크툴루 신화 세계관은 물론 그 모태인 러브크래프트의 문학 세계와 문화사적 배경까지 총망라하여 수록한 대사전이다.

아리스가와 아리스의 밀실 대도감

아리스가와 아리스 지음 | 김효진 옮김 | 372쪽 | 28,000원

41개의 놀라운 밀실 트릭!

아리스가와 아리스의 날카로운 밀실 추리소설 해설과 이소다 가즈이치의 생생한 사건현장 일러스트가 우리를 놀랍고 신기한 밀실의 세계로 초대한다.

연표로 보는 과학사 400년

고야마 게타 지음 | 김진희 옮김 | 400쪽 | 17,000원

알기 쉬운 과학사 여행 가이드!

「근대 과학」이 탄생한 17세기부터 우주와 생명의 신비에 자연 과학으로 접근한 현대까지, 파란만장한 400년 과학사를 연표 형식으로 해설한다.

제2차 세계대전 독일 전차

우에다 신 지음 | 오광웅 옮김 | 200쪽 | 24,800원

일러스트로 보는 독일 전차!

전차의 사양과 구조, 포탄의 화력부터 전차병의 군장과 주요 전장 개요도까지, 제2차 세계대전의 전장을 누볐던 독일 전차들을 풍부한 일러스트와 함께 상세하게 소개한다

유사 과학은 무해무익한 것을 효과가 있다고 속이며 더 많은 양을 사용할수록
좋다고 광고합니다. '수소수' 같은 물장사가 그 대표적인 예입니다.

기독교회는 예수가 기적을 일으킨 것을
자연·질병·죄악·악령·죽음을 지배하는 권위의 근거로 삼아 맹위를 부려왔습니다.
여기서 중요한 것은 모두를 믿게 만들 정도의 권위를 가졌대도
강제적으로 병을 낫게 하는 권력은 갖지 못했다는 것입니다.
기적을 일으킬 수 있는 것은 성인뿐입니다.
로마 교황도, 사제도, 목사도 기적은 일으킬 수 없습니다.
아무리 기도해도 성인이 아닌 범인이 기적을 일으킬 수는 없으므로 병은 낫지 않습니다.

21세기가 되면서 의학의 발달로 담배의 백해무익함이 판명되어
세계적으로 거부당하고 있습니다.
하지만 뿌리 깊은 애호가들과 거대 권익 단체에 의해 근절되지 않습니다.
최근에는 알코올도 건강에 좋지 않은 유해성만 있을 뿐이라는 연구 결과가
발표되고 있지만 이권이 워낙 커서 규제될 전망은 보이지 않습니다.
잘못된 통계의 대표적인 사례로까지 거론되고 있는 레드 와인은 건강에 좋다는
판매업자들의 광고가 계속되고 있으며 애주가들은 그런 광고를 믿고 있습니다.
폴리페놀이 건강에 좋다면 알코올을 제거한 와인을 마시면 될 텐데
무슨 이유에서인지 다들 알코올이 들어간 와인을 마시고 있습니다.
결국 자신이 좋아하는 것, 팔고 싶은 상품은 인체에 해가 없고
오히려 건강에 좋다는 면죄부를 주었을 뿐입니다….

의료는 의사가 환자와 진료 계약을 맺고 판매하는 상업 행위이기 때문에 상업 활동과 분리해 생각할 수 없습니다.
의료는 종교가 권위를 지닌 질병과 죽음을 지배하는 힘을 얻기 위해 종교와 대립합니다.
의료는 거액의 공비를 들여 인간의 건강과 생사에 관여하기 때문에
정치적으로도 다툼이 끊이지 않는 문제가 되고 있습니다.
효과가 없다는 것을 증명하는 것이 매우 어렵기 때문에
기득 권익이 생겨나면 무익한 것도 계속해서 판매되고,
해가 없다는 것을 증명하는 것도 매우 어렵기 때문에
유해하다는 꼬리표가 붙은 것은 계속해서 기피됩니다.
또 완벽히 증명이 되더라도 인간은 자신이 믿고 싶은 것만 믿기 때문에 귀를 기울이려 하지 않습니다.

오컬트 의학은 기호·상술·종교·정치에 의해 탄생한 원치 않은 아이인 것입니다.

이 책은 의학 중에서도 유독 별난 소재를 다루는,
올바른 의학과 이상한 의학의 틈새에 존재하는 전무후무한 의학 사전입니다.

야쿠리 교시쓰
아주마 지로

Topics [KARTE No.001 ~ 010]

※이 책은 뉴스 사이트 'TOCANA', '과학 실험 이과 포털', '브로마가', 'mitok' 및 월간『라디오 라이프』, 앞서 발간된『과학 실험 이과* 사전』 시리즈에 실린 기사를 재편집한 것입니다. 기사가 실렸던 시기와 상황이 달라진 경우가 있으므로 그 점은 양해 부탁드립니다.
※약은 용법과 용량을 지켜 사용하기 바랍니다. 처방 받은 약은 반드시 의사 및 약사의 지시에 따라 복용합니다. 이상 증상이 발생하는 경우, 신속히 담당 의사나 약사와 상담하기 바랍니다.
※이 책의 기사는 재현성을 보장하지 않습니다. 기사 내용을 실행에 옮김으로써 발생하는 사고나 문제에 대해 저자 및 AK커뮤니케이션즈는 책임지지 않습니다. 또한 비합법적인 목적으로 기사를 이용하는 행위는 엄히 금합니다.

*원제 アリエナイ理科/있을 수 없는 이과. 한국어판 제목에 따라 본문 중 등장하는 시리즈명은 '과학실험'으로 표기합니다.

드러나지 않은 의학의 역사 [KARTE No.011~022]

과학실험
The Encyclopedia of Mad-Medicine
의학 사전

은밀한 기초 의학 [KARTE No.023~038]

세계의 희귀병·난치병 [KARTE No.039~044]

보강 [KARTE No.045~049]

KARTE No. 001

제2차 세계대전 중 영국군이 퍼뜨린 헛소문에서 시작되었다?!

블루베리가 눈에 좋다는 설의 진실

'블루베리가 눈에 좋다'는 설에는 내막이 있었다. 전쟁에 이기기 위해 퍼뜨린 거짓 정보였던 것이다…! 게다가 당시에는 블루베리가 아닌 다른 채소의 효과로 선전했다.

'블루베리에 함유된 안토시아닌이 눈에 좋다'는 말을 제2차 세계대전의 일화로 들어본 사람도 많을 것이다. '영국 공군의 한 조종사가 블루베리 잼을 즐겨 먹은 덕분에 해가 진 후에도 사물을 또렷이 볼 수 있었다'는 것이다.

하지만 이 선전 문구는 영국의 레이더 성능을 적국인 독일에 감추기 위한 방편이었다. 게다가 당시 밤눈에 효과가 있다고 알려진 것은 블루베리(안토시아닌)가 아닌 '당근의 카로틴(비타민A)'이었다.

당시 '비타민A를 대량으로 섭취하면 야간 시력이 향상된다'는 설은 세계적인 지지를 받고 있었다. 일본군도 비타민 주사 등을 채용했을 정도이다. 등화관제를 실시한 영국에서는 어둠 속에서도 잘 볼 수 있도록 거국적으로 당근을 먹도록 권장하는 캠페인을 벌였다. '닥터 캐럿' 같은 홍보 캐릭터도 있었다.

그런 상황에서 영국 공군이 야간 전투에서 다수의 독일 폭격기를 격추하는 전과를 올리기 시작했다. 실은 영국군의 레이더 성능이 향상된 덕분이었지만 적국 독일이 알아채지 못하도록 '당근을 먹고 밤눈

닥터 캐럿(DOCTOR CARROT) 포스터

영국의 제국전쟁박물관(https://www.iwm.org.uk/)에 보관되어 있다. 아이들에게도 당근 섭취를 권장했던 듯하다.

제2차 세계대전 중의 포스터

미국 국립 공문서기록관리국(https://www.archives.gov/)에 보관되어 있다.

Memo:

오늘날 블루베리가 눈에 좋다는 설은 '상식'처럼 알려져 있다. 그 효과를 암시하는 건강보조식품도 다수 판매되고 있다. 하지만 의학적 근거는 없다. 진짜 효과가 있다면 건강보조식품 회사가 아니라 제약회사가 의약품으로 판매했을 것이다. 애초에 눈에 좋다고 알려진 것도 블루베리의 안토시아닌이 아니라 당근의 카로틴이었다는 점에서도….

이 좋아진 격추 왕이 있다'고 선전한 것이다. 그렇게 영웅으로 떠오른 인물이 '고양이 눈 커닝햄'이라고 불린 존 커닝햄(John Cunningham)이다. 오스트레일리아 국립 도서관의 데이터베이스 'Trovo'에서 1952년 3월 14일자 신문에 실린 '제2차 세계대전 중 가장 성공한 거짓말의 주역을 연기했다'는 기사를 확인할 수 있었다. 또 『히틀러 속이기(Deceiving Hitler: Double-cross and Deception in World War Ⅱ)』라는 책에 따르면, 이런 거짓 정보 작전은 영국의 첩보기관 '옵스 B(Ops B)'의 자비스 리드 대령이 지휘했다고 쓰여 있다.

현대 의학에서도 비타민A와 비타민B군은 눈에 꼭 필요한 영양소로 알려져 있다. 특히, 비타민A 결핍은 야맹증의 원인이 될 가능성도 있다. 하지만 대량 섭취한다고 해서 원래 시력보다 더 좋아지는 것은 아니다.

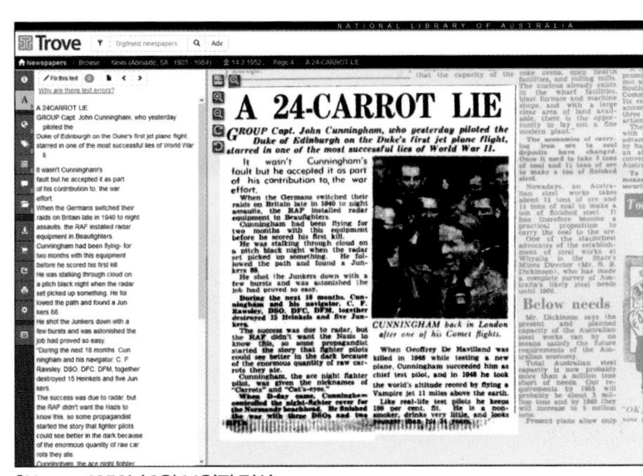

A 24-CARROT LIE

GROUP Capt. John Cunningham, who yesterday piloted the Duke of Edinburgh on the Duke's first jet plane flight, starred in one of the most successful lies of World War II.

It wasn't Cunningham's fault but he accepted it as part of his contribution to the war effort.

When the Germans switched their raids on Britain late in 1940 to night assaults, the RAF installed radar equipment in Beaufighters.

Cunningham had been flying for two months with this equipment before he scored his first kill.

He was stalking through cloud on a pitch black night when the radar set picked up something. He followed the path and found a Junkers 88.

He shot the Junkers down with a few bursts and was astonished the job had proved so easy.

During the next 18 months, Cunningham and his navigator, C. F. Rawsley, DSO, DFC, DFM, together destroyed 15 Heinkels and five Junkers.

The success was due to radar, but the RAF didn't want the Nazis to know this, so some propagandist started the story that fighter pilots could see better in the dark because of the enormous quantity of raw carrots they ate.

Cunningham, the ace night fighter pilot, was given the nicknames of "Carrots" and "Cat's-eyes."

When D-day came, Cunningham controlled the night-fighter cover for the Normandy beachhead. He finished the war with three DSOs and two DFCs.

CUNNINGHAM back in London after one of his Comet flights.

When Geoffrey De Havilland was killed in 1946 while testing a new plane, Cunningham succeeded him as chief test pilot, and in 1948 he took the world's altitude record by flying a Vampire jet 11 miles above the earth.

Like real-life test pilots he keeps 100 per cent. fit. He is a non-smoker, drinks very little, and looks younger than his 34 years.

「News」 1952년 3월 14일자 기사
오스트레일리아 국립 도서관 데이터베이스 'Trovo'(https://trove.nla.gov.au/) 참조.

JOHN 'CAT'S-EYES' CUNNING-HAM THE AVIATION LEGEND
영국의 공군 영웅 '고양이 눈 커닝햄'의 전기.

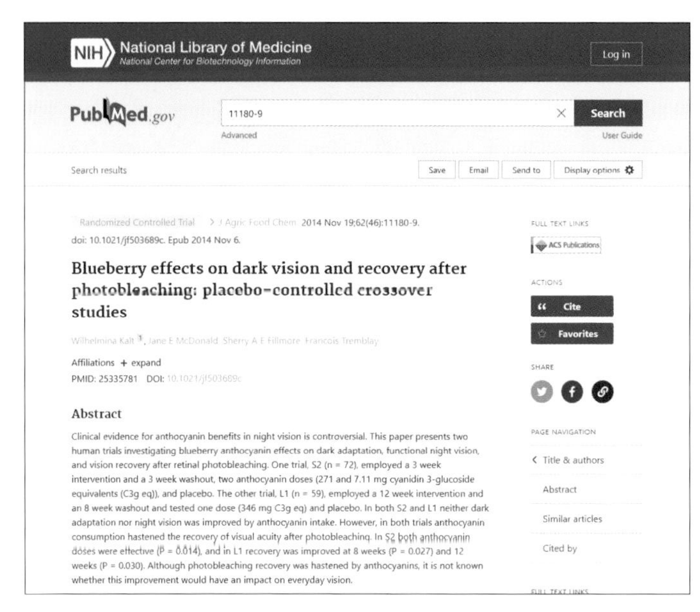

PubMed
https://www.ncbi.nlm.nih.gov/pubmed
과학 및 의학에 관한 세계 최대의 논문 데이터베이스에서 검색하자 블루베리의 효능을 부정하는 최근의 논문이 다수 발견되었다. 위약 효과는 기대할 수 있다고 하지만….

논문으로 부정된 '블루베리의 시력 향상 효과'

그렇다면 언제 당근이 블루베리(구체적으로는 블루베리의 일종인 '빌베리')의 전설로 바뀌게 된 것일까? 그 소문의 근원을 찾으려고 애썼지만 아쉽게도 실체를 밝혀내지는 못했다.

다만, 세계 최대의 논문 데이터베이스 'PubMed'에서 'Bilberry + eye', 'Blueberry + eye'를 검색하자 21세기에 쓰인 블루베리의 효능을 부정하는 다수의 논문이 발견되었다. 예컨대, 2014년에 쓰인 「Blueberry effects on dark vision and recovery after photobleaching:placebo-controlled crossover studies.」라는 논문에서는 야간 시력에 대한 블루베리의 효과를 위약 효과라고 결론 내렸다. 21세기에 이런 논문들이 다수 등장한 이유는 '블루베리가 눈에 좋다'는 '상식'이 세계적으로 널리 퍼졌기 때문일 것이다. 특히, 건강보조식품 등을 통해 점점 그 효과가 과장되면서 눈의 피로는 물론 근시, 난시, 녹내장, 백내장 등에도 효과가 있다는 식의 표현까지 사용되고 있는 지경이다. 물론, 과학적 근거는 없다. 당연히 당국의 인가를 받거나 '의약품'으로 선전할 수도 없다.

참고로, 제2차 세계대전 당시 독일이 영국의 거짓 선전에 속았는지는 알 수 없다. 다만, 독일에서 더 대단한 것을 만들려는 연구가 있었던 듯하다. 그 결과, 메리골드 꽃잎에서 추출한 헬레니엔(Helenien)이라는 색소에 명암 순응 효과가 있다는 것을 밝혀냈다. 바이엘 약품의 '아답티놀 정'은 이 헬레니엔이 주

Memo:

성분인 안질환 개선제이다. 승인 약으로 시판된 것은 1951년으로 전쟁이 끝난 후였지만 현재까지도 과학적 근거가 있는 의약품으로 세계적으로 인가를 받아 사용되고 있다.

블루베리에 관한 최근의 연구 성과

블루베리의 효과를 일방적으로 폄하하는 것도 마음이 편치 않으므로 「브리티시 메디컬 저널(BMJ)」에 실린 한 논문(2013년 8월 29일 공개)을 소개한다. 「Researchers find link between blueberries, grapes and apples and reduced risk of type 2 diabetes(포도나 사과보다 블루베리를 먹는 편이 2형 당뇨병의 위험성이 저하된다)」는 것이다.

이 논문에 따르면, 블루베리를 매일 먹는 사람의 위험 비율(아무것도 하지 않는 사람을 1이라고 했을 때 평균 사망률의 비교)은 0.74로 포도나 사과를 먹는 사람에 비해 낮은 수치를 나타냈다. 논문에 따르면, 각 과일의 위험 비율은 아래와 같다.

그러므로 당뇨병이 걱정된다면 포도나 사과나 딸기나 멜론을 먹는 것보다 블루베리를 고르는 편이 좋을 것이다. 물론, 가장 중요한 것은 균형 잡힌 식생활이다. 블루베리만 잔뜩 먹는 극단적인 방식은 아무 의미가 없다.

당뇨병 위험성에 관한 과일별 위험 비율

과일	위험 비율
블루베리	0.74
포도·건포도류	0.88
말린 서양 자두	0.89
사과·서양배류	0.93
바나나	0.95
자몽	0.95
복숭아·서양 자두·살구	0.97
오렌지	0.99
딸기	1.03
레드멜론	1.10

바이엘 약품 아답티놀 정

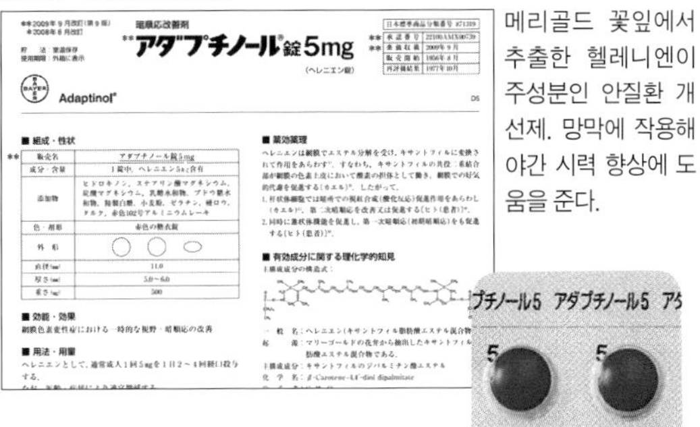

메리골드 꽃잎에서 추출한 헬레니엔이 주성분인 안질환 개선제. 망막에 작용해 야간 시력 향상에 도움을 준다.

KARTE No. 002

'마시면 뼈가 녹는다'는 설의 진상을 알아보자

콜라와 뼈의 관계

많은 사람들이 좋아하는 콜라. 하지만 어릴 때 어른들에게 '콜라를 마시면 뼈가 녹는다!'는 잔소리를 들어본 사람도 많을 것이다. 그게 정말일까? 그 진실을 파헤쳐보자.

많은 사람들이 '콜라를 마시면 뼈가 녹는다'는 말을 들으며 자라지 않았을까. 그리고 대부분은 그런 말은 신경도 쓰지 않고 계속해서 콜라를 마셨을 테고 실제 뼈가 녹았다는 실감 같은 건 없었을 것이다. 그 말인즉, 콜라를 마시면 뼈가 녹는다는 말은 단순한 도시 전설 혹은 미신에 불과한 것이 아닐까?

실은 그렇게 단순한 문제가 아니다. 콜라는 특유의 산미를 내기 위해 '인산'이라는 첨가물을 사용한다. 인산은 다량 섭취하면 뼈 합성에 좋지 않은 영향을 줄 수 있다는 말이 있다.

일본의 '공익재단법인 골다공증재단' 홈페이지에는 '콜라에는 인산이 다량 함유되어 있어 칼슘 흡수를 저해하므로 지나치게 많이 마시지 않는 것이 좋다'라는 단정적인 문구가 쓰여 있기도….

근본적으로 인산(을 구성하는 인)은 모든 생물에 필수적인 미네랄이다. 칼슘과 결합해 뼈와 치아를 만드는 것 외에도 DNA와 ATP(아데노신삼인산) 등에서 생명 유지에 중요한 역할을 맡고 있다.

그렇게 중요한 인을 다량 섭취하는 것이 왜 문제가 될까? 공익재단법인 골다공증재단 홈페이지에서는 다음과 같이 설명한다.

> 인은 칼슘과 사이가 좋아 빠르게 결합한다. 인과 칼슘은 뼈 속에서 인산칼슘의 결정이 된다. 또 인을 다량 섭취하면 장내에서 칼슘과 결합해 결정이 되기 때문에 장관에 흡수되어 체내로 들어가지 못하고 그대로 변에 섞여 배출된다. 인을 다량 섭취하면 칼슘의 흡수를 방해하는 것이다. 그러므로 인은 지나치게 섭취하지 않는 편이 바람직하며, 섭취량은 칼슘의 2배 정도가 적합하다.

인은 다양한 식품에 풍부하게 포함되어 있기 때문에 일반적인 식사를 통해 필요한 양을 대부분 충족할 수 있는 듯하다. 2015년 실시된 '국민 건강·영양 조사'의 영양소 등 섭취량(1세 이상, 남녀 합계, 연령 계급별)에는 '칼슘 517㎎, 인 990㎎'으로 되어 있다. 이 조사에서는 식품 첨가물로서의 인산의 양을 가산하지 않았으므로 실제 인 섭취량은 더 많을 것으로 예상된다. 실제 우리는 칼슘의 2배가 넘는 인을 섭취하고 있는 것이다.

Memo:

인과 칼슘의 섭취 비율을 알려주세요.
또 인 외에 단백질이나 소금도 칼슘의 섭취를 방해하나요?

인은 칼슘과 사이가 좋아 빠르게 결합합니다. 인과 칼슘은 뼈 속에서 인산칼슘의 결정이 됩니다. 또 인을 다량 섭취하면 장내에서 칼슘과 결합해 결정이 되기 때문에 장관에 흡수되어 체내로 들어가지 못하고 그대로 변에 섞여 배출됩니다.

인을 다량 섭취하면 칼슘의 흡수를 방해하게 됩니다. 그러므로 인은 지나치게 섭취하지 않는 편이 바람직하며, 섭취량은 칼슘의 2배 정도가 적합합니다. 다만, 엄밀한 기준은 아닙니다. 칼슘의 흡수율에 영향을 미치는 다양한 요인이 존재하므로 3배 정도라도 큰 지장이 없는 경우도 있습니다. 인은 육류, 어류 외에 우유나 청량음료에도 들어있기 때문에 자연히 많은 양을 섭취하게 됩니다.

또한 단백질이나 소금도 중요한 영양분이기 때문에 어느 정도의 양은 필요하지만 하루에 단백질 80g, 소금 10g 이상과 같이 다량으로 섭취하게 되면 칼슘이 소변을 통해 배출됩니다. 물론, 적정량을 섭취하면 칼슘 흡수에 큰 영향을 미치지 않습니다. 오히려 적당량의 단백질은 칼슘의 흡수를 돕기 때문에 균형 잡힌 식습관을 실천하는 것이 중요합니다.

▲ 질문 INDEX로 돌아가기

일본 공익재단법인 골다공증재단 http://www.jpof.or.jp/faq/faqprevention/
인과 칼슘의 관계에 대해 설명한다. 단백질과 소금의 영향에 관한 내용도 있다.

코카 콜라사의 반론

'콜라를 마시면 뼈가 녹는다'는 설의 가장 큰 문제는 산미료로 쓰이는 '인산'의 대량 섭취가 칼슘의 흡수를 방해하고 골밀도를 낮추는 원인이 될 가능성이 있다…는 것이다. 당연히 코카 콜라사에서는 그것을 부정했다. 일본의 코카 콜라사는 '음료 아카데미'라는 공식 사이트에 영양과 뼈 건강에 관한 전문가 로버트 P. 히니(Robert P. Heaney)의 인터뷰 기사를 실었다. 그는 다음과 같이 논평했다.

> (로버트 P. 히니) 우리가 실시한 칼슘과 대사에 관한 연구에서, 콜라 음료에 함유된 인산은 요중 칼슘 손실에 아무런 영향을 미치지 않는 것으로 밝혀졌다.

로버트 P. 히니의 논문은 「Carbonated beverages and urinary calcium excretion」이다. 이 논문의 요지는 '콜라를 마셔도 소변으로 배출되는 칼슘의 양은 변화가 없었다'는 것. 골밀도가 감소했는지 여부는 측정하지 않았다. 가장 궁금했던 부분에 대한 답변은 아닌 것이다.

콜라와 여성의 골밀도에 관한 논문

한편, 콜라와 골밀도의 관계에 대해 조사한 논문 「Colas, but not other carbonated beverages, are associated with low bone mineral density in older women: The Framingham Osteoporosis Study」도 있다. 이 논문에서는 성인 여성의 콜라 섭취가 저골밀도(BMD)와 관련이 있다고 결론지었다.

구체적인 요점은 다음과 같다(서빙[SV, serving]은 식사 제공량을 나타내는 단위. 이 논문에서 '소비량은 주당 평균 서빙을 측정해 1서빙은 1잔이나 1캔 또는 1병으로 정의했다'고 쓰여 있다).

- 1971~2001년까지 실시된 6사이클의 골다공증에 대한 조사 자료에서 남성(연령: 59.4±9.5) 1,125명, 여성(연령: 58.2±9.4) 1,413명을 대상으로 분석했다.
- 여성의 대퇴골 경부의 골밀도가 콜라를 마시지 않는 사람은 0.89g/cm², 7서빙 이상 마시는 사람은 0.855g/cm²였다.
- 콜라 이외의 탄산음료에서는 유의미한 차이가 발견되지 않았다.
- 남성에게서는 유의미한 차이가 발견되지 않았다.

성인 여성이 콜라를 마시면 골밀도가 낮아진다는 결과를 얻은 것이다. 이 논문에서는 '더 많은 조사가 필요'하다는 말과 함께 '골다공증 우려가 있는 여성은 콜라를 매일 마시는 것은 피하는 편이 좋다'고 결론지었다.

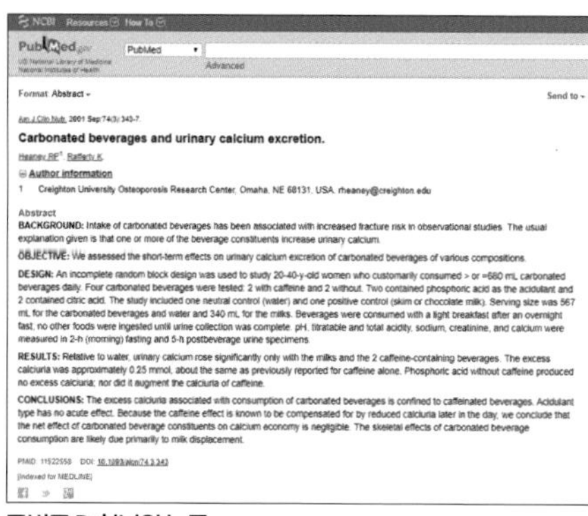

NCBI Resources How To

PubMed.gov US National Library of Medicine National Institutes of Health | PubMed | Advanced

Format: Abstract | Send to

Am J Clin Nutr. 2001 Sep;74(3):343-7.

Carbonated beverages and urinary calcium excretion.

Heaney RP[1], Rafferty K.

Author information

1 Creighton University Osteoporosis Research Center, Omaha, NE 68131, USA. rheaney@creighton.edu

Abstract

BACKGROUND: Intake of carbonated beverages has been associated with increased fracture risk in observational studies. The usual explanation given is that one or more of the beverage constituents increase urinary calcium.

OBJECTIVE: We assessed the short-term effects on urinary calcium excretion of carbonated beverages of various compositions.

DESIGN: An incomplete random block design was used to study 20-40-y-old women who customarily consumed > or =680 mL carbonated beverages daily. Four carbonated beverages were tested: 2 with caffeine and 2 without. Two contained phosphoric acid as the acidulant and 2 contained citric acid. The study included one neutral control (water) and one positive control (skim or chocolate milk). Serving size was 567 mL for the carbonated beverages and water and 340 mL for the milks. Beverages were consumed with a light breakfast after an overnight fast; no other foods were ingested until urine collection was complete. pH, titratable and total acidity, sodium, creatinine, and calcium were measured in 2-h (morning) fasting and 5-h postbeverage urine specimens.

RESULTS: Relative to water, urinary calcium rose significantly only with the milks and the 2 caffeine-containing beverages. The excess calciuria was approximately 0.25 mmol, about the same as previously reported for caffeine alone. Phosphoric acid without caffeine produced no excess calciuria; nor did it augment the calciuria of caffeine.

CONCLUSIONS: The excess calciuria associated with consumption of carbonated beverages is confined to caffeinated beverages. Acidulant type has no acute effect. Because the caffeine effect is known to be compensated for by reduced calciuria later in the day, we conclude that the net effect of carbonated beverage constituents on calcium economy is negligible. The skeletal effects of carbonated beverage consumption are likely due primarily to milk displacement.

PMID: 11522558 DOI: 10.1093/ajcn/74.3.343

[Indexed for MEDLINE]

로버트 P. 히니의 논문

「Carbonated beverages and urinary calcium excretion.」
Am J Clin Nutr.2001 Sep;74(3):343-7.
https://www.ncbi.nlm.nih.gov/pubmed/11522558

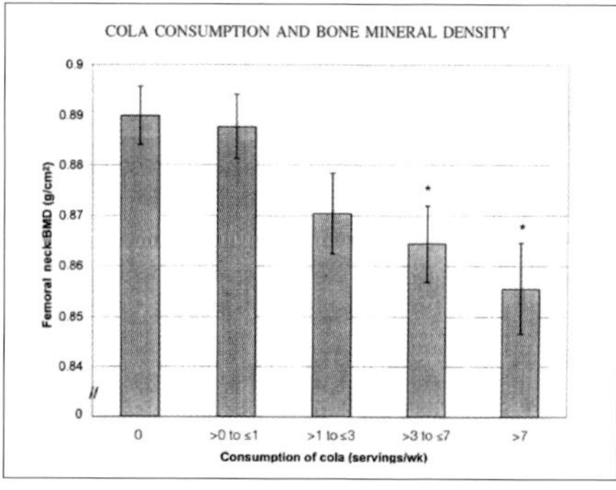

콜라를 마시는 여성의 골밀도가 감소했다는 자료

「Colas, but not other carbonated beverages, are associated with low bone mineral density in older women:The Framingham Osteoporosis Study」 참조.
https://www.ncbi.nlm.nih.gov/pubmed/17023723

Memo:

콜라 음료에는 240㎖당 25~40㎎의 인산이 산미료로 함유되어 있다. 같은 양의 오렌지주스에는 27㎎, 우유에는 232㎎가 함유되어 있다. 또 땅콩 30 g에는 113㎎, 체다 치즈에는 145㎎이 함유되어 있다고 한다(코카 콜라사 '음료 아카데미'의 '음료가 뼈에 미치는 영향의 유무를 검증' 참조).

과연 결론은…

콜라 섭취와 골밀도 감소의 관계는 부정론과 긍정론이 교착하며 감소와 관계가 있다는 데이터가 존재하는 것도 사실이다. 하지만 그런 논문을 감안해도 대량을 '매일' 마시는 수준이 아니라면 큰 문제는 없다고 할 수 있다. 뻔한 결론이 된 것 같지만….

참고로, 콜라 이외에 어떤 소프트드링크에 인산(또는 인)이 함유되어 있을지 궁금해 할 사람도 있을 것이다. 아사히 음료와 산토리사의 공식 사이트에는 자사 제품의 영양 성분이 공개되어 있으므로 확인해 보기 바란다.

탄산음료는 콜라류에 100㎖당 약 20㎎ 정도가 함유되어 있다. 그 밖의 탄산음료에는 1㎎ 정도가 들어 있다. 또 커피, 유음료, 채소 주스 등에도 인이 함유되어 있는데 이런 음료를 앞서 살펴본 '콜라와 골밀도의 관계'를 다룬 논문에 그대로 적용하지 않도록 주의하자.

진부한 이야기이지만, 중요한 것은 평소 균형 잡힌 식사에 유의하며 칼슘 등 필요한 영양소를 충분히 섭취하는 것이다. 그리고 콜라를 적당히 즐기도록 하자.

KARTE No. 003

현실판『JIN』을 방불케 하는 역사적 사실이 드러났다!

5,000명의 미숙아를 구한 남자

현대의 뇌 외과의가 막부 말기로 타임슬립해 최신 의료 지식으로 많은 환자를 구하는 내용의 일본 드라마『JIN』. 1900년경 유럽에서 드라마를 방불케 하는 그런 일이 실제로 일어났다. 소설보다 더 소설 같은….

1900년 이전에는 미숙아를 선천성 질환처럼 여겼기 때문에 얼마 못 가 세상을 떠나거나 허약아로 성장해 사회인으로서 제 구실을 하지 못할 것이라고 생각했다. 그러다보니 미숙아를 낳은 부모는 아이를 버리거나 죽이는 일이 많았다. 당시의 산부인과나 조산소는 부모들의 요청으로 그런 미숙아들을 처분하는 일도 하고 있었다.

마틴 아서 커니(Martin Arthur Couney)라는 독일계 유대인 의사는 그렇게 처분되는 아이들을 구하고 싶었다. 그는 1896년 베를린에서 개최된 '대산업 박람회'에 미숙아를 살리기 위한 생명 유지 장치를 출품했다. 달걀을 인공 부화시키는 부란기의 이름을 딴 '인큐베이터'라는 장치였다.

그는 '이 장치는 내가 사사한 피에르 콘스탄트 뷔뎅의 스승인 고명한 프랑스 파리 의과대학의 교수 겸 산과의 스테판 타르니에가 개발한 것'이라고 주장했다. 현대에도 보육기의 영어명이 인큐베이터인 것은 여기에서 유래된 것으로『마법소녀 마도카☆마기카』에 등장하는 '큐베'와는 아무런 관계가 없다.

커니는 그 장치 안에서 인공 우유를 먹이며 미숙아를 키웠지만 베를린에서는 크게 주목받지 못했다.

The Man Who Ran a Carnival Attraction That Saved Thousands of Premature Babies Wasn't a Doctor at All

Martin Couney carried a secret with him, but the results are unimpeachable

아기를 안은 마틴 커니

('Smithsonian.com' 참조)

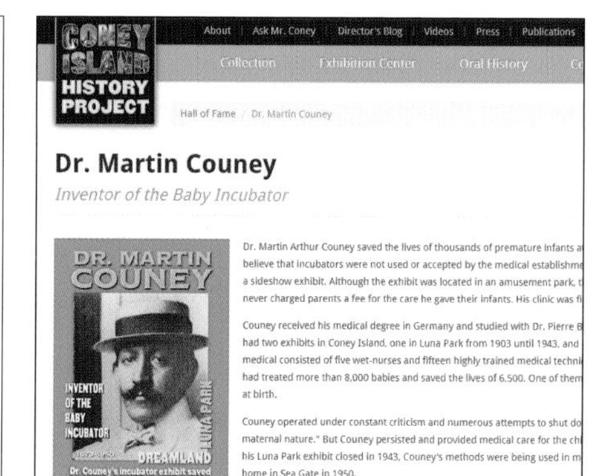

CONEY ISLAND HISTORY PROJECT

About | Ask Mr. Coney | Director's Blog | Videos | Press | Publications

Collection | Exhibition Center | Oral History

Hall of Fame / Dr. Martin Couney

Dr. Martin Couney

Inventor of the Baby Incubator

Dr. Martin Arthur Couney saved the lives of thousands of premature infants
believe that incubators were not used or accepted by the medical
a sideshow exhibit. Although the exhibit was located in an amusement park,
never charged parents a fee for the care he gave their infants. His clinic was

Couney received his medical degree in Germany and studied with Dr. Pierre
had two exhibits in Coney Island, one in Luna Park from 1903 until 1943, and
medical consisted of five wet-nurses and fifteen highly trained medical
had treated more than 8,000 babies and saved the lives of 6,500. One of
at birth.

Couney operated under constant criticism and numerous attempts to shut
maternal nature." But Couney persisted and provided medical care for the
his Luna Park exhibit closed in 1943, Couney's methods were being used in
home in Sea Gate in 1950.

Visit our Oral History Archive to listen to interviews recorded in 2007 with

지금도 코니아일랜드 유원지에는 커니 의사의 사진이 전시되어 있다('Cony Island History Project' 참조).

Memo:	
참고 문헌·사진 출전 등	●「Smithsonian.com」 https://www.smithsonianmag.com/
	●「Cony Island History Project」 https://www.coneyislandhistory.org/hall-of-fame/dr-martin-couney

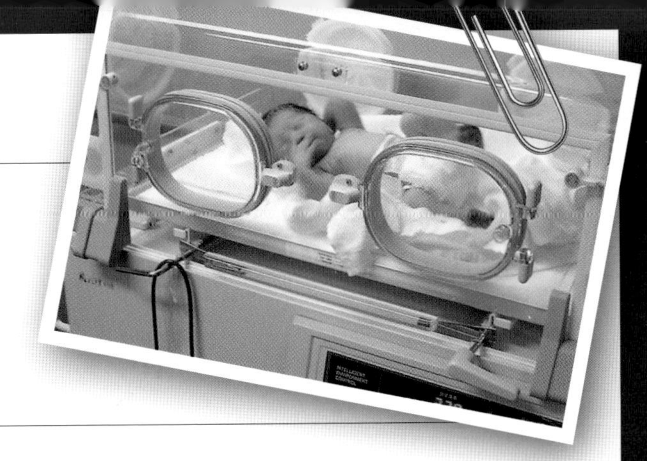

인큐베이터
일반적인 환경에서는 성장하기 힘든 미숙아를 넣어서 보호하는 보육기. 적절한 온도나 산소 농도로 관리하며 성장을 보조한다. 마틴 아서 커니가 1896년 베를린에서 개최된 '대산업 박람회'에 출품했으나 워낙 수수께끼가 많은 그였기에 발명자를 정확히 알기 어렵다.

하지만 그는 포기하지 않고 세계 각국의 전시회와 박람회를 찾아다녔다. 1897년 영국 런던의 '얼스 코트 전시장 국제 전시회', 1898년 미국 네브래스카 주에서 개최된 '미시시피 주 횡단 박람회', 1900년 프랑스의 '파리 만국 박람회', 1901년 미국 뉴욕에서 개최된 전시회 등 곳곳에서 보육기와 미숙아들의 구명 활동에 애썼지만 성과를 거두지 못했다. 당시의 사회 상식으로는 미숙아를 의학적인 문제로 보기보다는 기독교적인 종교 문제로 여기며 사산과 똑같이 취급했기 때문이다.

그러던 1903년 커니는 병원에서 처분될 미숙아들을 데려와 미국 뉴욕 시 브루클린 남단에 위치한 코니아일랜드의 유원지에 전시장을 열었다. 2020년 현재도 운영되고 있는 뉴욕의 유명한 유원지이다. 그는 유원지에 마련한 전시장에서 미숙아들을 공개하고 25센트의 관람료를 받아 의료비로 충당했다. 그렇게 5,000명에 이르는 미숙아들이 무사히 성장해 부모의 품으로 돌아갔다.※ '미숙아는 성장하지 못한다'는 당시의 상식을 뒤집은 것이다.

당시에도 미숙아를 구경거리로 삼는 것에 반대하는 의견이 있었지만 인권 의식이 낮고 사회 보장제도도 발달하지 않았던 때라 살아남지 못할 것으로 여겨 버려진 미숙아들의 의료비를 마련하려면 달리 방법이 없었던 것이다. 전시장을 찾은 사람들도 처음에는 추한 형상의 괴물을 구경하러 왔지만 미숙아가 건강히 자라는 모습을 보면서 열심히 응원하게 되었다고 한다. 더는 그의 전시장에서 웃고 떠드는 사람은 없었다. 관람료는 아이들을 구하기 위한 모금이 되었으며 미숙아에게 적절한 의료 행위를 하는 것은 사회 상식이 되었다. 많은 산부인과와 소아과에 인큐베이터가 도입되면서 미숙아들도 적절한 의료를 받을 수 있도록 사회 전체가 바뀌었다. 커니가 없었다면 과연 몇 만 명의 미숙아들이 부모와 의사로부터 버림받아 세상을 떠났을지 가늠할 수조차 없다.

또한 그는 모유 제공자의 음주나 흡연의 유해성을 숙지하고 철저히 배제했으며 간호사에게도 근무 중 흡연을 엄히 금했다. 지금으로서는 믿을 수 없는 일이지만, 당시에는 담배나 알코올의 유해성을 인식하지 못했기 때문에 간호사든 의사든 담배를 피우며 일하는 것이 흔한 일이었다. 연령 제한이라는 개념도 희박해서 아이를 재우기 위해 우유에 알코올을 섞는 것이 '생활의 지혜'로 부인 잡지에 실렸을 정도였다….

1940년대에는 미숙아에게 적절한 의료 행위를 하는 것이 사회 상식으로 자리 잡으면서 그의 전시장

※그가 구한 미숙아의 수는 여러 설이 있다. 6,500~7,000명이라는 말도 있지만 코니아일랜드 유원지 측 공식 자료에는 5,000명으로 쓰여 있었기 때문에 그것을 따르기로 한다.

에 아이를 맡기는 부모는 없어졌다. 1942년 전시장은 문을 닫고 커니는 1950년 가난에 허덕이다 세상을 떠났다. 미숙아들의 생명을 구하기 위해 사회 상식을 뒤집고 의료 제도까지 바꾼 위인이 자신이 필요 없어진 사회에 만족하며 세상을 떠났을지 그의 마지막 모습을 아는 사람은 없는 듯하다.

인큐베이터 발명자의 수수께끼

1950년 커니가 가난에 허덕이다 세상을 떠난 후 클레어 프렌티스라는 작가는 그가 어떤 인물이었는지 알아보기 위해 프랑스와 독일을 찾아갔다. 그 결과, 모든 경력이 사칭이었으며 의사로 등록된 사실조차 없다는 것이 밝혀졌다. 전 세계가 깜짝 놀랐다.

그는 프랑스의 소아과 의사 피에르 콘스탄트 뷔뎅을 사사했다고 말했지만 뷔뎅의 다른 제자들 중에 커니를 아는 사람은 없었다. 또 그가 미국으로 건너올 때 제출한 경력도 모두 거짓이었다. 그가 졸업했다는 학교에 문의했지만 재적한 기록이 없고 그를 안다는 사람도 전무했다. 출생지를 찾아갔지만 그가 태어난 집이며 가족 또는 친척도 존재하지 않고 출생기록도 없었다. 출생지는커녕 생년월일조차 알 수 없었던 것이다.

커니는 독일계 유대인을 자칭했지만 평소 유대교의 계율을 지키는 모습을 보인 적이 없었기 때문에 유대교도였는지조차 알 수 없다고 했다. 당시 유대인들은 독자적이고 폐쇄된 커뮤니티를 형성하고 있었기 때문에 유대인을 자칭하는 것이 경력을 감추는 데 유리했을 수 있다….

커니가 처음 공식 석상에 등장한 것은 1896년 베를린의 대산업 박람회에 보육기를 출품했을 때였는데 당시 그는 자신을 1860년생 36세라고 말했다. 후에 코니아일랜드 유원지에서 전시장을 열었을 때는 1870년생이라고 말했다. 그가 정말 1870년생이라면 1896년의 베를린 박람회 당시에는 26세였다는 말이다. 의사치고는 굉장히 젊은 나이였다.

고명한 의대 교수의 손제자라는 커니의 화려한 경력이 모두 거짓으로 밝혀지자 인큐베이터가 진짜 타르니에 교수의 발명품인지도 의문시되었다. 베를린 대산업 박람회가 개최되었을 당시 타르니에 교수는 이미 은거 중이었으며 이듬해에는 세상을 떠났다. 그의 제자인 피에르 뷔뎅(50세)이 박람회에 참가했다는 기록도 없다.

타르니에 교수는 당시에도 매우 저명한 인물이었다. 권위 있는 명문 의대 교수로 '타르니에 겸자'라고도 불리는 현대에도 사용되는 의료 기구를 발명했다. 당시는 회의적이었던 제멜바이스 의사가 제창한 손 소독을 철저히 도입해 파리 임부들의 사망률을 크게 줄이는 데 기여하기도 했다. 이런 공적으로 타니에르 교수의 저서는 프랑스 산부인과 의사들의 표준 지침서가 되었으며 파리 아사스 가에는 지금도 기념비가 남아 있을 정도로 저명한 의사이다.

그런 위대한 인물이 발명한 인큐베이터가 오랫동안 주목받지 못하고 보급되지 않았다는 점도 고개를 갸웃하게 한다. 타니에르 교수가 인큐베이터를 발명했다는 증거나 파리 의대에서 사용했다는 기록

Memo:

도 없다. 애초에 타니에르 교수가 인큐베이터의 발명자라고 주장한 것도 커니뿐이었다. 현재는 전 세계에서 사용되고 있는 장치이지만 인큐베이터의 진짜 발명자가 누구인지는 여전히 의문에 싸여 있다.

 커니의 정체는 시간 여행자?!

하지만 가짜 의사라고 부르기에는 당대의 수준을 크게 뛰어넘는 의학 지식을 지니고 있었다. 그런 점으로 볼 때…, 그는 미래에서 온 소아과 의사가 아니었을까? 인큐베이터는 시간 여행자 커니가 미래에서 가져왔다고 생각하는 게 자연스럽지 않을까?

그 경우, 타임 패러독스가 발생해 인큐베이터의 발명자가 존재하지 않게 되는 것이다. 이쯤 되면 인큐베이터라는 이름의 유래가 큐베일지도 모른다는 의심마저 든다(웃음).

앞서 이야기한 것처럼 커니의 생년월일은 시기에 따라 다르게 알려져 있는데 1860~1870년까지 10년이나 차이가 난다. 1860년생이라고 하면, 90세를 일기로 세상을 떠났다는 말이 된다. 당시로서는 이례적으로 장수를 누렸을 뿐 아니라 80세를 넘어서까지 유원지에서 전시장을 운영한 것이다. 지금의 기준으로 생각해도 이상하리만치 건강한 노인이다. 생년월일은 어느 설을 따르던 활동 기간이 비정상적으로 길기 때문에 미스터리로 남을 수밖에 없다. 시간 여행자라면 실제 나이는 더 젊었을지도 모른다.

그의 위업은 『코니아일랜드의 기적(Miracle at Coney Island)』이라는 책에 자세히 쓰여 있으므로 영어 원서를 읽을 수 있는 사람이라면 한 번쯤 읽어보는 것도 좋을 것이다.

『코니아일랜드의 기적(Miracle at Coney Island)**』**

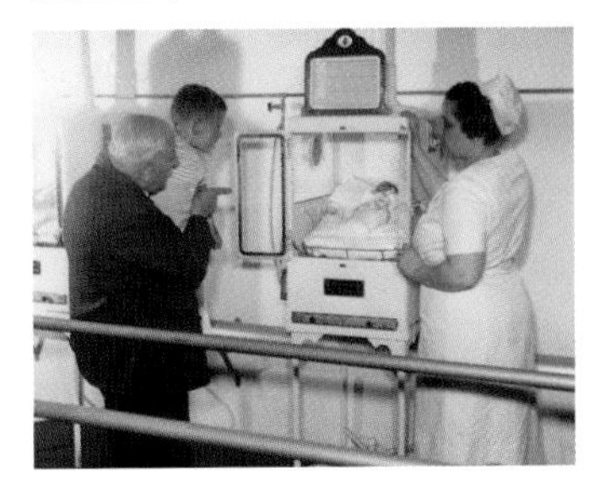

team of physicians, nurses and wet nurses who lived on-site. He charged the public 25 cents to see the babies in their incubators and their struggle between life and death.

When Couney started out, American hospitals were ambivalent over whether premature babies should be saved and suspicious of incubator technology, so Couney ran his facility as a medical outsider.

He claimed to have saved 6,500 babies during his long career, with a survival rate of 85%. His techniques were advanced for the time, though some of his methods were unconventional.

Far from being embraced as a hero, he was accused of exploiting the babies. However, he didn't take a penny for their care. Instead he used the entrance fees

클레어 프렌티스(Claire Prentice)**의 홈페이지**
https://claireprentice.org/martin-couney/
『코니아일랜드의 기적』의 저자인 클레어 프렌티스의 홈페이지. 커니 의사의 사진 등을 볼 수 있다.

KARTE No. 004

항문에 손가락을 넣는…정식 의료 행위

전립선 마사지의 과학

항문에 손가락이나 도구를 넣어 방광 아래쪽에 있는 전립선을 자극한다. 성적 서비스처럼 들릴지 모르지만 정식 의료 행위이다. 의학적 관점으로 해설한다.

일반적으로 '전립선 마사지'라고 불리는 정식 의료 행위로 정식 명칭은 '전립선액 압출법'이다. 전립선염의 치료법으로 일본의 표준 치료 가이드라인에도 실려 있으며 보험 진료가 적용되는 항목으로 진료 보수 50점이 가산된다. 즉, 의사는 환자에게 전립선 마사지를 시술해도 500엔(약 5,000원)밖에 받지 못한다. 게다가 이 500엔이 전부 의사의 호주머니로 들어가는 것도 아니다. 로션은 별도 비용으로 청구할 수 있다고 쳐도 보조하는 간호사의 인건비, 사용한 의료용 장갑과 폐기 비용 등의 경비를 빼면 실수령액은 매우 적다.

국가에서 정해진 요금이 있기 때문에 의사 면허를 가진 미녀가 시술해도 500엔밖에 받을 수 없는데 무면허 마사지 숍에서는 1만 엔(약 10만 원)이나 받는다니 배가 아플 지경이다. 의사 면허가 없으면 의사법 위반으로 체포될 텐데 수련의들이 아르바이트 삼아 일하는 것일까? 마사지 숍 경영주들이 의사 면허를 제대로 확인하고 고용하고 있는지 궁금해진다. 가격에 관해서는 자유 진료라고 하면 1회 1만 엔도 위법은 아니므로 의사 면허만 있다면 요금 설정 자체는 문제될 것 없다.

다만, 보건소에 진료소 개설 신고를 하는 것도 잊지 않기 바란다.

천재 의사가 개발한 전립선 마사지기

'전립선염'은 매우 흔한 질병으로 역학적 생애 위험도가 25%로 매우 높아 남성 4명 중 1명은 평생 한 번은 걸릴 정도이다. 대부분 성행위를 통한 성병을 포함한 감염증에 의한 것으로 주로 항균제 치료가 시행된다. 간혹 병원균이 없어도 걸리는 '비세균성 만성 전립선염'이라는 까다로운 질환이 있는데 그 원인은 잘 알려져 있지 않다.

현저한 배뇨 장애가 있는 경우, 의사가 환자의 항문에 손가락을 넣어 전립선액 압출법을 시행할 필요가 있다. 이런 치료가 필요한 환자는 주로 중장년층이 많고 미성년에게서 발병하는 경우는 매우 드물기 때문에 미소년의 엉덩이를 보게 될 확률은 거의 없다.

매주 중년 남성의 항문에 손가락을 넣고 전립선 마사지를 하면서도 500엔밖에 받지 못하는 의사의

Memo:

비애를 위로하듯 1996년 한 천재 의사가 환자가 직접 전립선 마사지를 할 수 있는 도구를 발명했다. 미국 텍사스 주 휴스턴의 비뇨기과 의사 지로 다카시마였다. 그는 High Island Health LLC라는 회사를 설립해 마사지 도구의 제조 및 판매를 시작했다.

특허 정보를 확인하기 위해 'Jiro Takashima'로 검색하자 엄청난 수의 항문 삽입 도구를 특허 출원했다는 사실을 알 수 있었다. 성인용품 제조사에서는 특허 침해에 주의하기 바란다. 특허를 관리하는 회사가 있다는 것은 특허 침해에 관해서는 가차 없이 고소한다는 말이기 때문이다.

유명한 '에네마그라'와 '아네로스'는 판매할 때 대리점 계약 등 상업상의 여러 문제로 인해 나눠진 것일 뿐, 두 제품 모두 같은 발명자가 개발한 같은 제품이다. 참고로, 두 제품의 정식 명칭은 '전립선 마사지기'이다.

아네로스사가 자사 홈페이지에서 '아네로스 외에는 모두 장난감이다!'라고 큰소리치는 것처럼 실제 임상시험을 거쳐 특허를 취득한 의학적 근거가 있는 도구이다. 다만, 미국에서 의료기기로 승인은 받지 못했다. 구입 시 보험은 적용되지 않는다.

그 구조와 원리를 간단히 설명해보자. 애널 바이브가 항문을 자극하는 도구라면 에네마그라와 아네로스는 전립선을 자극하는 마사지기이다. 두 제품은 근본적인 원리가 다르다. 에네마그라와 아네로스의 형태를 보면 알 수 있듯 몸 바깥으로 나와 있는 부분이 앞뒤로 늘어나며 앞쪽은 둥근 혹처럼 되어 있다. 항문의 괄약근 운동을 전후 운동으로 변환하고 장내에 삽입된 부분이 전립선을 적절히 누를 수 있도록 만들어진 구조로 이 부분이 특허의 핵심 구조이다.

자세한 사용법은 판매처 홈페이지를 참고하기 바란다. 반대로 사용하면 효과가 없기 때문이다.

아네로스 재팬 https://www.aneros.co.jp/
전립선을 자극하는 마사지기가 다수 판매되고 있다. 이 회사의 제품은 의학적 근거를 바탕으로 특허도 취득했다.

참고 문헌·사진 출전 등 ●「High Island Health」https://www.highisland.com/ourcompany.php
●「고칸도(에네마그라 판매처)」https://koukandou.jp

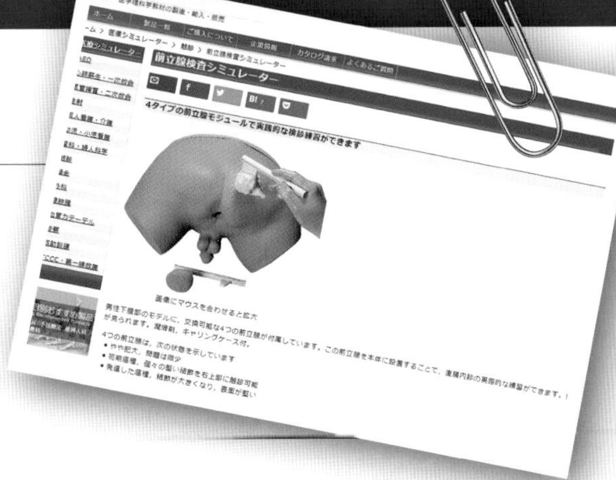

전립선 검사 시뮬레이터
'전립선 비대증'이나 '전립선 암' 등 전립선 질환 진단에 필요한 직장 내진 연습이 가능하다. 일본에서 검사 시뮬레이터 판매가 시작된 것은 1997년부터였다.

일본 쓰리비 사이엔틱
https://www.3bs.jp/

의사의 진단 능력은 경험치에 비례한다

실제 의사의 전립선 촉진을 통한 진단 능력은 경험치에 비례하기 때문에 얼마나 많은 남성의 항문에 손가락을 넣어보았는지에 따라 능력이 결정된다고 해도 과언이 아니다. 내가 공부하던 때는 '전립선 검사 시뮬레이터' 같은 편리한 교재가 없던 시절이라 봉사자들의 항문에 손가락을 넣어볼 수 있도록 간곡히 부탁해 경험치를 쌓기도 했다. 의대생들끼리 상부상조하기도 했는데 내 경우에는 아내와 여동생과 여동생의 친구에게 도움을 준 적이 있다.

당시 아내가 기분이 좋은지 물었지만 나는 전립선이나 항문에 관해서는 불감증인지 솔직히 아무렇지 않다고 대답했더니 화가 난 아내가 여동생과 여동생의 친구가 보는 앞에서 항문에 진동기를 꽂아 넣고 검사를 한 기억이 있다.

세 사람의 일치된 의견으로 내 항문과 전립선은 매우 부드러운 듯했다. 항문 이물 삽입은 남성이 압도적 다수를 차지하며 여성은 소수파이지만 우리는 무슨 이유에서인지 반대였다.

또한 '비뇨기과 초기 연수 커리큘럼'에 '전립선액 압출법을 적절히 시행할 수 있다'라는 과정이 있어 연수의들은 반드시 전립선 마사지를 하게 된다.※ 하지만 실제 임상 현장에서 전립선 마사지를 하는 경우는 거의 없으며 대개 투약 치료를 한다.

미녀 의사가 있는 비뇨기과에서 의학적으로 전립선액 압출법이 필요한 환자가 마사지를 받게 되는 경우, 환자는 상당한 압통과 고통을 느낄 것이다. 다시 말해, 보험 진료로 전립선 마사지를 받는 환자는 기분이 좋기는커녕 일상생활에서 배뇨 장애 등을 포함한 고통에 시달리는 상태라는 말이다. 에네마그라나 아네로스를 사용했을 때 고통이 느껴졌다면 전립선 질환의 가능성이 높으므로 서둘러 병원을 찾아 진료를 받아보기를 바란다.

Memo:
- 「비뇨기과 초기 연수 커리큘럼」 https://recruit.gakuen-hospital.com/program/pdf/curriculum04.pdf

※나는 비뇨기과 초기 연수를 시작하기 전에 그만두었기 때문에 전립선액 압출법을 해본 경험이 없다.

KARTE No. 005

시간 여행자?! 일본의 당뇨병 환자를 구한 천재 과학자

인슐린 연구자 후쿠야 사부로

당뇨병 치료제로 유명한 '인슐린' 그러나 인슐린 연구에 큰 업적을 남긴 일본인 연구자가 있었다는 사실을 아는 사람은 드물다. 일본을 구하고 홀연히 사라진 그의 자취를 더듬어본다.

'인슐린'이 양산되기까지 당뇨병에는 유효한 치료법이 없었다. 발매 당시 인슐린은 무척 고가의 약이었다. 과거 일본에서 당뇨병을 '부자 병'이라고 부른 것은 호화로운 생활을 하는 부자들이 걸리는 병이라는 뜻이 아니라 값비싼 약을 죽기 전까지 계속 맞아야 했기 때문에 부자가 아니면 치료할 수 없는, 부자만 살아남는 병이라는 의미였다. 실제 당시 신문에서는 인슐린을 '세계 제일의 고귀한 약'이라고 표현했다.

인슐린 치료의 시작은 1920년대

인슐린이 발견되고 양산을 시작해 전 세계로 퍼지기까지의 시간은 당시로서는 상당히 빠른 편이었

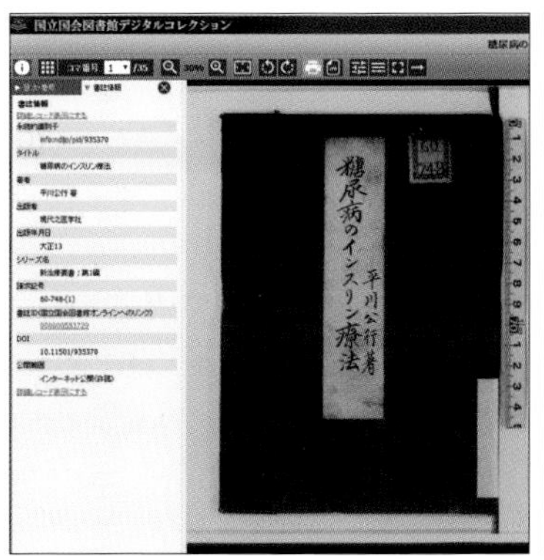

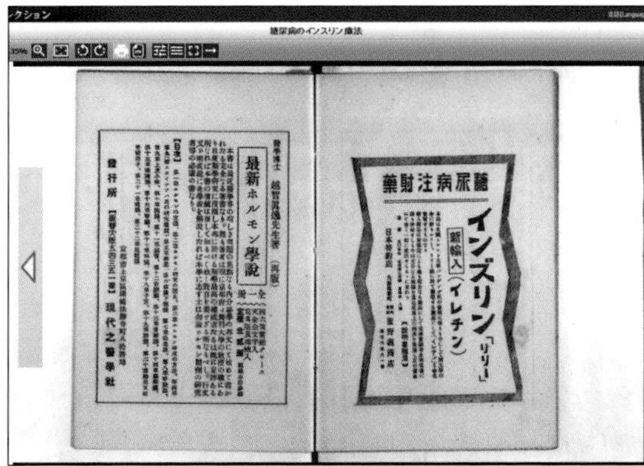

『당뇨병의 인슐린 요법(糖尿病のインスリン療法)』 히라카와 고이치 저

1924년 간행된 인슐린을 이용한 당뇨병 치료 매뉴얼. 당시 인슐린은 미국에서만 제조되었다. 책 뒷장에는 수입 인슐린 광고가 실려 있다(일본 국립국회도서관 디지털 컬렉션 참조).

다. 일라이 릴리사에서 인슐린이 발매된 것이 1922년 말. 벡톤 디킨슨사에서 인슐린 전용 주사기 세트가 발매된 것이 1924년이었다.

일본에서는 1924년 3월, 히라카와 고이치가 쓴 『당뇨병의 인슐린 요법』이라는 치료 매뉴얼이 발매되고 미국에서 인슐린 수입도 시작되었다. 이 책 뒤쪽에는 수입 인슐린 광고도 실려 있었다. 당시 가격으로 50단위에 4엔 50전, 100단위에 8엔으로 상당히 비싼 약이었다. 하루 30단위가 필요한 환자의 경우, 매월 72엔이 든다. 대졸 초임이 50엔이었던 시대에 매월 72엔이 드는 것이다.

그 밖에 주사비, 혈당 측정 검사, 진료비 등도 들기 때문에 죽기 전까지 의료비만으로 서민의 월수입의 3배가 넘는 비용이 매달 들어가는 셈이니 연간 의료비는 1,000엔을 가볍게 넘을 것이다. 즉, 제대로 된 의료를 받을 수 있는 것은 평균 소득의 10배 이상의 연 수입이 있는 고소득자뿐이라는 것이다. 지금으로 치면, 당뇨병 환자는 연 수입 3천 만 엔(약 3억 원) 이상이 아니면 치료할 수 없었기 때문에 '부자 병' 또는 '세계 제일의 고귀한 약' 등으로 불린 것도 납득이 간다.

당시 인슐린을 생산할 수 있는 나라는 미국뿐이었다. 운송비용이 높고 환율이 1달러 = 2엔 이상이었던 시절이라 고가일 수밖에 없었다.

그런 이유로 인슐린의 국산화 시도가 시작되었다. 1935년 제국 장기사에서 일본 최초의 인슐린 제제를 발매했다. 하지만 소와 돼지의 췌장에서 추출·정제한 제품이었기 때문에 매우 고가인 데다 생산량도 적어 수입품과 가격 차이가 크지 않은 탓에 국산화되지 못했다.

왜 당뇨병 환자가?! 대일본 제국군의 흑막

1938년 외교 관계의 악화로, 인슐린을 비롯한 의약품의 수입이 전면 정지되었다. 그로 인해 일본 국내는 심각한 인슐린 부족을 겪게 되었다. 그 직후, 정부에 의한 '전국 의약품 원료 배급 통제회'가 설립되면서 의약품을 통제하고 배급품으로 지정했다. 거기에는 인슐린도 포함되어 있었으며 인슐린을 판매하던 제국 장기, 다케다 약품, 도리이 약품, 도모타 제약에 대해 인슐린을 군대에 우선 공급하도록 명령했다.

당시 일본 내에서 인슐린을 생산하던 회사는 제국 장기 한 곳뿐이었으며 다른 3사는 수입 판매만 하던 곳이라 재고는 금방 바닥났다. 즉, 당시 일본군에는 인슐린을 상용해야 하는 당뇨병 환자가 다수 있었다는 말인데 거기에는 터무니없는 모순이 존재했다.

군인의 결격 조항에는 '당뇨병을 앓거나 당뇨병이 의심되는 자'는 군인이 될 수 없고 군인이 당뇨병에 걸리면 병가 제대하도록 되어 있었다. 당뇨병에 걸린 군인이 존재할 리 없는데 왜 군대에 인슐린이 필요했던 것일까?

아키야마 요시후루 육군 대장이 지나친 음주로 당뇨병을 앓았지만 워낙 대단한 인물이라 걷지 못하게 될 때까지 그만두게 하지 못했던 것은(마지막에는 명예직) 어디까지나 예외적인 사례였다고 생각된다.

Memo:

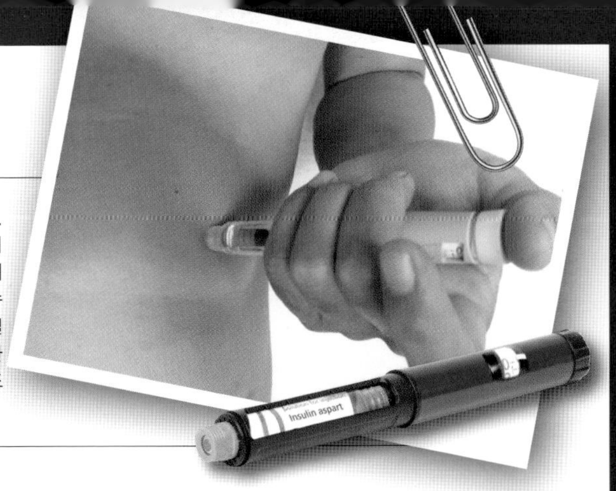

인슐린은 혈당을 낮추는 작용을 하는 호르몬. 당뇨병 환자는 췌장에서 인슐린이 거의 분비되지 않기 때문에 자가 주사로 인슐린을 보충해야 한다. 지금은 누구나 인슐린 치료를 받을 수 있지만 과거 인슐린은 매우 비싼 약이었다. 일부 부자들만 살 수 있는 고가의 약이었지만 한 일본인 연구자가 생선 내장으로 저렴하게 만드는 방법을 고안했다.

1938년 무렵의 현역 장병 중 다수의 당뇨병 환자가 있었다면 그들은 왜 인슐린을 맞으면서 군대에 있었던 것일까? 아마도 병가 제대하면 약을 무료로 받을 수 없어 군에 머물렀던 것이 아닐까. 부자 병을 무료로 치료해주는 군대를 떠난다는 것은 곧 죽음을 의미했기 때문이다. 연간 1천 엔에 달하는 의료비를 자비로 충당하는 것은 연 수입 1,860엔의 대위, 2,640엔의 소좌보다 계급이 높고 13년 이상 복무해 연금을 받을 수 있는 사람이 아니면 불가능할 것이다(연공서열식이었으므로 사관학교를 나와 13년 이상 복무했다면 최소 대위는 될 수 있었을 것이다).

그 밖에 1937년 중일 전쟁이 시작되면서 장교가 부족했던 이유도 생각해볼 수 있다. 인력 부족이 심각한 상황이었기 때문에 우수한 인재를 당뇨병 환자라는 이유로 그만두게 할 수 없었는지도 모른다.

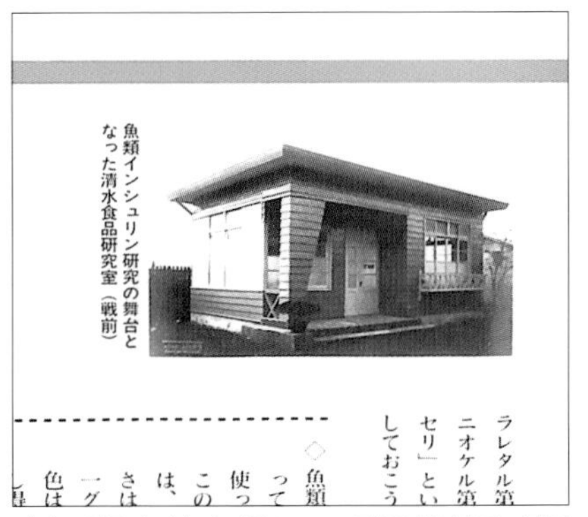

시미즈 식품의 인슐린 연구소. 50.75평의 단층식 목조 건물이었다(『시미즈 제약 50년사』 25쪽 참조).

오른쪽 인물이 후쿠야 사부로. 조수 가토 주지와 나카무라 후미, 오가와 스미코가 협력했다. 생선에서 인슐린 추출에 성공했을 당시의 사진인 듯하다(『시미즈 제약 50년사』 24쪽 참조).

참고 문헌·사진 출전 등 ●『당뇨병의 인슐린 요법』 일본 국립 국회도서관 디지털 컬렉션 https://dl.ndl.go.jp/info:ndljp/pid/935370
●『시미즈 제약 50년사』 외

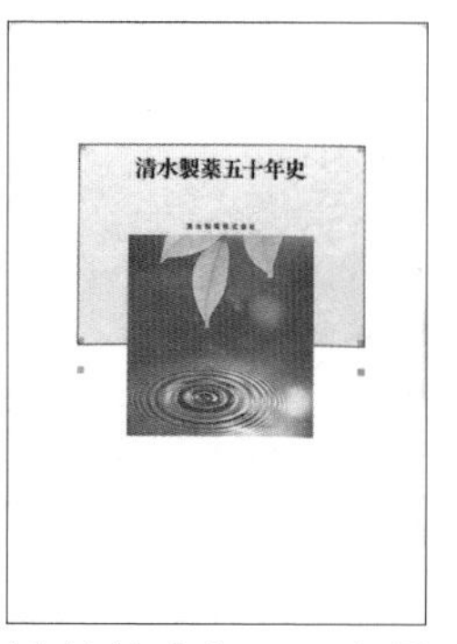

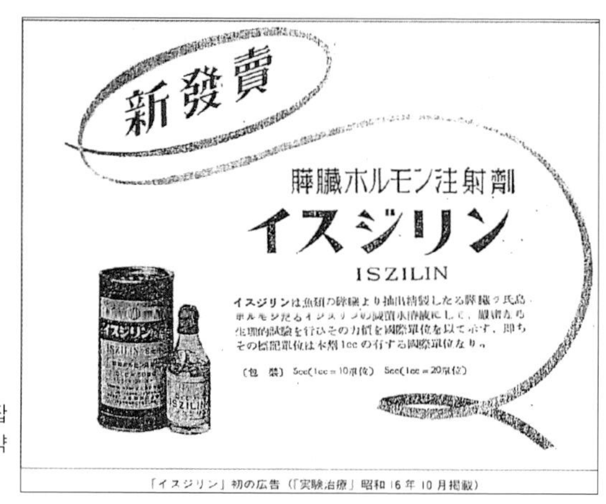

시미즈 제약의 '인슐린' 광고. 1941년 의학 전문 잡지에 실린 것이다. 생선의 췌장에서 추출해 만든 약제라고 설명하고 있다(『시미즈 제약 50년사』 57쪽 참조).

참고로, 당시 일본 육군 자료에 따르면 인슐린의 사용 목적은 '정신분열증 치료', '독가스 대책'이라고 쓰여 있다. 어째서 군대에 정신분열증 치료가 필요한 군인이 있는지, 인슐린으로 어떻게 독가스를 막을 수 있다는 것인지…따져 묻고 싶은 점이 한둘이 아니지만 말이다.

 천재가 나타나 혁명을 일으켰다

1938년 3월 28일, 일본 시즈오카 현 시미즈 시의 식품 가공업 회사인 시미즈 식품에 한 남자가 입사했다. 그의 이름은 '후쿠야 사부로(福屋三朗)' 수산 강습소를 막 졸업한 신규 졸업자였다. 그는 입사 후 바로 시미즈 식품 인슐린 연구실 실장으로 임명되어 3명의 조수와 함께 연구를 시작했다.

시미즈 식품에서 취급하던 생선을 인슐린의 원료로 이용한 것은 포유류인 가축보다 커다란 이점이 있었다. 포유류의 랑게르한스섬이 췌장 내에 분포한 세포 조직인데 비해 어류의 랑게르한스섬은 독립된 장기로 밀집되어 있다. 오돌오돌한 형태라 요령만 터득하면 비숙련 노동자도 손쉽게 생선 창자에서 랑게르한스섬을 분리해낼 수 있었다. 또한 대구 1마리에서 20단위의 인슐린을 추출할 수 있어 효율도 무척 좋았다. 당시 인슐린 20단위의 가격은 대구 1마리 가격의 40~50배에 달했다.

후쿠야는 버려지던 생선 창자의 랑게르한스섬에서 피크린산과 아세톤을 이용해 인슐린을 추출하는 방법을 고안했다. 대규모 공장이나 고가의 설비도 필요 없었다. 전쟁 중인 일본에서 구하기 힘든 원재료나 대규모 인력도 필요 없는 완벽한 추출법이었다.

Memo:

1941년 5월 14일 시미즈 식품 제약부는 시미즈 식품, 다케다 약품, 미쓰비시 재벌이 출자한 자본금 10만 엔으로 독립. 생선을 원료로 사용한 순수 국산 인슐린을 제조하기 위해 사원 14명의 작은 회사 '시미즈 제약'을 설립했다. 설립 후, 바로 생산 라인을 가동해 같은 해 7월에는 제품을 출하했다. 인슐린은 다케다 약품의 유통망을 통해 전국적으로 판매되었다.

생선에서 추출한 인슐린은 당시의 어획량을 바탕으로 계산하면 일본의 필요량 연간 730만 단위의 66배에 이르는 양을 생산할 수 있게 되었다. 게다가 작은 공장에서 염가로 대량 생산이 가능했기 때문에 서민들도 입수 가능한 가격으로 판매할 수 있었다. 더 이상 당뇨병은 '부자 병'이 아니었다.

후쿠야 사부로는 시간 여행자였다?

후쿠야 사부로는 지나치게 재능이 뛰어났던 것 같다.

입사일이 4월 1일이 아니라 3월 28일인 것은 그의 재능에 반한 시미즈 식품 사장이 '하루라도 더 빨리 와 달라'고 부탁해 졸업식 다음 날 바로 입사했기 때문이라고 사사(社史)에 쓰여 있다. 그가 다닌 당시의 수산 강습소는 4년제 전문학교로 대학에 준하는 교육기관이었다. 후에 도쿄 수산대학교(지금의 도쿄 해양대학교)의 전신으로 당시에는 들어가기 힘든 학교 중 하나였다.

수산학을 전공한 20대 초반의 청년이 입사 후 돌연 연구실장으로 발탁되어 여성 종업원 2명과 조수 1명뿐인 작은 연구소에서 제대로 된 설비나 예산도 없이 1년 반 만에 완벽한 약을 만들어내고 반년 후에는 대형 제약회사와 재벌을 설득해 대량 생산 공장을 세워 일본 전역에 보급했다니…. 그것도 전쟁이 한창일 때 말이다.

연구를 시작한 것이 1939년, 1941년 7월에는 제품을 출하했으며 같은 해 8월 논문을 발표하다니 엄청난 속도가 아닐 수 없다. 게다가 논문 발표일보다 제품 출하일이 더 빨랐던 것이다. 시계열이 이상하

시미즈 제약으로 독립한 후 신설된 공장 실험실의 사진. 후쿠야 사부로와 창립 멤버들이 찍혀 있다. 가운데 안경을 낀 남성이 후쿠야 사부로(『시미즈 제약 50년사』 35쪽 참조).

지 않은가? 후쿠야 사부로의 공적을 소개하는 당시 신문 기사에도 학위가 없던 탓에 '후쿠야 사부로 기술자'라고 쓰여 있었다.

부자들이 앞 다투어 사려는 약을 특별한 설비도 필요 없는 공장에서 공짜나 다름없는 원가로 대량 생산하게 되면 큰돈을 벌 수 있으니 대형 제약회사와 재벌이 뛰어든 것은 이해가 가지만…. 수산 화학이라는 분야가 어류를 식품 이외의 의약품 등에 이용하는 연구를 하는 학문이기는 하지만…. 후쿠야 사부로는 미래에서 온 시간 여행자가 아닐까? 현대 연구자들에게 후쿠야 사부로를 본받아야 한다고 할까 봐 겁난다. 연구비가 없다는 둥 인력이 없다는 둥 시간이 없다는 둥의 불평 따위 배부른 소리라는 말을 듣게 될 것이 분명하다….

자국산 인슐린 제조의 최대 공로자인 후쿠야 사부로는 1944년 6월 1일 중부 제36부대 소속의 일등병이 되었다. 만주로 보내진 중부 제36부대는 종전 후 소련군의 포로가 되어 시베리아로 보내졌다고 한다. 그가 시베리아에서 귀국했다는 기록은 없다. 후쿠야 사부로 일등병이 언제, 어디서 세상을 떠났는지조차 기록에 남아 있지 않다. 무지한 일본 육군은 젊은 천재 과학자를 일개 병사로 삼아 전장으로 보내버린 것이다.

후쿠야 사부로는 자신의 소임을 마치고 원래 살던 세계로 돌아간 것이 아닐까?

분명 그랬을 것이라고 믿고 싶다.

Memo:

KARTE No. 006

슈퍼 닥터 M과 후쿠야 사부로의 후계자

속·당뇨병 환자를 구한 남자들

25~30쪽에서는 일본의 자국산 인슐린을 개발한 후쿠야 사부로를 소개했다. 여기서는 가난한 당뇨병 환자들을 구한 천재 의사와 후쿠야 사부로의 뜻을 계승한 그의 조수에 대해 이야기해보자.

후쿠야 사부로가 전장으로 떠난 후, 일본의 바다는 미군에 제압되어 어업을 할 수 없게 되었다. 인슐린의 원료인 생선을 구하지 못하자 생산이 중단되었다. 일본 육군은 임의로 시미즈 제약을 지정 공장으로 삼아 재고를 모두 압수했으며 해군에서는 도리이 약품의 공장을 압수했다. 인슐린이 바닥났다는 소문이 퍼지자 돈과 권력을 가진 당뇨병 환자들 사이에 쟁탈전이 벌어져 인슐린 가격이 폭등했다. 당뇨병은 또 다시 '부자 병'이 되었다.

그런 상황에 도쿄 아키하바라 역에서 도보 7분 거리에 있는 빈민을 무료로 치료해주는 미쓰이 후생병원에는 대량의 인슐린 재고가 있었다. 그것을 안 부자며 폭력배들이 돈다발과 단도 따위를 들고 병원에 몰려들었다고 한다. 그런 이들을 '여기 있는 약은 모두 빈민들을 위한 것이다. 부자들에게 줄 약은 없다'며 내쫓은 의사가 있었다. 그는 도쿄 대학교 의학부를 수석으로 졸업하고 20대에 박사 학위를 따는 한편 유도의 달인이기도 한, 지금으로 치면 연 수입 100억 엔(약 1,000억 원) 이상의 일본 최대 재벌가의

미쓰이 기념 병원 홈페이지
https://www.mitsuihosp.or.jp/about/history/
'미쓰이 기념 병원 100년의 역사' 페이지에 미쓰이 후생병원에 대한 내용이 실려 있다. 1943년 7월 '재단법인 미쓰이 후생병원'으로 명칭이 바뀌었다. 1945년 전화(戰火)로 인해 건물 및 시설이 소실되었다. 슈퍼 닥터 미쓰이 지로자에몬도 이때 세상을 떠난 것일까?!

자제였다. 가난한 환자에게 한 푼도 받지 않고 최고의 의료를 제공한 '슈퍼 닥터 M' 그가 바로 미쓰이 지로자에몬(三井 二郎左衛門)이라는 대단한 인물이다. 참고로, 내과의였기 때문에 메스를 던지거나 하진 않았던 듯하다.

슈퍼 닥터 M은 막대한 개인 자산을 털어 인슐린을 구입한 후 가난한 당뇨병 환자들에게 무료로 제공했다. 인슐린 재고가 한정적이었기 때문에 기아 요법과 인슐린 요법을 동시에 적용하며 전쟁이 끝나고 약을 다시 구할 수 있을 때까지 환자를 연명시키는 치료 방침을 택했다.

많은 의사와 당뇨병 환자들이 '시미즈 항에는 후쿠야 사부로라는 천재 과학자가 있으니 전쟁이 끝나면 금방 약을 구할 수 있을 것이다. 조금만 참으면 된다…'는 덧없는 희망을 품고 굶주림을 참아가며 목숨을 이어갔다. 그 천재 과학자가 일등병으로 전선에 보내진 것을 알지 못한 채….

슈퍼 닥터 M도 B-29 폭격기에는 무너지고 말았다. 1945년 3월 도쿄 대공습으로 폭탄이 직격하면서 병원 건물이 전소되었다. 인슐린과 슈퍼 닥터 M을 모두 잃고만 것이다. 그 후, 1945년 7월 7일 공습으로 시즈오카 현 시미즈 시의 인슐린 공장도 소실되었다. 전성기에는 일본 내 수요를 충족했던 자국산 인슐린 생산도 완전히 끝장난 것이다….

인슐린이 없던 시절의 1형 당뇨병 환자는 발병 후 수년 이내에 당뇨병성 혼수로 사망했으며 생존 연

『일본 농예화학회지』 17권(1941) 11호
'인슐린 자원으로서의 어류에 관한 연구'

第11卷] Insulin 資源としての魚類に關する研究 905

Insulin 資源としての魚類に關する研究

遠山祐三, 鐵木總吾, 福屋三郎, 山田修藏

傳染病研究所

(昭和16年8月28日受理)

第1章 緒言

『실험 의학잡지』 25권(1941) 10호
'어류 「인슐린」에 관한 연구'

遠山・鐵木・福屋・山田＝魚類「インシュリン」ニ關スル研究 1165

魚類「インシュリン」ニ關スル研究

(昭和16年8月8日受付)

傳染病研究所食品防疫研究室

遠山祐三
鐵木總吾
福屋三郎
山田修藏

第一章 緒言

1941년 후쿠야 사부로는 생선을 원료로 한 인슐린 제조에 관한 연구 논문을 발표했다.

Memo:

자국산 인슐린 제조 재개

전사한 후쿠야 사부로의 뜻을 이어 과거 그의 조수였던 가토 주지가 생선을 원료로 한 인슐린 제조를 재개했다. 종전 직후 생산을 시작해 전국의 당뇨병 환자에게 제공했다고 한다. 제조 재개를 알리는 광고로 생선의 일러스트가 그려져 있다(『시미즈 제약 50년사』 참조).

수는 3년 이하였다. 대다수 환자들은 인슐린 제조가 재개되기까지 살아남지 못했을 것이다. 그들 역시 알려지지 않은 전쟁의 희생자였던 것이다….

 후쿠야 사부로의 뜻을 계승한 남자

전쟁이 끝난 후, 폐허가 된 시즈오카에서 살아남은 인슐린 연구실의 조수였던 가토 주지(加藤重二)는 후타마타가와 구미라는 토건 회사의 협력으로 40평 남짓한 작은 단층식 건물을 지었다. 모든 물자가 바닥난 시절이었지만 후타마타가와 구미의 사장은 '우연히 목재가 남아있었다'고 말했다고 한다.

구제(舊制) 중학교(지금의 고등학교)를 졸업한 조수에 불과했던 가토 주지는 후쿠야 사부로와 함께 연구한 5년 남짓한 짧은 기간을 떠올리며 여성 종업원과 함께 수작업으로 생선 창자를 처리해 인슐린 생산을 재개했다. 시미즈 제약은 출자자였던 다케다 약품과 미쓰비시 재벌로부터 출자금과 모든 채무를 방기하는 대신 폐업을 권고 받았지만 시미즈 식품의 지원으로 회사는 가까스로 존속할 수 있었다. 생산량은 매우 적었지만 종전 직후부터 다시금 생선의 인슐린을 판매하게 되었다. 가토 주지는 후쿠야 사부로의 뜻을 계승해 시미즈 제약에서 인슐린 생산을 재개하고 많은 당뇨병 환자들에게 제공한 것이다.

현재는 인슐린의 생산 방식 자체가 바뀌어 더는 생선의 인슐린을 생산하지 않게 되었지만 인슐린에 대한 후쿠야 사부로의 뜻은 지금도 계승되고 있다. 모든 생명은 평등하며 치료약은 일부 부자들만의 것이 아니다. 약에는 귀천이 없다. '세계 제일의 고귀한 약' 같은 건 존재해서는 안 된다.

2020년 현재 일본에서 당뇨병 의료비는 가장 높은 경우라도 월 3만 6,580엔으로 자기부담액은 약 1만 1천 엔(약 11만 1천 원), 1년간 자기부담액은 약 13만 2천 엔(약 132만 원)으로 제한하고 있다. 싸다고는 할 수 없지만 서민 수입의 3배 이상이나 되는 의료비를 내지 않으면 목숨을 잃는 일은 없어졌다.

이젠 아무도 인슐린을 '세계 제일의 고귀한 약' 등으로 부르지 않는다.

참고 자료·사진 출전 등	●『시미즈 제약 50년사』 ●「미쓰이 기념병원사」
	●「인슐린 자원으로서의 어류에 관한 연구」 https://www.jstage.jst.go.jp/article/nogeikagaku1924/17/11/17_11_905/_article/-char/ja/
	●「어류 '인슐린'에 관한 연구」 https://www.jstage.jst.go.jp/article/jsb1917/25/10/25_10_1165/_article/-char/ja

KARTE No. 007

골격 표본은 진짜 인간의 사체로 만들었다?!

과학실 괴담

과학실에 있는 골격 표본. 지금은 합성수지 소재이지만 과거에는 진짜 사람의 뼈로 만들었다. 한밤중 과학실에서 골격 표본이 움직이는 걸 봤다는 유명한 학교 괴담의 배경에는 이런 사실이 있었다…?!

2016년 무렵 일본에서는 학교에서 진짜 사람의 뼈나 표본이 발견되어 뉴스가 된 적이 있다. 그 배경에는 역사와 문부과학성의 지침이 있었다. 일본에서 본격적인 골격 표본의 제조·판매가 시작된 것은 1891년으로, 시마즈 제작소의 창업자인 시마즈 겐조가 표본의 제작 판매를 시작한 것이 그 기원이라고 한다. 메이지 시대 이후 독점 판매하던 시기도 있었으며 제2차 세계대전 이전 일본에서 제조·판매된 골격 표본은 대부분 진짜 인간을 재료로 만든 시마즈 제작소의 제품이다. 나머지는 의대나 의학 연구기관 등의 한정된 장소에서 제조·사용되었다. 수입품 등의 예외를 제외하면, 전전(戰前)부터 있는 학교의 골격 표본은 거의 시마즈 제작소의 제품이라고 보면 된다.

전쟁이 한창이던 1944년 사업을 중단했지만 전후인 1948년 시마즈 제작소 본부에서 교토 과학표본 주식회사로 분리·독립해 재출발했다. 하지만 이듬해인 1949년 사체 해부 보존법이 제정되면서 진짜 인간을 재료로 한 표본 제작이 금지되고 1954년에는 수지제 표본을 개발해 판매했다. 이로써 일본에서는 인간의 사체를 재료로 한 골격 표본의 제조 및 판매는 절멸했다.

毎日新聞

トップ 社会 政治 経済 国際 サイエンス スポーツ オピニオン カルチャー ライフ 教育 地域 English

【ニュース解説まいもく】桜を見る会、取材班の本音

なぜ学校の標本に…人骨判明の怪　鹿児島、佐賀など相次ぐ

毎日新聞 2019年1月26日 23時02分（最終更新 1月27日 01時49分）

社会 速報 話題

学校の理科室に展示されている骨格標本

各地の高校などで保管されていた頭蓋骨（ずがいこつ）などの標本が、本物と判明するケースが相次いでいる。昨年6月に鹿児島市の高校にあった頭蓋骨が人骨だったと報じられたのを機に、各学校が標本の調査に乗り出し、鑑定結果が出始めているとみられる。なぜ学校に本物の人骨があったのか。

発端は、2016年7月に鹿児島県立鶴丸高（鹿児島市）で教諭が生物講義室の標本棚から見つけた頭蓋骨らしき骨だった。県警などが鑑定したところ、約50年前に死亡した女性の骨とみられることが分かった。事件性はなく、引き取り先がないため、市は法律に基づいて火葬し、埋葬した。

『마이니치 신문』 참조

THE SANKEI NEWS

トップ 速報 社会 政治 国際 経済 スポーツ エンタメ ライフ

皇室 くらし トラベル からだ 教育 学術・アート 本 将棋 囲碁 科学 環境

“本物”人骨標本、全国１４府県に拡大　学校現場に動揺

2019.4.11 18:53 | ライフ | くらし

学校の「骨格標本」が本物の人骨と判明するケースが相次ぎ、学校現場に波紋が広がっている。産経新聞が４７都道府県の教育委員会に取材したところ、少なくとも１４府県で人骨が見つかっていることが分かった。文部科学省によると、事件性がなければ本物の骨格標本に問題はないが、経緯が不明なものが多いだけに不気味な印象が残る。なぜ、人骨がこれほど流通したのか。（高力悠一朗、橋本昌宗）

「模型だと…」

産経新聞の各教育委員会への取材では、本物の人骨とみられる標本は鑑定未実施も含めるとこれまでに、秋田▽群馬▽新潟▽石川▽福井▽愛知▽大阪▽和歌山▽香川▽佐賀▽大分▽熊本▽宮崎▽鹿児島－の１４府県で発見されている。

佐賀県立佐賀西高校では昨年１２月、生物の教室の棚の上に骨の標本が鳥の剥製などと並んで木箱の中に入れられているのが見つかった。今年１月に県警が確認した結果、「本物」と断定された。同高の関係者は「模型だと思っていたのに…」と動揺を隠せない。

長野、徳島などの県教委は「現在調査中」と回答。調査を検討している自治体もあり、今後拡大する可能性がある。

大阪府教育庁は２月２６日、高校１２校と視覚支援学校２校で人骨や臓器の標本が見つかったと発表した。全身骨格９体や頭蓋骨のほか、ホルマリン漬けの臓器や胎児の標本が保管され

『산케이 신문』 참조

고등학교 과학실 등에서 진짜 인간의 뼈로 만든 골격 표본이 발견되었다. 2016년 일본 가고시마의 현립 고등학교 생물 강의실에서 인간의 두개골이 발견된 것이 발단. 2019년 4월 시점, 전국 14개 부현에서 발견되었다고 한다.

Memo:

참고 자료 ●『일간 공업신문』 1993년 3월 19일 38쪽

과학실의 골격 표본
일본 문부과학성의 지침으로 전국의 초·중·고등학교에는 인간의 골격 표본이 1개씩 구비되어 있다. 과거에는 진짜 인간의 사체로 만들던 시기도 있었으며 지금은 합성수지 소재로 바뀌었지만 누락 가능성도 있다. 실제 2019년에 다수 발견되기도 했다.

학교에 골격 표본이 있는 이유

학창 시절 실제 수업에 사용하진 않았더라도 과학실에 놓여 있던 골격 표본을 보았을 것이다. 일본에서는 문부과학성의 지침으로 초중고교의 이과 교재로 한 학교당 1개씩 인체 모형을 구비하도록 되어 있다.

실제로는 경제적인 사정 등으로 지침이 내려진 1953년부터 모든 초중고교에 골격 표본이 구비된 것은 아니다. 1967년 문부과학성이 국고 부담으로 필요한 교재를 구입하도록 지도하면서 1967~1976년에 걸쳐 총 1,600억 엔(약 1조 6,000억 원)의 예산을 투입해 다양한 교재를 구입했다. 이때 한 학교당 1개씩 필요한 교재 중 하나가 인간의 골격 표본이었다. 문부과학성의 지침으로 전국의 모든 초중고교에서는 골격 표본을 사야 했던 것이다.

교재를 만드는 제조사는 9년간 1,600억 엔이라는 거액의 공공사업이 맡겨지자 지체 없이 사업 확장에 나섰다. 당시 교토 과학표본사는 합성수지 소재의 표본 등으로 큰 이익을 내면서 자본금을 4배나 늘렸다.

이로써 모든 학교 과학실에는 골격 표본이 1개씩 놓이게 되지만…. 골격 표본 사업의 융성은 순식간에 막을 내렸다. 이유는 간단하다. 한 번 사면 다시는 살 필요가 없었기 때문이다. 매년 골격 표본을 구입해 과학실에 늘어놓는 정신 나간 교육위원회나 교장은 없으니 말이다. 일본 내 모든 학교에 놓이고 나면 다시는 수요가 발생하지 않는 것이다….

1971년 수수께끼의 표본 판매 회사가 등장

그러던 중 저렴한 골격 표본을 판매하는 '주식회사 하바라 골격 표본 연구소'라는 어쩐지 수상쩍은

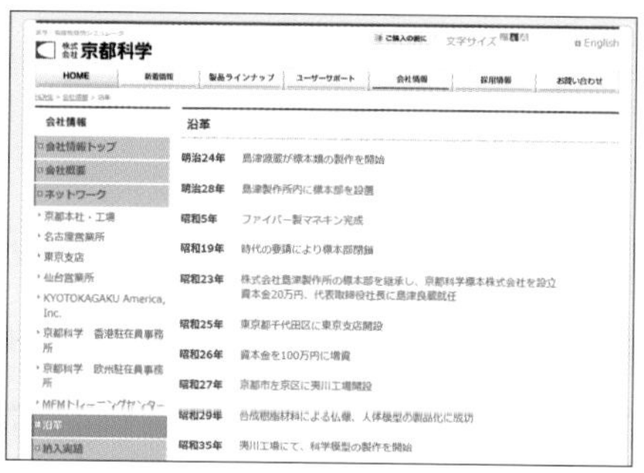

교토 과학 https://www.kyotokagaku.com/jp/

교토에 있는 의료 교육 교재 제조사. 시마즈 제작소에서 표본의 제작·판매를 시작해 시장을 확대했다. 현재는 각종 의료용 트레이닝 모델과 시뮬레이터를 제조해 해외에서도 폭넓게 사업을 전개하고 있다.

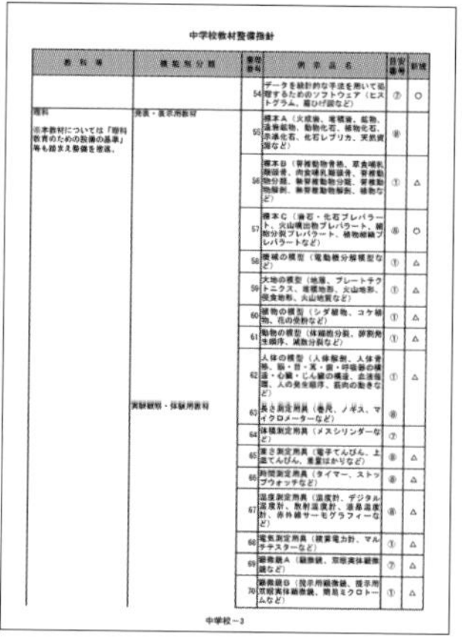

中学校教材整備指針

教科等	機能別分類	番号	例示品名	目安番号	新規
		54	データを統計的な手法を用いて処理するためのソフトウェア（ヒストグラム、箱ひげ図など）	⑦	○
理科 ※本教材については「理科教育のための設備の基準」等も踏まえ整備を推進。	発表・表示用教材	55	標本A（火成岩、堆積岩、鉱物、造岩鉱物、動物化石、植物化石、示準化石、化石レプリカ、天然資源など）	⑧	
		56	標本B（脊椎動物骨格、草食哺乳類頭骨、肉食哺乳類頭骨、脊椎動物分類、無脊椎動物分類、脊椎動物解剖、無脊椎動物解剖、植物など）	①	△
		57	標本C（岩石・化石プレパラート、火山噴出物プレパラート、細胞分裂プレパラート、植物組織プレパラートなど）	⑧	○
		58	機械の模型（電動機分解模型など）	①	△
		59	大地の模型（地層、プレートテクトニクス、堆積地形、火山地形、侵食地形、火山地質など）	①	△
		60	植物の模型（シダ植物、コケ植物、花の受粉など）	①	△
		61	動物の模型（体細胞分裂、卵割発生順序、減数分裂など）	①	△
		62	人体の模型（人体解剖、人体骨格、脳・目・耳・歯・呼吸器の構造・心臓・じん臓の構造、血液循環、人の発生順序、筋肉の動きなど）	①	△
	実験観察・体験用教材	63	長さ測定用具（巻尺、ノギス、マイクロメーターなど）	⑧	
		64	体積測定用具（メスシリンダーなど）	⑦	
		65	重さ測定用具（電子てんびん、上皿てんびん、重量はかりなど）	⑧	△
		66	時間測定用具（タイマー、ストップウォッチなど）	⑧	△
		67	温度測定用具（温度計、デジタル温度計、放射温度計、液晶温度計、赤外線サーモグラフィーなど）	⑧	△
		68	電気測定用具（積算電力計、マルチテスターなど）	①	△
		69	顕微鏡A（顕微鏡、双眼実体顕微鏡など）	⑦	△
		70	顕微鏡B（提示用顕微鏡、提示用双眼実体顕微鏡、簡易ミクロトームなど）	①	△

中学校－3

학교 교재의 정비 http://www.mext.go.jp/a_menu/shotou/kyozai/index.htm

일본의 문부과학성이 초중고교의 '교재 정비 지침'을 책정했다. 이과 교재 중에서는 '인체 모형(인체 골격, 인체 해부 등)'을 정비하는 것이 바람직하다는 지침을 내렸다.

교재 제조사가 등장했다. 회사의 등기부등본에 '인체 및 동물 골격 표본의 제작 및 수입'으로 명기되어 있을 만큼 골격 표본에 특화된 제조사라는 것이었다. 1971년 한 수의사가 도쿄에 있는 자택을 본사로 설립했다. 현재 도쿄에서 동물병원을 경영하는 사람과 동일 인물인 듯 현 하바라 골격 표본 연구소의 소재지는 그 동물병원의 주소와 같았다. 1989년 이후에도 제조사로서 활동했으며 1993년 히타치 정공이 동물의 골격 표본을 제작하는 신규 사업에 진출할 때 협력했다. 이바라키 현에 있는 히타치 시 가미네 동물원의 인도코끼리 미네코의 골격 표본 제작에도 관여한 듯하다. 아루마 가문의 아르마딜로 친족들도 신세를 진 바 있다. 표본으로 제작되어 지금도 일본의 국립 박물관에 전시되어 있다.

실질적으로는 골격 표본 제작이 특기인 수의사의 개인 경영이지만 업계에서는 상당한 실적이 있는 회사인 듯했다. 하지만 1971년 회사를 설립한 이후 인도에서 대량의 인골을 수입하는 이상한 사업도 전개했다. 어쩌면 인골 수입을 위해 주식회사를 설립한 것이 아닐까 하는 생각도 든다. 2019년 2월, 그 회사 겸 자택 건물을 소유한 친족 남성이 병사해 경찰이 찾아갔을 때 500명분에 달하는 인골이 재고로 쌓여 있는 것을 발견해 화제가 되었다.

추측하건데, 문부과학성은 1967~1976년 학교의 교재 구입비용으로 거액의 예산을 투입했다. 이것을 노리고 인도의 캘커타에서 진짜 인간의 뼈로 만든 골격 표본을 싼값에 수입한 것이 아닐까? 당시 인도는 파키스탄과의 전쟁으로 곳곳에 사체가 쌓여있던 상황이었다. 특히, 사체 산업의 중심지인 캘커타는 격전지와 가까웠기 때문에 재료는 충분했을 것이다. 인도의 골격 표본 제작은 영국의 식민지 시절부터 200년이나 되는 역사가 있는 전통 산업으로, 서구 선진국의 학교 등에 수출한 역사도 있다. 그러므로 일본이라는 새로운 고객이 늘어나도 500명분 정도는 충분히 감당할 수 있었으리라는 추측도 가능하다.

Memo:

2019년 도쿄의 주택가에서 500명분의 인골이 발견되어 화제가 되었다. 하바라 골격 표본 연구소라는 교재 제조사가 골격 표본을 만들기 위해 과거 인도에서 수입한 인골을 처분하지 못한 채 방치하고 있던 것이 발견된 것이다. 인도에서는 1985년 사체의 수출을 금지했기 때문에 그 이전에 수입된 것으로 보인다(TOMYO MX 참조/YouTube)

하지만 진짜 인간의 사체로 만든 골격 표본을 사겠다는 정신 나간 교육위원이나 교장은 없었던 듯 처분조차 어려운 재고더미로 남게 된 것이다…. 요컨대, 20대 수의사가 한몫 잡아보려고 회사를 세워 대량의 인골을 수입했지만 구매자를 찾지 못해 처분도 하지 못한 채 쌓아놓은 재고가 발견된 것이 아닐까? 회사 설립 후 1천 만 엔(약 1억 원)이나 되는 자본금을 준비해 500명분의 골격 표본 구입비부터 수입 비용까지 치른 후 전부 손해를 보고도 회사가 망하지 않은 것을 보면 굉장한 부잣집 자제였던 것이 아닐까?

1985년 인도가 사체의 수출을 금지하면서 진짜 인간의 사체로 만든 골격 표본은 일본 시장에서 완전히 사라졌다.

 과학실 괴담은 전설이 되었다

전쟁 전부터 학교에 있던 골격 표본 중 진짜 인간의 사체로 만들어진 것이 있다는 사실이 드러나자 전국의 교육위원회는 조사를 실시하고 해당하는 골격 표본을 처분했다. 그러므로 현재 초중고교에 있는 골격 표본이 진짜 인간의 사체일 가능성은 매우 낮다. 그럼에도 전쟁으로 목숨을 잃은 인도인의 사체가 아닐까 하는 의혹이 완전히 사라진 것은 아니다. 교육위원회 조사에서 누락되거나 학교 선생님들도 합성수지 소재라고 믿고 있을 가능성이 존재하기 때문이다.

최근에는 실물 크기의 골격 표본 대신 공간을 많이 차지하지 않는 미니어처 표본으로 바뀌고 있는 추세이다. 더는 학생들 사이에 과학실 괴담 같은 건 떠돌지 않을지 모른다.

KARTE No. 008

위험하지만 끊지 못하는 마약과 같은 연료

가솔린의 역사와 위험성

핵연료를 제외하면 가솔린의 살상력은 연료 중 가장 높다고 해도 과언이 아니다. 인체에 대한 영향, 파괴력, 무기화…지금까지의 역사가 증명하는 가솔린의 이면을 해설한다.

옛날에는 한 사람의 힘으로 타인의 목숨을 빼앗는 것이 무척 어려운 일이었기 때문에 일본 센고쿠 시대에 7명의 적을 순식간에 베어버린 사타케 요시시게는 '귀신 요시시게'라거나 간토 지방 최고의 무장이라는 뜻에서 '반도 타로'라는 별명으로 불렸을 정도였다. 적을 많이 죽일수록 이름을 날리던 센고쿠 시대에도 한 사람이 순식간에 7명의 목숨을 빼앗은 일로 전설이 될 정도였으니 대량 살인은 기본적으로 지극히 어려운 일이라고 할 수 있다.

제1차 세계대전으로 보급된 가솔린

세월이 흘러, 제1차 세계대전에 가솔린 엔진으로 움직이는 전차가 보급되었다. 고지식한 보수파 군인들은 '가솔린을 채운 전차를 타고 전장에 나가는 건 자살 행위'라거나 '가솔린에 타죽는 것은 명예로운 전사(戰死)가 아니다'라며 가솔린 엔진의 채용을 반대했으며 중세의 전통대로 '말이 최고!'라고 주장했다. 영국군은 제1차 세계대전에서 가솔린 탱크를 빨간색으로 칠하고 피탄되면 전원 목숨을 잃는 위험한 부위로 취급했다.

분명 마차나 말은 폭격을 당해도 불길이 치솟거나 번질 일이 없어 안전하다. 1마력이라는 단위는 말 1마리가 끄는 힘에 해당하기 때문에 '마력'이라고 불린다. 20마력의 엔진이 탑재된 자동차는 말 20마리가 끄는 미치와 같은 힘을 낸다. 다만, 현실에서는 말 20마리로 마차를 끄는 것 자체가 물리적으로 불가

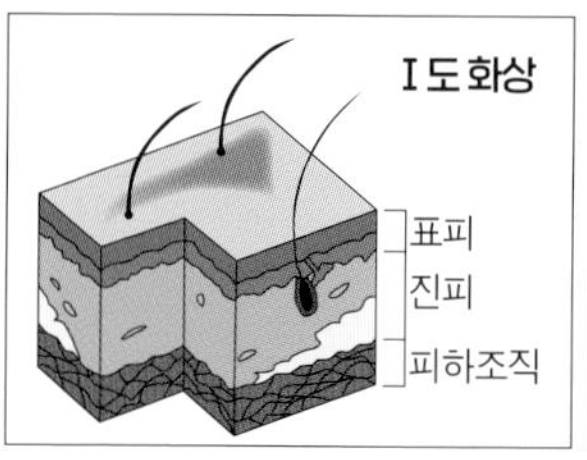

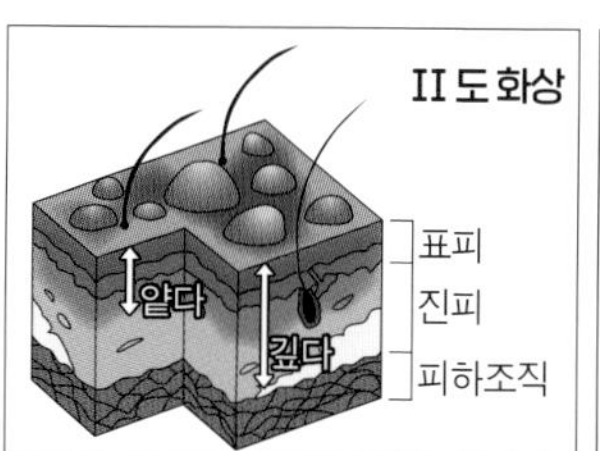

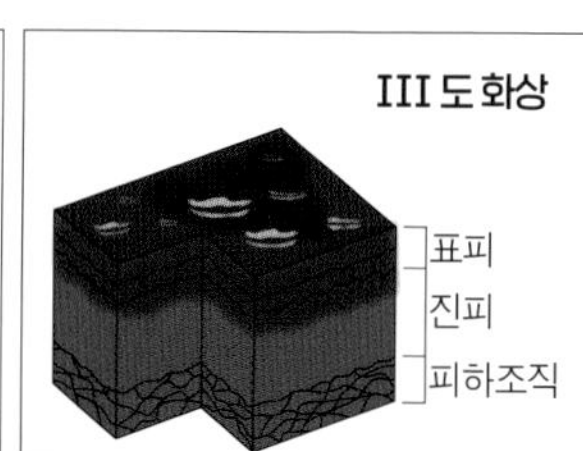

Memo:
참고 문헌·사진 출전 등 ●「게이오 의숙 대학병원」 http://www.hosp.keio.ac.jp/
●「도쿄 가스」 https://www.tokyo-gas.co.jp ●「위키피디아」 https://en.wikipedia.org/wiki/Gas_engine 외

가솔린은 전쟁 무기로 사용된 역사가 있다. 베트남 전쟁에서는 화염병이나 화염방사기보다 효율적으로 인간과 건물을 불사르는 네이팜탄이 사용되었다. 오늘날 미군은 화염방사기를 전투용이 아닌 작업용으로만 채용하고 있다고 한다. 사진은 테러리스트가 몸을 숨길 수 없게 덤불을 소각하는 모습(이라크).

능하기 때문에 말 없이 스스로 움직이는 차라는 뜻에서 '자동차'라고 불리게 되었다.

실제 가솔린 엔진으로 움직이는 자동차나 비행기 등이 피탄되어 승객이 목숨을 잃는 사고가 여러 번 일어났지만 그런 위험성을 크게 뛰어넘는 이점이 있었기에 가솔린 엔진이 널리 쓰이게 된 것이다. 전쟁이 한창이라 사망자의 모수가 워낙 커서 가솔린 때문에 죽는 사람의 수 같은 건 비교도 되지 않았다는 사정도 있었지만….

가솔린을 뿌리고 불을 붙이면, 아무리 강고한 진지에 둘러싸인 적이라도 간단히 몰살할 수 있다. 화염방사기보다 훨씬 단순한 화염병도 탄생해 현재까지도 사용되고 있다. 다만, 액체인 가솔린은 포탄처럼 멀리 날리기 어렵기 때문에 화염방사기나 화염병의 짧은 사정거리를 해결하지 못했다. 그러자 일방적으로 적을 불살라 죽이는 초거대 강력 화염병이라고 할 수 있는 '네이팜탄'이라는 항공 폭탄이 개발되어 베트남 전쟁에서 엄청난 수의 사람들을 몰살했다.

그로 인해 척살·사살·폭살은 차치하더라도 '불태워 죽이는 것은 비인도적'이므로 가솔린으로 불태워 죽이는 것은 안 된다…는 주장이 계속되고 있다. 이처럼 가솔린의 엄청난 살상력은 보급 당시부터 널리 알려져 전쟁에서 살상용 무기로 다용되었다. 사린이나 VX 가스 등의 화학 무기와 핵무기가 등장하기 전까지 가솔린은 최강의 대량 살상 무기였다.

한편, 라이트 형제가 처음 하늘을 날았던 그 날부터 제트엔진이 실용화되는 시대에 이르기까지 극히 일부의 예외를 제외하면 하늘을 날 수 있는 유일한 연료는 가솔린뿐이었다. 또 수백 ㎞ 거리를 달릴 수 있는 이동 수단에 가솔린은 필수 연료이다. 게다가 밀폐된 금속용기에 넣으면 안전하게 사용할 수 있다. 인류는 봉인술을 걸면 자유자재로 부릴 수 있는 악마와도 같은 가솔린의 마력에서 헤어 나올 수 없게 되었다.

가솔린에 의한 화상이 인체에 미치는 영향

화상은 깊이와 넓이의 두 가지 요소로 중증도가 결정된다. 가솔린에 의한 화상의 경우, 그 두 가지 요소 모두에서 최악의 결과를 초래한다. 게다가 기화된 가솔린이 불타면서 내뿜는 화염을 마셔 기도나 폐 등의 내장까지 화상을 입게 된다.

이 같은 트리플 콤보 피해를 입은 상태로 구급 운송될 경우, 의사로부터 최후의 선고를 받게 될 수도 있다. 화상의 정도는 다음과 같은 네 가지 단계가 있는데 가솔린에 의한 화상은 간단히 III도 화상을 초래하기 때문에 매우 위험하다.

I 도 화상(EB): 수일간 치료
얕은 II도 화상(SDB): 2~3주간 치료
깊은 II도 화상(DDB): 4~5주간 치료, 경우에 따라 피부 이식 필요.
III도 화상(DB): 기본적으로 피부 이식이 필요한 단계.

무서운 것은 가장 심한 III도 화상을 입으면 고통이 없다는 것이다. 고통을 느끼는 신경이 전멸했기 때문이다. 의학계에서 가장 위험한 환자는 고통을 느낄 수 없게 된 환자이다.

가장 심각한 희생자는 구급대가 '사망이 분명한 상태'로 단정하는 경우이다. 사망 판정은 의사만 할 수 있기 때문에 구급대는 심폐정지 상태라도 병원으로 이송해야 한다. 뉴스 등에서 사망이 분명해 보이는 사람에 대해 심폐 정지로 보도하는 것은 이런 이유에서이다. 의사가 아닌 구급대원이 보기에도 사망이 분명한 경우는 병원으로 이송하지 않는다.

사망이 분명한 상태를 판정하는 기준은 다음의 네 가지가 있다.

1. 목이나 몸통 등이 절단된 경우.
2. 부란(腐爛) 사체인 경우.
3. 백골 사체인 경우.
4. 다음의 6개 항목의 조건을 충족하는 경우.

4-1 의식 수준이 고통이나 자극에 전혀 반응하지 않는 최저 수준.
4-2 호흡이 완전히 멎은 경우.
4-3 심장이 완전히 멎은 경우.
4-4 일반적으로 동공이 열렸다고 불리는 상태.
4-5 일반적으로 차갑게 식었다고 하는 상태.
4-6 사지의 경직 또는 시반이 확인되는 경우.

1~3은 일반인이 보기에도 사망한 것으로 판정할 수 있는 경우이지만 2019년에 일어난 '교토 애니메이션 방화 살인 사건'은 일반적으로 판단하기 힘든 네 번째 상태였을 것으로 추측된다. 이 사건 당시에는 10명이 사망이 분명한 상태로 판정되어 병원으로 이송되지 않고 최종적으로 36명이 사망했다. 10명이나 되는 사람들이 네 번째 경우의 여섯 항목을 모두 충족했다는 것은 흔치 않은 이상 사태였다. 현장은 무척 참혹했을 것이다. 다시 한 번 희생자들의 명복을 빈다.

이처럼 가솔린 공격으로 트리플 콤보의 피해를 입으면 매우 위험하다고 했는데 실내에서 가솔린이 빠르게 연소하게 되면 급격한 산소 결핍과 이산화탄소 중독 그리고 일산화탄소 중독이 동시에 일어난다. 이런 사중 공격을 당하면 즉사한다. 일반인이 보기에도 사망이 분명한 상태가 될 것이라는 말이다.

Memo:

가솔린 살상력의 비밀

가솔린 1kg이 연소하면 44메가줄(MJ)의 에너지를 내는데 이것은 중유나 경유에 비해 특별히 높은 숫자는 아니다. TNT(트리니트로톨루엔) 폭약 등은 더 낮지만 에너지의 발생 속도가 빨라 가공할 만한 살상력을 발휘하는 것이다. TNT 폭약 등의 군용 폭약 1kg이 에너지를 방출하는 시간은 10나노초 이하이다. 가솔린은 타는 속도가 목재나 석탄 또는 중유 등에 비해 굉장히 빠른 것이 특징. 같은 에너지를 가했을 때 에너지의 발생 속도가 빠를수록 파괴력이나 출력이 커진다.

기본적으로 물체가 탈 때는 물체 표면에서 연소 반응이 일어나기 때문에 표면적이 클수록 화력이 강해진다. 실제 석탄을 이용한 증기기관으로 움직인 군함에서는 전투 중 보일러의 화력을 높이기 위해 기관원이 석탄을 잘게 부수는 작업이 매뉴얼화되어 있었다. 석탄의 표면적을 늘려 화력을 높이기 위해서였다. 중유, 경유, 가솔린 등의 액체 연료의 경우도 표면적이 클수록 빨리 타서 화력이 강해진다. 액체의 표면적이 최대인 상태는 미세한 안개일 경우이다.

가솔린에 불이 붙으면 스스로의 열로 안개 형태로 변하면서 화력이 더욱 세지고 그 열에 의해 또 다시 기화하는 연쇄 반응이 일어나 불길이 폭발적으로 번진다. 가솔린이 빨리 타는 것은 불이 잘 붙고 기화하기 쉬운 성질 때문이다. 나무가 천천히 타는 것은 탄소로 이루어진 셀룰로오스가 열에 의해 분해되면서 타기 때문이다. 분해 속도보다 더 빨리 타지 않는다. 그럼 미리 화학 처리를 해 탄소를 미세하게 분해해두면 어떻게 될까, 그 정점에 위치한 것이 가솔린이다.

만화 『닥터 스톤(Dr. STONE)』 제1화에서 주인공 센쿠가 '폴리에틸렌 분자 구조를 생각해봐, 멍청아. 탄화수소를 가솔린 길이로 끊어낸 것뿐이잖아. 딱 보면 몰라'라고 한 것처럼 탄소 화합물의 결합을 짧게 자르면 가솔린이 된다. 석탄의 탄화수소를 가솔린 길이로 끊어내 만든 인조 석유는 제2차 세계대전 당시 독일군이 대량 생산했다.

교토 애니메이션 방화 사건

2019년 7월, 교토 애니메이션 제1스튜디오에 한 남자가 침입해 가솔린을 뿌린 후 라이터로 불을 붙였다. 삽시간에 번진 불길로 스튜디오가 전소되면서 다수의 희생자를 냈다. 당시 10명이 '사망이 분명한 상태로 판정'되었다. 이런 경우, 응급 환자의 중증도 분류 체계도 적용되지 않는다(산케이 뉴스 참조/YouTube).

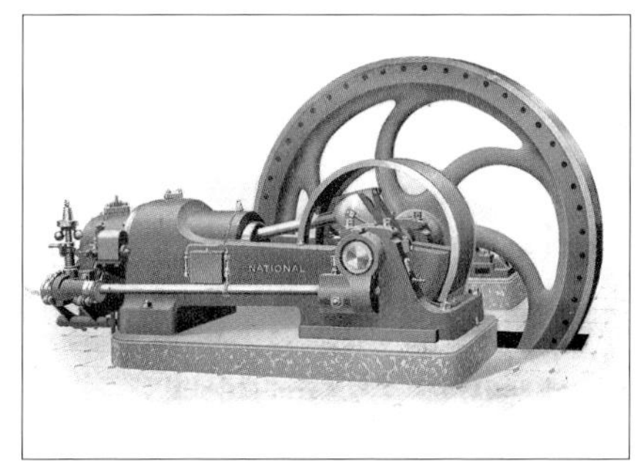

1905년 무렵의 가스 엔진(36마력). 가스 엔진을 움직이기 위한 액체 연료로 개발되면서 가솔린 엔진이 탄생했다. 소형·경량·고출력은 물론 생산 비용이 저렴해 널리 보급되었다. 오토바이나 자동차의 동력원으로 필수품으로 자리 잡았다.

인류가 사용해온 연료는 나무→목탄→석탄→기름→가솔린으로 고출력일수록 화학 처리로 탄소의 길이가 짧아져 더 쉽게 타도록 가공되었다. 그 최대치까지 화학 처리된 액체가 바로 가솔린이다. 가솔린이 경유보다 비싼 것은 더 많은 화학 처리를 했기 때문이다.

가솔린은 어떻게 탄생했을까

별도의 화학 처리가 필요한 위험물인 가솔린이 탄생한 것은 나름의 역사와 이유가 있다. 근대화와 함께 석탄으로 움직이는 증기기관이 등장하면서 증기선과 증기 기관차가 탄생했다. 그 후, 석탄가스로 불을 밝히는 가스등이 등장하자 도시 가스 회사는 도시에 가스를 공급하는 가스관을 설치했다.

1897년대 이후, 가스등의 가스로 움직이는 소형·경량 가스 엔진이 등장했다. 소형·경량인 데다 가스관을 통해 무한정 공급되었기 때문에 무거운 석탄을 나르지 않아도 되고 석탄을 지필 작업원도 필요 없어지면서 많은 공장에서 이용되었다. 기체인 석탄 가스는 배관을 통해 공급하기에는 적합했지만 가스탱크가 없던 시절이라 자동차의 연료로 사용할 수는 없었다. 그렇다면, 가스 엔진을 움직이는 액체 연료를 만들면 되지 않은가!…라는 발상으로 탄생한 것이 가솔린이다. '휘발유'라고 불릴 만큼 증발하기 쉬운 특성은 간단히 기체(가스)로 바뀌는 액체 연료가 필요한 이유에서 탄생했다.

전용 연료인 가솔린의 발명으로 가솔린 엔진은 소형·경량·고출력·저비용·대량 생산이 가능한 엔진으로 전 세계로 퍼졌다. 배나 기관차 등의 대형 운송 수단에는 이후로도 한참동안 증기기관이 사용되었지만 오토바이나 자동차와 같은 소형 운송 수단이나 비행기처럼 중량을 최대한 줄일 필요가 있는 운송 수단에는 오랫동안 가솔린 엔진이 사용되었다. 현재는 택시나 버스 등의 LPG 자동차가 널리 보급되어 도로를 달리고 있는데 이것은 LPG(액화석유가스)가 등장했기 때문이다. 가솔린 차량을 LPG 차량으로 개조하는 것이 쉬운 것처럼 본질적으로 가솔린 자동차의 엔진은 가스 엔진에서 탄생한 동질의 제품이다. LPG가 가솔린보다 먼저 발명되었다면 가솔린은 널리 유통되지 않았을 것이다.

한편, 가솔린이 아닌 경유를 연료로 사용하는 디젤 엔진의 중흥의 시조라고 할 수 있는 기업이 '얀마 디젤'이다. 가스 엔진 사업으로 시작해 세계 최초의 소형 디젤 엔진 개발에 성공해 세계적인 기업으로 성장했다. 제트 엔진은 경유의 일종인 제트 연료를 사용하는 것이 주류가 되었으며 가솔린 항공기는 감소하는 경향이다. 과학의 진보로 가솔린을 사용하지 않는 엔진이 계속해서 탄생하고 있다. 석유 제품의 가격은 중유＜경유＜가솔린의 순이다. 가솔린이 비싼 것은 단순히 제조비용 때문이다. 가솔린 엔진은 고급 연료를 사용하지 않으면 움직일 수 없다.

현재는 친환경 차량 보급을 통해 가솔린 차량을 줄이고 규제하는 방향으로 나아가고 있다. 철도와 선박도 가솔린 대신 경유와 중유를 사용하는 것이 주류가 되었다.

50년쯤 후에는 완전히 소멸해, 대량 살인에나 사용되는 위험물로 생산 자체를 규제하게 될지도 모른다. 클래식카 마니아들은 가솔린 자동차를 몰지 못하게 될 가능성도…. 오랜 과학의 역사로 볼 때 가솔린은 200년 남짓밖에 사용되지 않은 위험물로 과거의 유물이 되어 사라질 가능성도 충분하다.

Memo:

KARTE No. 009

전국 항문 삽입부터 정자 분출 약까지…

강제 사정의 세계

특수계 뉴스 사이트 'TOCANA'에서 공개되자마자 경이적인 접속자 수를 기록한 기사. 명백한 의료 행위에 대한 해설이었으나….

강제 사정. 글자 그대로 본인의 의사와 관계없이 강제로 사정하게 만드는 것…. 최근의 에로 만화 등에서는 '착유'가 아닌 '착정' 같은 표현까지 등장한다고 하는데 정말 그런 에로 만화에나 나올 법한 기계나 기술이 존재하는 것일까?

의학적으로는 '인공 사정 요법'이라는 정식 명칭이 있으며 자위 목적이 아닌 성관계 없이 인공 수정으로 아이를 갖길 원하는 사람 등이 이용한다. 적용 대상은 성인의 경우, 척추 손상 등으로 하반신 감각이 마비된 사람, 방사선 치료로 생식 능력을 잃은 소아암 환자 등이 있다. 성인이 된 후 아이를 갖게 될 가능성을 고려해 정자를 냉동 보존하기 위해 시행한다.

인공 사정 요법에는 '인공 질 요법' 요컨대 'TENGA' 등을 사용하는 방법이 있다. 다만, 스스로 발기할 수 없는 척추 장애 환자 등에는 적용할 수 없기 때문에 용도는 한정적이다.

다음으로 '진동 자극 요법'도 있다. 항문에 진동기를 삽입해 직장을 자극함으로써 사정하게 만드는 방법이다. 간호사가 직장 마사지를 하는 경우도 있는데 사정이 잘 되지 않는 경우가 많아 거의 이용되

암과 임신에 관한 상담 창구
암 전문 상담용 가이드

암 환자가 아이를 갖게 될 경우를 대비해 치료 전에 미리 정자를 채취해 동결 보존해두는 방법이 있다. 정자의 채취 방법으로는 직장 마사지와 전기 자극에 의한 사정이 있다고 해설한다.

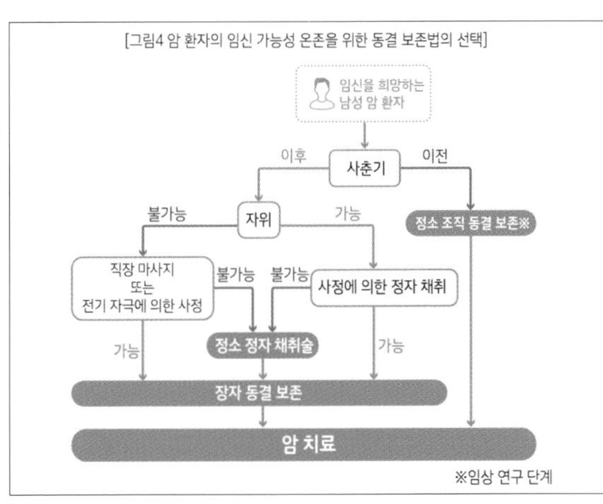

참고 자료·사진 출처 등
●「암과 임신에 관한 상담 창구 암 전문 상담용 가이드」 http://www.j-sfp.org/ped/dl/teaching_material_20170127.pdf
●「일본 척추장애 의학회 잡지」 16권 184쪽

지 않게 되었다.

그래봤자 전동 기구 같은 걸 이용하는 수준…정도일 것으로 짐작하는 사람이 많을 것이다. 하지만 이게 다는 아니다. 더 굉장한 방법이 있다.

바로 '전기 자극 요법(electro ejaculation: EE)'이다.

최강의 인공 사정 방법…전기 자극 요법

항문에 굵은 전극을 삽입하고 전기 자극을 가해 강제적으로 절정·사정에 이르게 하는 '전기 사정 장치(Electronic Ejaculator)'라는 전용 기구가 존재한다. 원래는 소, 말, 돼지 등 가축의 정자를 채취하기 위한 도구로, 현재도 가장 많이 사용되고 있는 방법이다. 최근에는 인간에게도 적용이 가능해지면서 세계적으로 널리 쓰이고 있다.

소아암 가이드라인에서는 자위 경험이 없는 사춘기 소년이 대상이다. 간호사가 사춘기 소년의 항문에 손가락을 넣고 직장 마사지를 한다거나 항문에 전극을 삽입해 강제 사정을 하게 한다고 하면 변태나 성적 학대처럼 들리지만 엄연한 의료 행위이다. 참고로, 어린 소년의 정자를 채취할 때는 트라우마로 남거나 이상 성벽에 눈뜨는 일이 없도록 전신 마취를 한 후 시술하게 되어 있다. 체험자들이 모두 의식 불명 상태이기 때문에 어떤 기분이었을지는 알 수 없다. 일설에 따르면, 말도 안 되게 기분이 좋더라는 이야기도….

외국 사이트에서는 일반인도 소에게 사용하는 도구를 2,095달러(약 252만 원)에 구입할 수 있다고 한다. 전극 삽입을 통한 자위를 경험해보고 싶다면, 어디까지나 자기 책임 하에 시도해보는 것도 불가능한 일은 아닐 듯하다.

장치 내용은 간단하다. 500㎃의 전류로, 주파수 60㎐의 정현파 교류를 12~24V의 범위에서 단속적으로 전압을 높이는 식이다. 이 기계로 착정하면 정자를 포함한 농후한 정액을 얻을 수 있다고 설명서에 쓰여 있다.

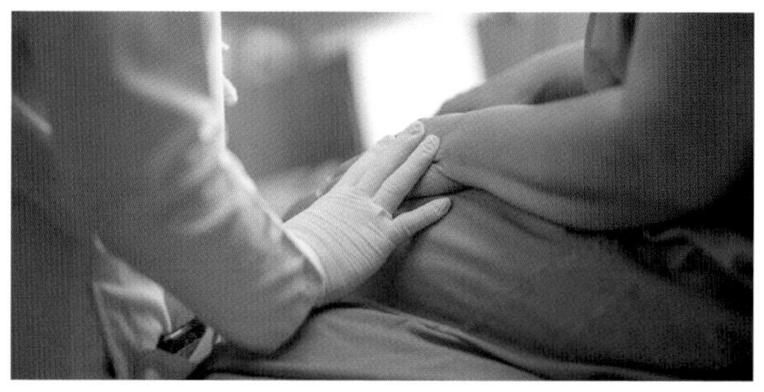

정자 채취는 의료 행위

자위 경험이 없는 소년의 정자를 채취할 때는 간호사가 항문에 손가락을 넣어 직장 마사지를 하는 방법이 인정되고 있다. 또 고환에 주사 바늘을 찔러 넣어 직접 뽑아내는 방법 등도 있다. 이런 요법은 전신 마취 상태에서 이루어지기 때문에 실제 어느 정도의 쾌감이나 고통을 느끼는지 알 수 없다….

Memo:

●「교토 대학교 학술정보 리포지터리 KURENAI」「네오스티그민 거미줄막하강내 주입에 의한 인공 사정으로 여아를 출산한 남성 척추 환자의 예」

https://repository.kulib.kyoto-u.ac.jp/dspace/bitstream/2433/119599/1/34_1047.pdf

Lane Pulsator IV Bull Electronic Ejaculator

가축용 전기 사정 장치. 소를 비롯해 사슴, 양, 염소 등에도 사용할 수 있다. 전극을 항문에 삽입하고 전기 자극을 가해 강제적으로 사정하게 한다. 5년의 보증 기간이 있는 제품으로 구매자들의 평가도 높은 듯하다.

Nasco https://www.enasco.com/p/C27112N

전기 분야에 정통한 사람이라면 자작도 어렵지 않겠지만 쾌락만을 이유로 실행에 옮기기에는 위험성이 지나치게 크기 때문에 섣불리 시도하지 않는 것이 좋다.

주사기와 약으로 정자를 채취한다!

그 밖에도 강제적으로 정자를 채취하는 다양한 방법이 있다. 그중 하나가 '정소 내 정자 추출법(testicular excision sperm extraction: TESE)'이다. 이름 그대로, 주사기를 이용해 고환에서 직접 정자를 채취하는 방법이다. 어린아이부터 중증 장애인까지 모든 환자에 가장 확실한 방법으로 알려져 있지만, 고환에 주사바늘을 깊이 찔러 넣기 때문에 전신 마취가 필요할 만큼 고통스럽다. 마취 없이 진행하면 고통에 못 이겨 정신을 잃거나 이상 성벽에 눈을 뜨거나 둘 중에 하나이므로 추천하지 않는다….

마지막으로 약물을 이용해 사정하게 하는 방법도 있다.

에로 만화에나 등장할 법한, 주사하면 사정이 멈추지 않게 되는 약이 실재한다. 심지어 안약 등에도 들어 있는 일반적인 약제이다. '네오스티그민'이라는 콜린에스터레이즈 방해제인데, 이 약제를 척추관 거미막하강에 주입하면 약효가 떨어질 때까지 사정이 멈추지 않게 된다.

네오스티그민은 혈액 뇌 관문을 통과하지 않기 때문에 안약이나 정맥주사 등으로는 척추와 같은 중추 신경계에 작용하지 않아 안전하다. 하지만 강제 사정하게 하려면 척추에 직접 주입해야 한다. 높은 기술력을 요하는 위험한 시술인 만큼 경험이 풍부한 의사가 아니면 어려운 방법이다. 실제 1986년에는 이 방법으로 정액을 채취해 임신 및 출산에 성공한 사례가 있다.

강제 사정이라고 하면, 에로 만화에나 나올 법한 이야기처럼 들리지만 실제로는 아이를 갖길 원하는 절실한 바람을 이루어주는 엄연한 의료 행위이다.

KARTE No.010

제2의 처녀막의 비밀

'자궁구의 처녀성'을 빼앗는다?

실제 성 의학 서적을 바탕으로 에로 만화에 등장하는 자궁의 묘사에 대해 어디까지나 의학적으로 검증 및 해설한다. '자궁구의 처녀성'을 빼앗다…는 행위는 과연 가능할까?

처녀와 비(非)처녀. 성교 경험의 유무를 기준으로 하지만 실은 또 하나의 처녀성이 존재한다. 항문을 말하는 것이 아니다. '자궁구의 처녀성'에 대한 이야기이다.

과거 미국의 산부인과 의사 로버트 라투 디킨슨(Robert Latou Dickinson, 1861~1950년)은 '처녀에게는 처녀막 외에도「자궁구의 처녀성」이 존재한다'라는 개념을 제창했다.

46쪽 사진의 왼쪽 상단에 '처녀'라고 쓰인 것이 미사용 자궁구의 모습이다. 출산이나 자궁구 확장을 경험하면, 하단과 같이 열상이 생기며 입구가 넓어진다. 자궁구가 젖혀지거나 짓무름 또는 부종이 생기

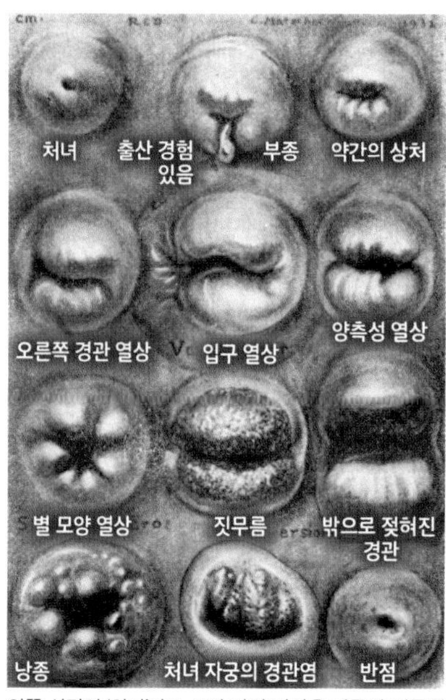

왼쪽 상단의 '처녀'라고 쓰인 것이 미사용 자궁의 입구이다(3쪽 참조).

『눈으로 보는 인체의 성 해부학』

무릎을 가슴 쪽으로 끌어당긴 자세로 탐폰을 채운다

라미나리아로 확장

헤가 확장기로 확장

손가락으로 자궁 내용을 제거

1972년 무렵까지 행해지던 인공 중절 수술 방법. 자궁에 손가락을 넣어 태아를 긁어냈다(205쪽 참조)

Memo:

참고 자료·사진 출처 등 ●『눈으로 보는 인체의 성 해부학』(로버트 라투 디킨슨 저)

●「일본 라미나리아 주식회사」 http://nipponlaminaria.com/

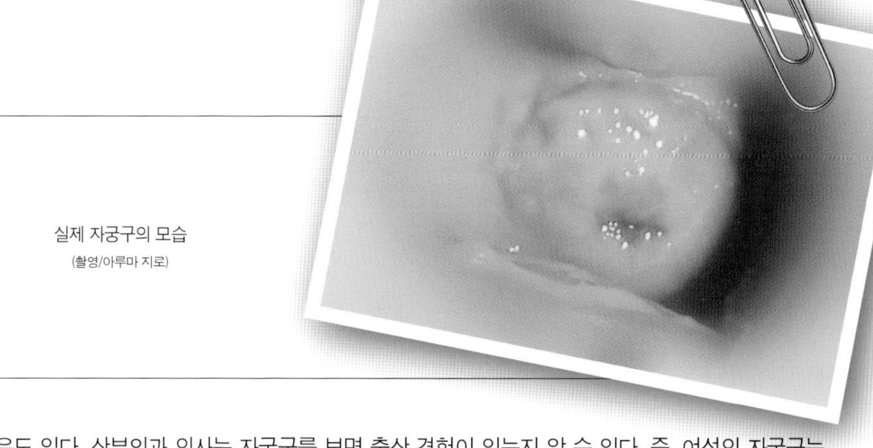
실제 자궁구의 모습
(촬영/아루마 지로)

는 경우도 있다. 산부인과 의사는 자궁구를 보면 출산 경험이 있는지 알 수 있다. 즉, 여성의 자궁구는 출산을 경험하기 전까지는 처녀인 것이다.

에로 만화에서는 '남성의 성기가 자궁 안으로 들어가는 묘사'가 나오기도 하는데 자궁구는 굳게 닫혀 있기 때문에 보통은 들어가지 않는다. 의학적으로도 매우 어려운 일인데, 진짜 성기가 들어간다면 콧구멍에서 수박이 나오는 듯한 엄청난 고통을 느낄 것이다. '자궁에 남성의 성기가 들어갔을 때 기쁨을 느끼는 장면은 판타지'일 뿐이다. 그래도 에로 만화 작가 분들에게는 이런 사실에 굴하지 말고 자궁구의 처녀성 상실에 대한 묘사를 계속 해주길 바란다. 현실의 일반적인 성교를 통해 자궁구의 처녀성을 빼앗는 일 같은 건 불가능하지만 무리하게 확장하면 불가능한 일만도 아니기 때문이다. 자궁구를 통해 자궁 안에 기구를 삽입하는 엄연한 의료 행위가 존재한다. 그 경우, 열상이 생기기 때문에 출산도 하지 않았는데 자궁구의 처녀성을 잃는 상황이 된다.

 자궁구를 여는 의료 행위의 실태

에로 만화에 등장할 법한 자궁 안까지 손가락을 집어넣는 행위는 손가락 1개 정도라면 현실적으로 불가능한 것은 아니다. 46쪽 오른쪽 사진은 실제 1972년 무렵까지 행해졌던 인공 중절 수술 방법을 나타낸 것이다. 자궁에 손가락을 집어넣어 태아를 긁어냈다. '자궁 내막 소파술'이라고 하며 현재는 전용 기구를 사용한다.

자궁에 손가락이 들어갈 정도로 확장하려면 먼저, 질 안에 탐폰을 최대한 채워 탐폰이 수분을 흡수하면서 팽창하는 것을 이용해 질 내부를 넓힌다. 질 내부가 충분히 넓어져 자궁 입구가 보이면 '라미나리아'라고 하는 자궁 입구를 넓히는 전용 기구를 자궁구에 삽입한다. 이 기구도 탐폰과 같이 수분을 흡수해 팽창하기 때문에 자궁구가 넓어질 때까지 수 시간 정도 기다린다.

참고로, 이 라미나리아는 다시마의 학명인 'Laminariacea'에서 유래한 것으로 건조시킨 다시마 줄기로 만든 막대이다. '일본 라미나리아 주식회사'라는 건조 다시마 막대만 판매하는 의료기기 제조사가 실

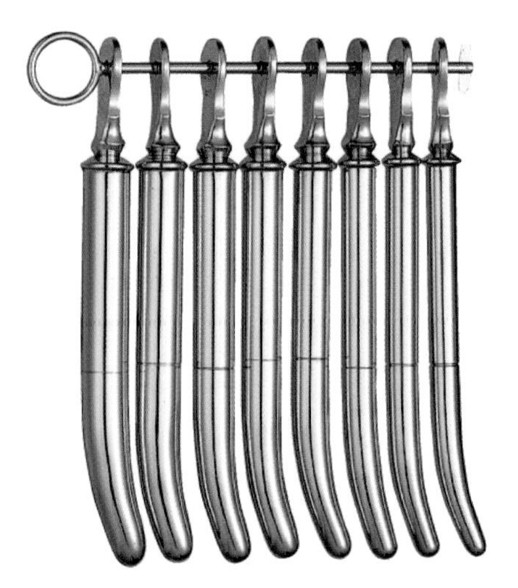

자궁경관 확장기
자궁 입구를 확장하는 금속제 전용기구. 파열이나 열상 등을 방지하기 위해 길이나 굵기가 정해져 있다(헤가 형)

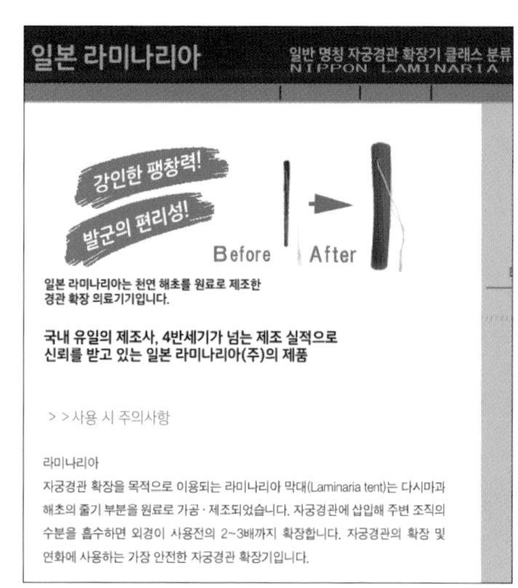

자궁경관 확장기 일본 라미나리아
다시마로 만든 의료기구. 자궁 입구를 확장하는 데 사용된다. 수분을 흡수하면 외경이 2~3배까지 확장된다.

재한다.

자궁 입구를 건조 다시마로 확장하는 것은 엄연한 의료행위로, 지금도 이보다 더 편리한 도구는 없다. 라미나리아는 중절이나 종양 수술부터 불임 치료까지 자궁 관련 시술에 폭넓게 이용되며 100년 이상의 실적이 있다. 그런 이유로 지금까지도 널리 사용되고 있는 것이다.

라미나리아로 자궁구를 확장하는 것은 상당한 고통이 따른다. 라미나리아로 검색해보면 알 수 있지만 중절이나 인공 수정 등의 첫 준비 단계인 라미나리아 삽입만으로 극심한 고통을 겪는 여성들이 드물지 않은 듯 마취도 사용된다. 자궁구가 충분히 확장되면 금속제 '자궁경관 확장기'라는 기구를 여러 개 삽입. 손가락이 들어갈 수 있을 정도로 넓힌 후 자궁 내용을 긁어내는 것인데 굉장히 난폭하고 감염증의 위험도 큰 데다 자궁에 구멍이 뚫리는 자궁 천공 사고도 발생했다. 그런 탓에 과거에는 중절 수술 중 사망하는 사례도 있었다고 한다. 앞서 말했듯, 지금은 전용 기구를 이용하기 때문에 자궁에 손가락을 넣어 처치하는 시술을 하지 않아 이렇게까지 무리하게 확장할 필요가 없어졌다.

Memo:

드러나지 않은
의학의 역사
[KARTE No.011-022]

KARTE No. 011

최강 병기는 원래 의료기기였다?!

전기톱의 살상력

게임에서는 끝판 왕조차 일격에 쓰러뜨리고, 영화에서는 상어를 두 동강내기도 하며, 살인마가 인간을 난도질하는 데 사용하기도 하는…. 최강 병기 전기톱을 다양한 각도에서 검증해본다.

위이이잉……하는 엔진음과 함께 칼날이 회전하는 구조로 살상력 또한 높아 보이는 '전기톱'으로 실제 인간을 토막 내면 어떻게 될까? 일설에 따르면, 톱날이 금방 망가져 의외로 효과가 떨어진다는 말도 있는데 과연 어디까지가 사실일까?

살상 능력에 관해서는 유사 실험을 통해 인간의 신체를 간단히 두 동강 낼 수 있다는 사실이 증명되었다. 다리 사이에 전기톱을 살짝 가져다 대기만 해도 목숨이 위태로운 수준까지 잘리는데 몸에 닿는 순간 스위치에서 손을 떼도 뼈까지 깊게 잘려나간다.

실제 전기톱으로 인한 사망 사고가 적지 않은데, 프로용 고출력 전기톱은 가볍게 닿기만 해도 즉사 수준의 큰 부상을 입는 일도 드문 일이 아니다. 일본의 후생노동성 노동기준국 안전위생부의 조사에 따르면, 2015년과 2016년 2년간의 임업 사망자 79명 중 전기톱에 의한 사망자가 49명으로 사인의 과반수 이상을 점한다. 전기톱 사고로 병원에 후송된 부상자는 247명으로, 사망률이 약 20%에 달한다.

이 숫자는 안전장치가 의무화된 전기톱을 사용하다 발생한 사망 사고로, 살인 목적으로 사용되는 경우 사망률은 더욱 높을 것이다. 실제 전기톱으로 인간을 절단해 살해한 2009년 '요코하마항 토막 살인

전기톱의 위력을 실험한 모습. 미국의 프로용 전기톱 매장에서 청바지 안에 뼈가 붙어있는 고기를 넣고 실험했다.

Madsen's Shop&Supply Inc.
http://www.madsens1.com/

Memo:

참고 문헌·사진 출전 등 ●「세계 최초의 전기톱 사진」등 https://en.wikipedia.org/wiki/Bernhard_Heine
●「큐어 커터」「오타 구 산업진흥협회」https://www.pio-ota.jp/concours/c26/post_36.html

세계 최초의 전기톱
1930년 독일의 의사 베르나르 하이네가 뼈 절단용으로 개발한 'osteotome' 핸들을 돌리면 작은 톱날이 가이드를 따라 움직이는 구조.

베르나르 하이네
(Bernard Heine, 1800~1846)

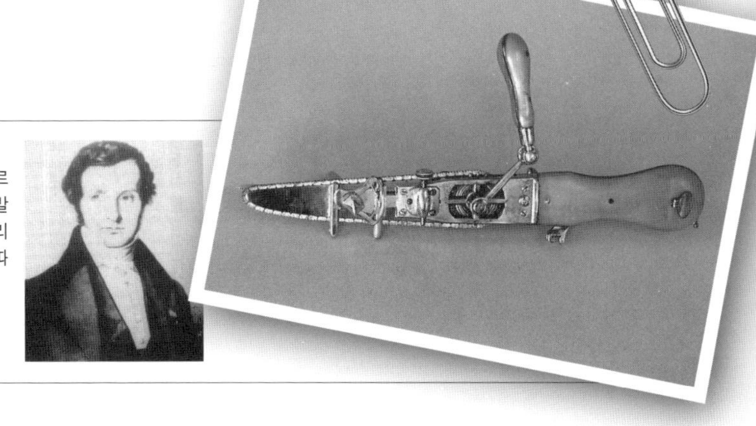

사건' 재판에서는 목을 자르는 데 30초도 채 걸리지 않았다는 증언이 나오기도 했다.

과연 전기톱이 인간의 몸에 닿으면 어떻게 될까? 'chainsaw injury'로 검색하면 끔찍한 사진을 많이 볼 수 있다. 단, 검색은 어디까지나 자기 책임이라는 것을 잊지 말자.

 전기톱의 군사적 이용은 불가능하다?

그렇게 살상력이 높은데 군용 전기톱이 없는 이유는 무엇일까? 근대전에서 거의 사라진 백병전을 위해 무겁고 휴대성도 좋지 않은 무기를 들고 다닐 바보는 없을 것이라는 단순한 이유에서이다. 게다가 물체에 닿는 순간 톱날이 자신을 향해 튕겨져 나오면서 자멸할 위험성이 매우 높은 양날의 무기이다. 이것은 '킥 백(kick-back)'이라고 하는 전기톱 사고 중 가장 많은 원인으로, 강습회 등에서 반드시 설명하는 위험한 현상이다. 전동 공구의 성능은 인간을 압도적으로 능가하기 때문에 자멸 위험성을 고려하면 백병 무기로는 적절치 않다.

전기톱을 사용할 때는 안전모와 페이스커버를 갖춘 방검복 착용을 추천한다. 전기톱을 휘두를 생각이라면 최소한 제이슨처럼 하키 마스크 착용이 필수이다. 레더 페이스 같은 가죽 마스크는 도움이 되지 않는다. 그런데 제이슨이 전기톱을 휘두른 적이 있던가?!

 상어를 두 동강내는 최강의 전기톱

전기톱이 등장하는 영화는 초절정 상어 패닉 영화 『샤크네이도』 시리즈가 유명하다. 주인공 핀 셰퍼드는 상어를 두 동강낼 정도로 전기톱을 자유자재로 휘두른다.

여기서는 시리즈 두 번째 작품 중, 미국 뉴욕 한복판을 덮친 상어를 주인공이 멋지게 일도양단하는 명장면을 살펴보자. 그가 들고 있는 대형 전기톱을 자세히 보면 톱날에 NYFD라는 글자가 쓰여 있다.

- 전기톱의 역사에 대해 「Clinical Orthopaedics and Related Research」 474권 5호 1108~1109쪽 참조
- 베르나르 하이네의 박사 논문 「Das Osteotom und seine Anwendung」 https://reader.digitale-sammlungen.de/de/fs1/object/display/bsb11025027_00001.html

상어 패닉 영화『샤크네이도』시리즈의 주인공 핀 셰퍼드가 대형 전기톱으로 상어를 두 동강낸다. 톱날에 'NYFD'라고 쓰여 있는 것을 보면 뉴욕 시 소방국 소유의 장비라는 설정일 것이다.

『샤크네이도 2』(YouTube 참조)

이 전기톱이 뉴욕 시 소방국(New York Fire Department)의 장비라는 것을 알 수 있다. 전기톱 중에서도 가장 출력이 높은 '구조용 전기톱'으로, 텅스텐 카바이드제 톱날과 소형 오토바이 급의 엔진이 달려 있어 철근 콘크리트 기둥도 두 동강낼 수 있다는 뉴욕 시 소방국 최강의 무기이다. 임업에 사용되는 전기톱이 자동 소총이라면 이 뉴욕시 소방국의 전기톱은 대물 저격총 수준. 상어가 두 동강나는 것도 납득이 가는 엄청난 흉기이다.

영화 속 전기톱은 길이가 40인치(약 1m)는 돼 보이는데 실제 뉴욕시 소방국에 40인치나 되는 구조용 전기톱은 없으며 제조되지도 않는 듯하다. 어디까지나 영화 소품용으로 만든 전기톱으로 보인다. 전기톱을 든 모습이 자폭이나 다름없다고? 오락 영화이니 상관없다! 도심 한복판에 상어가 날아드는 판에 그런 게 무슨 의미가 있겠는가(웃음).

의료기기로서의 전기톱

참고로, 전기톱으로 인간의 신체를 절단하는 것은 살인마들이나 하는 짓이라고 생각하겠지만 본래 전기톱은 신체 절단용으로 1830년 베르나르 하이네(Bernard Heine)라는 독일의 성형외과 의사가 개발한 의료기기이다. 전기톱으로 인간을 절단하는 것은 잘못된 일이지만 필요한 일이기도 했다.

베르나르 하이네는 1836년 전기톱으로 인간의 신체를 절단하는 연구 논문으로 의학 박사 학위를 취득했다. 그 후, 전기톱은 독일의 의료기기 회사에서 양산되어 1876년 '필라델피아 만국박람회'에도 출

Memo:

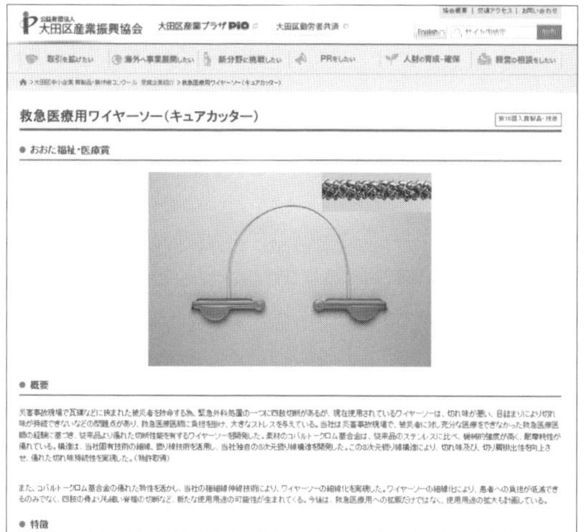

구급 의료용 줄 톱 큐어 커터
재해 현장 등의 긴급 상황에서 손발을 절단하기 위해 개발된 톱. 코발트 크롬 합금 소재로 종래의 제품보다 성능을 높였다. 와이어가 가늘어 환자의 부담을 줄일 수 있다고 한다. 도쿄 와이어 제작소가 개발했다.

도쿄 와이어 제작소 www.twire.co.jp/

품되었다. 미국에서도 1872년 George Tiemann&Company가 양산을 시작해 다수를 미 육군에 납품했다. 1872년 당시의 정가는 300달러. 지금의 가치로 따지면 1억 원이 훌쩍 넘는 고가의 의료기기였다. 같은 카탈로그에 수족 절단용 전기톱이 5달러에 실려 있기도 했다. 일반 병원에서는 이 5달러짜리 전기톱을 사용했던 듯하다.

당시 의료용 전기톱이 필요했던 이유가 무엇일까? 거기에는 잔혹한 이유가 있다. 당시에는 전신마취가 없었기 때문에 뼈를 절단하는 수술을 하려면 고통에 몸부림치는 환자를 강제로 억누르는 방법밖에 없었다. 고통이 너무 큰 방법이라 단시간에 수술을 마치는 것이 중요했다. 그러다보니 인간의 뼈를 단시간에 절단할 수 있는 전기톱이 필요했던 것이다.

마취가 당연해지면서 수 시간에 걸친 수술도 가능해진 현대에는 전기톱의 비용 대비 효과가 현저히 낮아지면서 점차 사용하지 않게 되었다. 하지만 과거에는 환자의 고통을 조금이라도 줄이려는 인도적인 이유에서 전기톱을 사용한 것이다. 전기톱으로 신체를 절단하는 것을 단두대와 같이 인도적인 방법이라고 여기던 시대가 있던 것은 분명하다.

세월이 흘러 21세기 현재에도 화재 현장에서 이루어지는 긴급 외과 처치의 하나로 무너진 건물 등에 깔린 사람의 손발을 단시간에 절단할 수 있는 '큐어 커터'라는 이름의 줄 톱이 개발되었다. 코발트 크롬 합금 소재의 와이어로 전기톱을 만들면 최강의 대인 무기가 될 것이다. 누가 만화에 등장시켜 주었으면 좋겠다.

마지막으로 전기톱, 회전 톱, 드릴처럼 픽션에 등장하는 회전 무기는 모두 킥 백에 의한 자멸 사고를 일으킬 위험성이 매우 높다. 사용 시에는 충분한 안전 조치와 보호 장비 착용을 잊지 말기 바란다.

KARTE No. 012

'맛을 보는 것'도 엄연한 연구 행위였다!

정액의 비밀

쓰다, 달다, 짜다…는 식으로 정액의 맛에는 개인차가 있다고 하는데 거기에는 이유가 있다. 성적 기호가 아니라 어디까지나 연구를 위해 정액을 맛보던 시대가 있었다.

야쿠리 교시쓰에서 활동하는 것은 아르바이트로, 본업은 교배용 가축이다. 정액을 제공하는 것이 내가 하는 일이다보니 AV업계 종사자들보다 정액에 정통하다. 이번에는 정액에 대해 이야기해보려고 한다.

정액은 고환에서 만들어진다고 생각하는 사람이 많지만 실은 사정 직전 복수의 기관에서 분비된 물질이 혼합되어 생성되는 것으로 보통 인간의 체내에는 정액이 없다. 약 70~80%는 정낭에서 만들어지는 '정장(精漿)'이라고 불리는 체액으로, 사정 직전 전립선 분비물과 정자와 혼합된다. 정낭은 전립선 뒤쪽에 있는 5㎝ 가량의 주머니 모양의 기관으로, 흔히 정액이라고 불리는 액체의 70~80%는 고환이 아니라 이 정낭에서 만들어진다. 정액에 포함된 단백질 역시 정낭에서 생산되며, 정액으로 인식되는 액체는 정장이다. 고환은 정자만을 생산하는 전용 기관이다. 전립선에서 생산된 단백질 분비 효소는 정액의 점도를 조정하는 역할을 하며 정액의 끈적끈적한 점액질은 전립선에서 만들어진 분비물에 의해 결정된다.

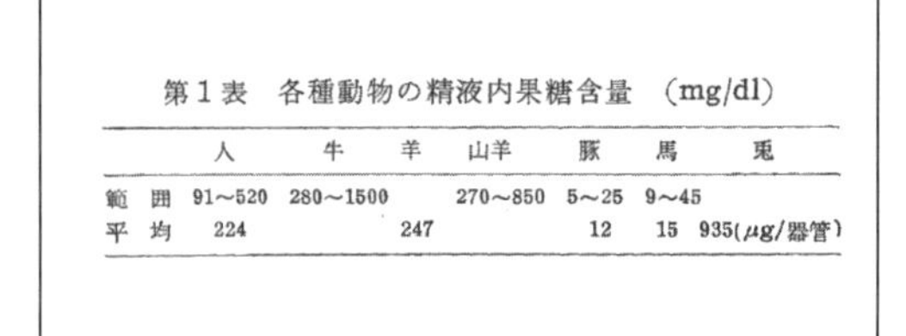

第１表　各種動物の精液内果糖含量　(mg/dl)

	人	牛	羊	山羊	豚	馬	兎
範　囲	91～520	280～1500		270～850	5～25	9～45	
平　均	224		247		12	15	935(μg/器管)

『일본 수의사회 잡지』 12권(1959) 1호
「정액 내 과당에 대하여」
정액에 포함된 과당 함유량에 관한 논문. 인간의 경우 91~520㎎/㎗, 평균 224㎎/㎗라는 데이터가 실려 있다.

(33)　31

解　説

精液内果糖について

Memo:

참고 문헌·사진 출전 등　●『일본 수의사회 잡지』 12권(1959) 1호
「정액 내 과당에 대하여」 (오가사 아키라) https://www.jstage.jst.go.jp/article/jvma1951/12/1/12_1_31/_article/-char/ja/

정액의 생산 라인

정액은 사정 직전 복수의 기관에서 생성된 분비물이 혼합되어 만들어진다. 대부분 정낭에서 만들어진 정장이라는 체액으로, 사정 직전 전립선 분비물과 정자와 혼합된다. 정액의 점액질은 전립선에서 만들어진 분비물에 의한 것이다. 고환에서는 정자만 생산된다.

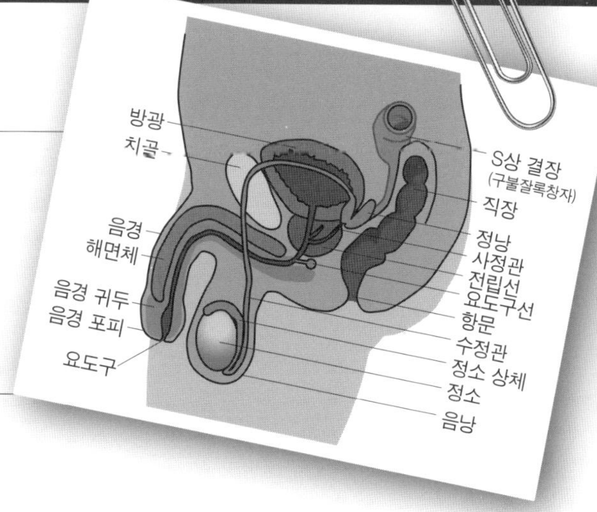

사정의 메커니즘

사정은 2단계의 생리 현상에 의해 이루어지며 그 메커니즘은 다음과 같다.

■1단계

성적 흥분으로 사정 준비 상태가 되면 정관의 평활근이 정자를 정관 팽대부로 보내 휴면 상태였던 정자를 활성화시킨다. 동시에 정낭에서 정장의 생산과 축적이 시작된다.

■2단계

각부의 평활근이 수축하면서 정자, 정장, 전립선 분비물이 사정관으로 보내져 혼합되고 요도를 통과할 때 요도구선액과 섞이며 사정된다.

정액이 뿜어져 나오는 기세는 정낭의 평활근 근력에 의해 결정된다. 평활근은 운동으로 단련할 수 있는 것이 아니므로 정액을 내뿜는 능력은 그야말로 천부적 재능인 것이다.

정액의 맛에 차이가 나는 이유

정액에 포함된 성분에 관해서는 일찍부터 연구가 이루어졌다. 하지만 복잡한 유기물과 단백질 혼합액인 정액의 성분을 분석하는 것은 쉽지 않은 일이었다. 1901년 네덜란드 흐로닝언 대학의 윌리엄 만(William Mann) 교수는 244명의 정액을 맛보는 조사를 진행했다. 그 결과, 정액의 맛에 개인차가 있다는 것이 판명되었는데 구체적으로 무엇이 어떻게 다른지와 같은 결론은 얻지 못했다.

분석기가 발달하기 전이었기 때문에 과학 연구 분야에서 성분을 분석·비교·동정하기 위한 수단으로는, 맛을 보는 방법이 주류였던 것이다. 소변에서 단 맛이 나서 당뇨병이라는 이름을 붙인 것처럼 과거에는 의사가 직접 환자의 소변을 맛보고 당뇨병을 진단했다. 당뇨병의 진단 기준은 소변의 맛이었던 것이다.

그만큼 나이 지긋한 의학자가 244명의 정액을 맛보는 연구는 당시로서는 전혀 이상할 것 없는, 오히려 정액에 관한 근거 없는 학설이 나돌았기 때문에 정액에 대한 본격적인 연구가 이루어졌다는 점에서 의미가 있었다. 당시의 '근거 없는 학설'에 대해서는 67쪽에서 해설했으니 그 기사를 참고하기 바란다.

의학뿐 아니라 유기 화학 분야에서도 오래된 논문을 읽어보면 물질을 맛본 후 기술한 내용이 다수 존재하며 만유인력의 발견으로 유명한 아이작 뉴턴은 위험한 물질을 지나치게 맛본 탓에 만년에 머리가 이상해졌다는 설이 있을 정도이다.

다시 주제로 돌아가면, 1925년 정액 안의 과당을 분리하는 데 성공한 학자가 나타났다. 정액 안의 과당 농도를 측정하는 반응이 발견되면서 맛을 보는 방법은 폐기되고 과학적 분석법의 시대로 이행했다.

정장에는 다양한 성분이 포함되어 있다. 정자 자체에는 난자에 도달하기까지의 에너지를 갖고 있지 않으므로 정장에 포함된 과당에서 에너지를 얻어 난자를 향해 헤엄친다. 인간의 혈액에는 포도당이 포함되어 있는데 무슨 이유에서인지 혈액에서 정장이 만들어질 때 포도당이 과당으로 바뀐다. 아마도 정자의 무산소 운동에 과당이 더 유리할 것으로 판단했기 때문이라고 생각된다. 인간의 정액 내 과당 함유량은 91~520mg/dℓ, 평균 224mg/dℓ이라는 데이터가 있다. 개인차가 꽤 크다.

몸 밖으로 나온 정액은 시간이 경과할수록 ph가 저하한다. 이것은 정자가 정장 안의 과당을 분해하면서 유산이 생성되기 때문이다. 이 분해 속도를 나타내는 것이 '과당 분해 지수'로 '37℃에서 10억 마리의 정자가 1시간 동안 분해하는 과당의 mg수'로 정의되며 이 수치가 클수록 정자의 활동이 활발한 것으로 여겨진다.

그럼 왜 처음부터 정액의 형태가 아니라 사정 직전 정자와 정장이 혼합되는 과정이 있는 것일까? 그것도 에너지를 낭비하지 않기 위해서일 것으로 생각된다.

참고로, 1단계 상태에서 사정하지 않으면 정자와 정장이 조금씩 전립선으로 새어나가 요도선액과 섞여 몸 밖으로 배출된다. 질외 사정을 해도 임신 가능성이 있다는 것은 이런 이유에서이다. 2단계가

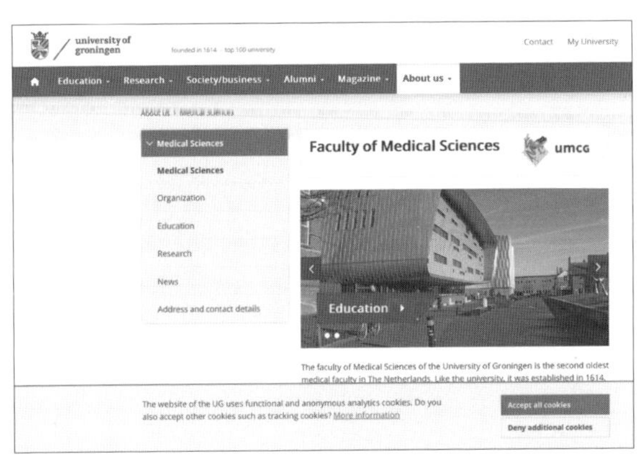

맛을 보는 행위는 고전적인 연구 방법 중 하나이다. 정액에 관해서도 1901년 네덜란드 흐로닝언 대학의 윌리엄 만 교수가 200명 이상의 정액을 맛보는 조사를 했다. 이 연구에 관한 자료는 인용된 내용뿐 원문은 남아 있지 않다. 제2차 세계대전 당시, 나치가 도망갈 때 건물을 폭파해 잿더미가 되었기 때문이다. 지금의 흐로닝언 대학교 의학부는 이후 근대적인 디자인으로 재건된 건물이다.

흐로닝언 대학교
https://www.rug.nl/

Memo:

이루어지지 않은 상태에서 위축되면 정자와 정장은 조금씩 소변과 함께 배출된다. 정장은 1단계의 사정 준비 상대에 들어가면 혈액을 원료로 생산되어 정낭에 축적된다. 평상시 체내에 축적되어 있는 것이 아니라 당시 혈액 내 성분이 그대로 정장의 성분에 반영되기 때문에 그날 먹은 음식이 정액의 맛에 영향을 미치는 것은 의학적으로 충분한 근거가 있다.

에로 만화에 등장하는 남성 캐릭터가 사정하는 정액은 상대를 임신시킬 목적이라면 과당 함유량 500mg/dℓ 이상, 과당 분해 지수 200 이상이 이상적이다. 마찬가지로 AV업계는 남자 배우를 채용할 때 정액의 과당 함유량과 과당 분해지수를 조사하면 정액을 뿜어내는 기세가 좋은 사람을 뽑을 수 있을 것이다.

교배용 가축의 조언

정자는 고환에서 직접 사정되는 이미지가 있지만 실제로는 한참을 정관에서 대기하고 있던 정자가 사정되는 것이다. 고환에서 정자가 만들어지기까지 실은 3개월 가까이 걸린다.

정원 세포 ➡ 정모 세포 ➡ 정자 세포 ➡ 정자

이런 흐름으로 만들어진 정자는 또 다시 정소 상체라는 기관을 수일에 걸쳐 지나 정관에 도착하고 그곳에서 휴면 상태가 되어 사정될 때를 기다린다. 정자의 대기 기간은 한 달이 넘어가는 경우도 있다. 정자는 의외로 신선한 것이 아니라 오랜 시간에 걸쳐 숙성된다고 할 수 있다. 그런 이유로 한 번 사정하면 정관에 비축된 정자가 방출되면서 재고가 부족해지고 두 번째 이후로는 정자의 양이 1/3 정도까지 격감한다. 3회 이후부터는 1/10까지 줄어든다. 완전히 회복되려면 보통 3일 이상의 시간이 필요하다.

그렇기 때문에 처음 질외 사정을 한 후 두 번째는 질내 사정을 하는…식으로 하면 임신 가능성이 격감한다. 임신이 목적이라면 처음부터 질내 사정을 해야 한다. 반대로, 임신을 피하려면 2회 이상 질외 사정을 하면 임신 가능성이 격감하므로 에로 만화 작가 분들은 부디 이 데이터를 참고하기 바란다. 물론 현실에서는 추천하지 않는다.

또 이런 정자의 감소에 대해 정장의 과당 함유량은 사정 횟수에 관계없이 일정 수치가 유지되며 단시간에 연속 사정해도 정액의 성분은 거의 변화가 없다. 이것은 정장이 단시간에 제조 가능한 분비물이라는 것을 의미하지만 3회 이후부터는 농후한 정자가 포함되어 있지 않으므로 단순한 체액이라고 할 수 있다.

여러 번 사정이 가능한 정력절륜(精力絶倫)의 남성은 정자가 아니라 정장의 생산 능력이 뛰어난 것뿐이다. 다시 말해, AV 배우 중에서도 정액 분출이 전문인 남성 배우는 고환보다 정낭의 성능을 중시해야 할 것이다. 진지한 견해이다….

KARTE No. 013

성적이 좋아도 성병이 있으면 불합격…

도쿄대 입시와 성기 검사

메이지 시대부터 제2차 세계대전 이후까지 일본의 명문 대학에서는 건강 진단의 일부로 남성의 성기 검사를 실시했다. 품행 조사의 의미도 있었다는데…. 그런 검사를 무사통과하기 위한 대책까지 있었다고 한다.

현대인의 감각으로는 말도 안 되는 이야기처럼 들리겠지만 과거 일본의 도쿄대를 비롯한 명문대와 명문 고교 입시 과목에는 성기 검사가 실재했다. 심지어 성기 검사 대책을 세워주는 수험 대비 학원 같은 병원도 있었다.

이 성기 검사, 통칭 'M 검사'라고 불린 시험은 징병 검사의 일환으로 실시되었다. 그런데 1906년 당

천재 하부토 에이지 박사의 업적

성 과학자 하부토 에이지(羽太鋭治) 박사는 다수의 작품을 집필한 문학 작가이자 본인 명의의 의학서만 74권, 독일어 번역서 1권을 간행하기도 했다. 또 『가정 의학』 등 다수의 의학지에 기고도 했다. 그 밖에도 독일 유학비를 모으기 위해 필명으로 다수의 문학 작품을 집필했으며 그중에는 영화화된 작품도 있었다. 당시의 영화배우나 영화 관계자들과도 교류가 있었던 듯 『키네마 스타의 민낯과 표정』이라는 영화 서적도 출간했다.
흔히, 저속 문학이라고 야유 받는 지금으로 치면 '하위문화 작가'로, 정체성을 알 수 없는 복수의 작가 중 한 사람이었다는 설도 있다. 영화사 연구가 마키노 마모루는 '복수의 민중 오락 영화의 원작자'였다고 평가했다.
당시는 독일에서 유학하고 독일의 박사 학위를 취득하면 일본의 의학 박사보다 상위의 자격을 갖춘 것으로 평가했는지 잡지 등에서는 '독토르 메디친(Doktor der Medizin)'으로 소개되었다.

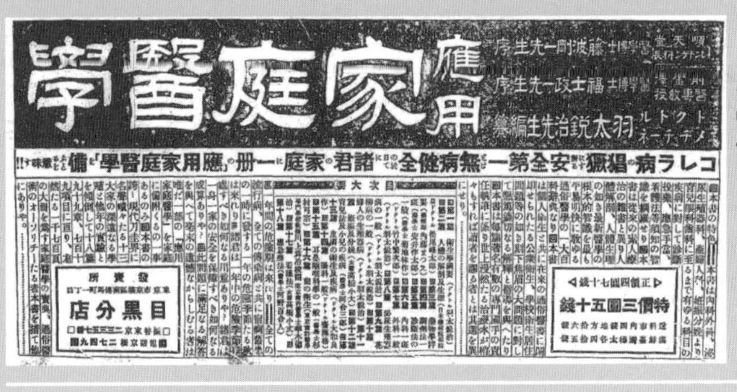

『요미우리 신문』 1916년 10월 26일의 신문 광고
『가정 의학』의 편찬자로 '독토르 메디친' 하부토 에이지라고 소개되어 있다.

Memo:
참고 문헌·사진 출전 등 ●「일본 피부과학회 케미컬 필링 가이드라인(개정 제3판)」
https://www.dermatol.or.jp/uploads/uploads/files/guideline/1372913831_1.pdf

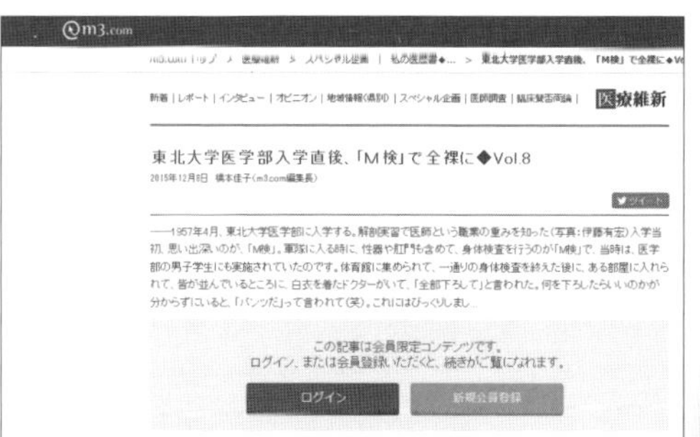
m3.com

新着 | レポート | インタビュー | オピニオン | 地域情報(県別) | スペシャル企画 | 医師調査 | 臨床賛否両論 | 医療維新

東北大学医学部入学直後、「M検」で全裸に◆Vol.8

2015年12月8日 橋本佳子(m3.com編集長)

──1957年4月、東北大学医学部に入学する。解剖実習で医師という職業の重みを知った(写真:伊藤有宏)入学当初、思い出深いのが、「M検」。軍隊に入る時に、性器や肛門も含めて、身体検査を行うのが「M検」で、当時は、医学部の男子学生にも実施されていたのです。体育館に集められて、一通りの身体検査を終えた後に、ある部屋に入れられて、皆が並んでいるところに、白衣を着たドクターがいて、「全部下ろして」と言われた。何を下ろしたらいいのかが分からずにいると、「パンツだ」って言われて(笑)。これにはびっくりしまし...

この記事は会員限定コンテンツです。
ログイン、または会員登録いただくと、続きがご覧になれます。

ログイン 新規会員登録

'도호쿠 대학교 의학부' 입학 직후, 전라로 실시된 「M 검사」 Vol.8' https://www.m3.com/

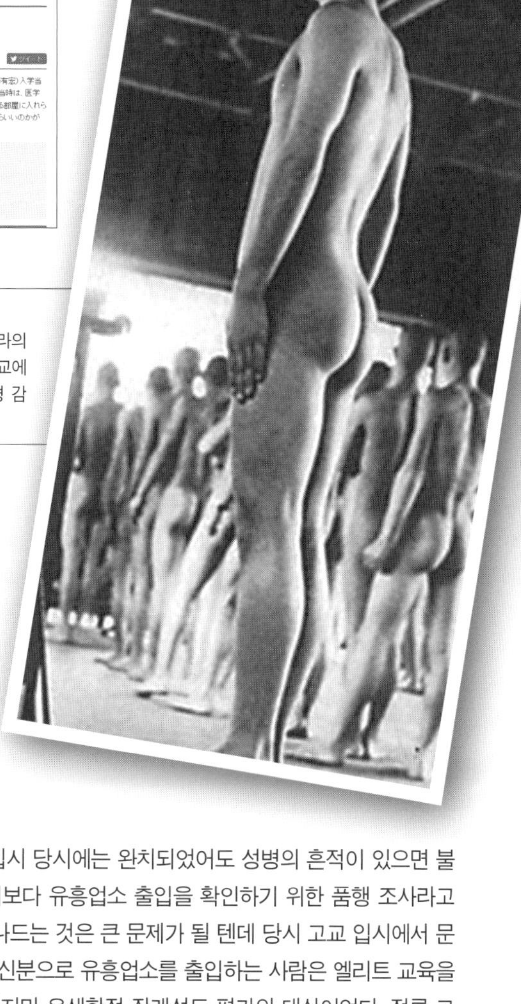

M 검사가 실시되는 모습

이것은 전시에 실시된 징병 검사 당시의 모습. 전라의 상태로 신체검사를 실시했다. 도쿄대 등의 명문 학교에서도 이런 식으로 남성의 성기 검사를 실시해 성병 감염 여부를 조사했다고 한다(사진/Wikipedia 참조).

시 실질적인 도쿄대학 부속고등학교라고 불리던 일본 최고의 엘리트 고교 제1고등학교의 학생 1/3이 성병에 감염되었다는 당혹스런 검사 결과가 나왔다. 당연히 모두 고등학생이었기 때문에 미성년자였다. 고교생이 유흥업소를 드나들며 성병에 걸린 것이 드러나자 교직원들은 크게 분노했다.

그런 이유로 이듬해부터 입학 희망자 전원을 대상으로 성병 검사가 실시되었다. 시험 성적이 우수해도 성병에 걸렸으면 불합격 처리되었다. 입시 당시에는 완치되었어도 성병의 흔적이 있으면 불합격이라는 엄격한 기준이 있었다. 신체검사라기보다 유흥업소 출입을 확인하기 위한 품행 조사라고 해야 할 것이다. 지금도 중학생이 유흥업소를 드나드는 것은 큰 문제가 될 텐데 당시 고교 입시에서 문제로 삼은 것은 당연한 일이었을 것이다. 중고생 신분으로 유흥업소를 출입하는 사람은 엘리트 교육을 받을 자격이 없다…는 판단은 타당하다고 생각하지만 우생학적 장래성도 평가의 대상이었다. 정류 고환 등 아이를 가질 수 없는 선천성 장애는 물론 포경이나 귀두지가 심하거나 왜소 음경도 불합격되었다고 한다.

전전(戰前)에는 항생제 치료가 없었다. 매독에 감염된 후 10년이 지난 이후에 발병하는 제4기 증상으

●『키네마 스타의 민낯과 표정』 마키노 마모루 감수, 하부토 에이지 저
2006년 출간된 현대판.

로 여러 장기에 종양이 생기거나 뇌나 신경에 침투해 '마비성 치매'라고 불리는 증상이 나타나 정신이 이상해지거나 사망하기도 한다. 고교 재학 중 또는 대학 입학 시점에 매독에 감염되면 30세 이전에 정신이 이상해져 사망할 확률이 높기 때문에 기껏 시킨 고등교육이 헛수고가 될 수도…. 게다가 결혼 상대나 자녀에게까지 매독을 옮겨 엘리트 가계가 단절될 가능성도 있다. 이런 경우 '입학 자격 없음'으로 판정되었다.

도쿄대에서는 1956년도 입학 당시까지 M 검사를 실시했다. 도쿄대에서 폐지하자 다른 학교에서도 실시하지 않게 되어 1965년 중반 무렵에는 완전히 자취를 감춘 듯하다. 1952년 4월 도호쿠 대학교 의학부에 입학한 도호쿠 대학교 명예 교수 히사미치 시게루 선생도 'M 검사를 받았다'고 증언했다. 다만, 입학 후 받은 검사로 입시 당시는 아니었다고 한다.

대학 입시 과목 'M 검사'의 수수께끼

M 검사의 'M'이 무엇을 뜻하는지는 여러 설이 있지만 분명히 밝혀진 것은 없다. 남근을 의미하는 '마라(魔羅, Mara)'에서 왔다는 설이 유명하지만 M 검사 자체가 공문서에 등장하지 않는 속칭이기 때문에 언제 누가 이름을 붙인 것인지조차 알 수 없다.

1928년 제정된 일본 육군 규칙에는 '전원을 대상으로 트라코마 및 성병 검사를 실시한다'고 쓰여 있지만 이전에는 질병이 있는 자라고만 되어 있다. 트라코마는 클라미디아에 의해 발병하는 안질환으로, 눈을 검사해 성병을 진단한다. 전전에는 실명이나 시력 저하의 원인이었다. 징병 검사에 성병 검사를 처음 도입한 것은 네덜란드의 의사 안토니우스 보드윈이라는 설이 있으며 그의 전공은 안과였다. 또 메이지 시대(1868~1912년)에 유럽에서 실시되었던 매독 검사는 군인이 아니라 군인을 상대하는 매춘부가 대상이었다고 한다. 당시 유럽에는 혼전 순결을 중시하는 사회 규범이 있었다.

일본에서 매독 검사가 시작된 것은 1867년 영국 공사 해리 스미스 파크스의 요청으로 요코하마에 매독 병원이 설립된 것이 시초였다. 도쿄 지케이카이 의과대학의 설립자이기도 한 의사 마쓰야마 도안이 참여해 영국군 병사를 상대하는 매춘부를 검사하기 위한 의료 기관으로 설립되었다. 일본군이 공식적으로 성병 검사를 실시한 것은 1928년으로, 1871년 일본 최초의 징병 검사 당시에는 개념조차 존재하지 않았다고 여겨진다.

이런 사실로 추측건대 M 검사를 시작한 것은 군이 아니라 제1고등학교→제국 대학교→육해군의 흐름일 가능성이 있다. 아오조라 문고나 일본 국회도서관 디지털 컬렉션 또는 전전의 신문 기사에서 'M 검사'를 검색해도 해당하는 문서는 발견되지 않았다. 어쩌면 이 명칭 자체가 전후에 만들어진 것일 수도 있다.

Memo:

第十條　壯丁名簿ニハ甲種ト爲ス者及身長不足ノ故ヲ以テ丙種又ハ丁種ト爲ス者ヲ除クノ外ハ其ノ體格等位ヲ定メタル疾病其ノ他身體又ハ精神ノ異常ヲ記入シ尙將來參考ト爲ルベキ事項ハ之ヲ相當欄ニ記入スベシ
前項ノ記入事項二箇以上アルトキハ體格等位ヲ定メタル疾病其ノ他身體又ハ精神ノ異常(綜合シタル場合ハ主要ナルモノ)ノ右肩上ニ「△」ノ符號ヲ附スベシ
壯丁名簿ノ各欄ニハ當該檢査所見ヲ記入シ其ノ直下ニ、記載事項ナキトキハ空欄ノ上部ニ自印ヲ押捺シテ檢査ノ責任ヲ明ニスベシ但シ規定上檢査ヲ省略シタル場合ハ捺印セザルモノトス
第十一條　徵兵醫官ハ身體檢査上騎乘ノ適否、膂力ノ强弱其ノ他兵種選定ニ關シ資料ト爲ルベキ事項ハ之ヲ聯隊區司令官ニ通告スベシ
第十二條　「トラホーム」及花柳病ノ檢査ハ受檢者全員ニ就キ之ヲ行フベシ
第十三條　醫官ハ受檢者中故意ニ身體ヲ毀傷シ又ハ疾病ヲ作爲シ其ノ他詐僞ノ所爲ヲ用ヒタリト認ムル者アルトキハ之ヲ徵

일본 육군 규칙 1928년 3월 26일 육군성령 제9호/1928년 제15호(일본 국회도서관 디지털 컬렉션 참조)
제12조에 '트라코마'와 화류병 검사 실시에 대해 쓰여 있다.

경쟁자와 격차를 벌이는 성기 검사 대책

매독이 완치 가능해진 것은 전후 항생물질이 일반화된 후부터이다. 전전에는 한 번 매독에 감염되면 나은 듯 보여도 체내에 잠복한 상태로 평생 낫지 않았다.

검사에서는 전라의 상태로 몸에 '매독성 발진'이라고 불리는 불그스름한 발진의 유무를 확인한다. 발진이 있으면 '매독 의심'으로 진단되었다. 그렇기 때문에 증상이 없어도 불합격되는 일이 있었던 것이다. 즉, 수험생은 한 번 매독에 걸리면 아무리 공부를 열심히 해 학과 시험에서 좋은 점수를 받아도 도쿄대 등의 명문 학교 진학은 불가능했다.

수험 경쟁이 격화되면 수험 대책을 세워주는 학원 등이 돈벌이가 되는 것처럼 M 검사를 통과할 수 있게 도와주는 의사가 등장했다. 일단 M 검사와 동일한 검사를 실시해 수험생의 성기에 점수를 매긴다. 모의시험을 치르는 것이다. 점수가 낮거나 불합격 기준이 될 문제가 있는 경우는 유료로 치료한다.

당연히 수험생들 사이에서 어디어디 병원에서 치료를 받은 선배가 합격했다는 정보가 돌기 시작했다. 도쿄 간다에 위치한 한 비뇨기과 의원은 M 검사에 대비한 수험 학원 같은 병원으로 정평이 나며 실제 다수의 명문 학교 합격자를 배출했다.

병원장은 정의의 변태 성욕으로 악한 변태 성욕자를 처단하는 '다이쇼 시대의 변태 가면' 독토르 하부토 에이지(자세한 내용은 67쪽 참조)였다. 진료 과목은 '화류병과' 지금으로 치면 성병과라고 할 수 있다. 당시는 피부과와 화류병과를 한 과목으로 묶어 감염병이라기보다는 특수한 피부병으로 취급하며 겉으로

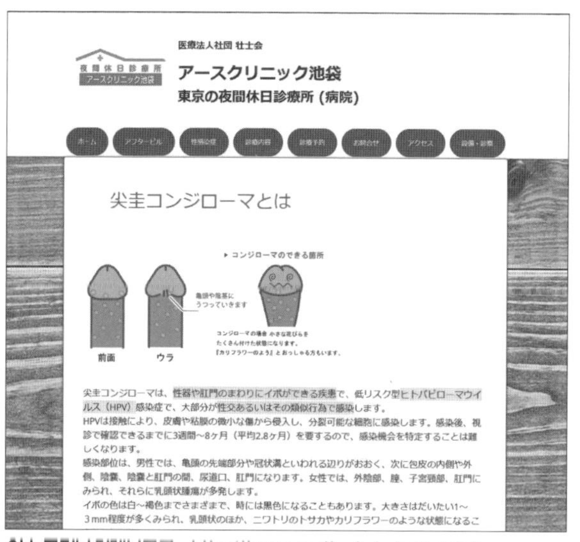

어스 클리닉 이케부쿠로 https://www.earth-ikebukuro.com/

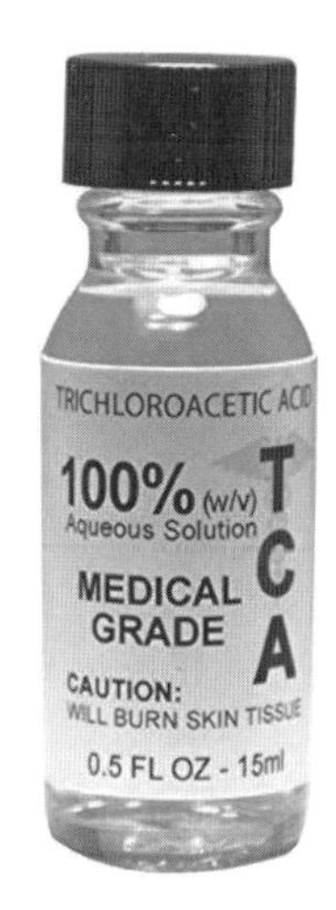

트리클로로아세트산

케미컬 필링 약제로 미용 성형이나 뾰족 콘딜로마 치료에 사용된다.

드러난 증상의 치료가 주류였다. 비뇨기과, 피부과, 화류병과를 표방하던 병원들은 대부분 수험 대책으로 성병에 의한 증상의 흔적을 없애주는 치료를 했다.

어쨌든 성기의 외관이 중요하기 때문에 감염병 치료가 발달하지 않았던 당시에는 외관을 깨끗하게 만드는 미용 치료에 가까운 치료가 이루어졌다.

 공포의 수험 대책

먼저 살균제를 적신 거즈로 상처를 덮어 표면에 가까운 부분을 살균한다. 경우에 따라서는 외과적으로 괴사 조직을 절제하는 절제술을 실시한다. 이 경우는 감염증 증상이 드러난 부분을 절제하고 가는 명주실로 상처를 봉합한다. 상흔을 깔끔하게 봉합하면 성기의 주름과 구별되지 않는다. 매독균은 체내에 잠복하기 때문에 일부를 절제해도 근본적인 치료는 되지 않는다. 외관을 치료해 감염 사실을 속이는 것뿐이다.

고름이 흐르거나 짓무른 부위는 산으로 태워버리는 '화학 지짐술'이라는 굉장히 고통스러운 치료법으로 대처한다. 트리클로로아세트산을 희석한 것을 발라 피부 재생을 촉진하는 '케미컬 필링'이라고 불리는 치료법으로, 성병에 의한 뾰족 콘딜로마 치료에 유효한 방법이다. 트리클로로아세트산의 농도와 바르는 양을 가감해 피부의 녹는 정도를 조절한다. 병태를 진단해 트리클로로아세트산의 농도를 정하

Memo:

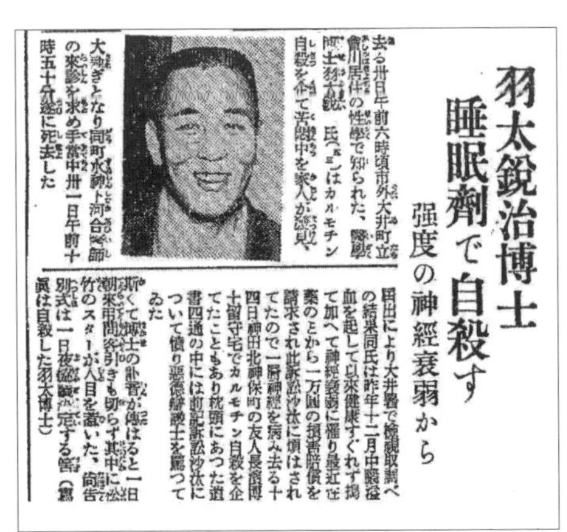

羽太鋭治博士
睡眠剤で自殺す
強度の神經衰弱から

去る卅日午前六時頃市外大井町立會川居住の性學で知られた、醫學博士羽太鋭治氏(五三)はカルモチン自殺を企て苦悶中を家人が發見、大騒ぎとなり同町水神下河合醫師の來診を求め手當中卅一日午前十時五十分遂に死去した

届出により大井署で檢視取調べの結果同氏は昨年十二月中腦溢血を起して以來健康すぐれず揚て加へて神經衰弱に罹り最近は藥のことから一万圓の損害賠償を請求され此訴訟沙汰に煩はされてたので一層神經を病み去る十四日神田北神保町の友人長尾博士留守宅でカルモチン自殺を企てたこともあり枕頭にあつた遺書四通の中には前記訴訟沙汰について憤り惡徳辯護士を罵つてゐた

斯くて博士の訃音が傳はると一日朝來弔問客引きも切らず其中に松竹のスターが人目を惹いた、尚告別式は一日夜決定する筈(寫眞は自殺した羽太博士)

희대의 성 과학자 하부토 에이지 박사의 자살을 전하는 신문 기사. 향년 53세. 의사법 위반으로 체포되어 가혹한 조사로 뇌 장애를 입은 이후 건강이 좋지 않았다고 한다. 자세한 내용은 71쪽을 참고하기 바란다(『요미우리 신문』 1929년 9월 2일 석간 참조).

는 것은 의사의 감과 경험에 달려 있기 때문에 돌팔이 의사를 만나면 크게 고생할 수도 있지만 명의라면 깨끗이 치료할 수 있다.

현대의 레이저 치료와 원리는 같지만 레이저 치료와는 비교도 되지 않을 만큼 고통이 극심한 듯 생살을 벗겨내는 느낌이라거나 상처를 소금에 절이는 느낌이라고도 한다. 그럼에도 명문 학교에 합격하기 위해 고통을 감수했던 듯하다.

치료 중에는 말초 혈관의 수축을 일으켜 혈류를 방해하는 흡연을 엄히 금했으며 술도 마실 수 없다. 중고생인데 당연한 것이라고 생각하겠지만 당시 의사가 '성기가 썩어버릴 것'이라고 엄하게 지도할 정도였다고 하니 음주나 흡연이 흔한 일이었던 듯하다. 중고생이 음주와 흡연을 일삼고 유흥업소를 출입하다 성병에 걸리다니…따져 묻고 싶은 점이 한둘이 아니지만 부유한 집 자제들이 아니면 불가능한 일인 만큼 성병에 걸려도 의사에게 돈만 주면 낫는다고 가볍게 생각했을지도 모른다.

그런 치료를 해도 성기가 합격 수준에 미치지 못하는 경우가 있었는데 그때는…. 매독은 치료하지 않아도 3년 이내에 증상이 사라져 다 나은 것처럼 보이는 잠복기에 들어간다. 혈액 검사로 매독 감염 여부를 검사할 수 없었던 탓에 매독의 증상이 사라질 때까지 재수를 선택하는 경우도 있었다고 한다. '질병'이나 유급을 이유로 재수한 사람 중에는 성병이 의심되는 사람도 있었을 것이다.

참고로, 트리클로로아세트산을 이용한 치료는 현재도 이루어지고 있으며 일본 피부과학회 케미컬 필링 가이드라인에도 실려 있다. 최근에는 꽃가루 알레르기 환자의 코 점막을 희석한 트리클로로아세트산으로 지져 꽃가루에 반응하지 않도록 하는 치료도 있다. 수의학 분야에서도 가축이나 애완동물 등을 대상으로 발톱이나 뿔을 절제한 후의 처리 등에 사용된다.

M 검사가 사라진 지금도 성기의 병변을 하루 만에 치료하는 병원이 있다. 독자적으로 M 검사를 실시하는 여성이라도 있는 것일까? 그만큼 성기의 외관이 인물 평가에 중요한 기준인 것일까?

KARTE No. 014

천재 성 의학자의 변태 성욕 연구

다이쇼 시대의 성교육론 전편

성교육은 어느 시대에나 쉽지 않은 문제였다. 일본의 경우, 그 원점은 메이지 시대까지 거슬러 올라간다. 당대의 의사, 대학 교수 등 저명한 지식인들의 토론에서 시작되어 다이쇼 시대에 꽃을 피웠다….

메이지 시대(1868~1912년)가 되자 풍기 문란과 성병의 만연 등 성에 얽힌 문제가 심각한 사회 문제로 떠올랐다. 의무 교육으로 성교육 도입이 검토되었지만 교육계는 학생들의 성에 관련해 어떤 조치나 대처도 하지 못하는 상황이었다. 결국 의학계가 교육계를 지도하는 형태로, 후생노동성, 문부과학성, 신문 매체까지 끌어들여 의학자와 교육자 간의 성교육 토론이 벌어졌다.

1908년 9~10월에 걸쳐 '성교육의 득과 실'을 주제로 토론이 이루어졌다. 9명의 지식인이 참가해 총 21회에 걸쳐 개최되었으며 토론 내용은 요미우리 신문에 실리며 당시 큰 반향을 일으켰다고 한다. 결정적인 결론은 이끌어내지 못했지만 일본 성교육의 첫걸음이 된 의미 있는 토론이었다.

게다가 이 토론에 참가한 9명의 지식인은 당시 일본에서 가장 권위 있는 인물들이 모인 그야말로 드림팀이었다.

性慾問題を子弟に教ふるの利害(上)

親の監督行屆かぬ缺點

陰で惡い事をするに利用す

社會の不潔

無智の罪

聞かさぬ誤

男女の交際

日本人の無感覺

如何にして施肥する乎

街頭所感(一)

戸毎の樣に朝顔作りが出來た

花友は千里を遠しとせず

大森朝顔作りの元祖 町田半兵衛氏を訪ふ

ビール瓶で肥料製造

『요미우리 신문』에 게재된 '성교육의 득과 실'에 관한 기사. 게이오 의숙대학교 교수 무코 군지가 해설했다.

Memo:

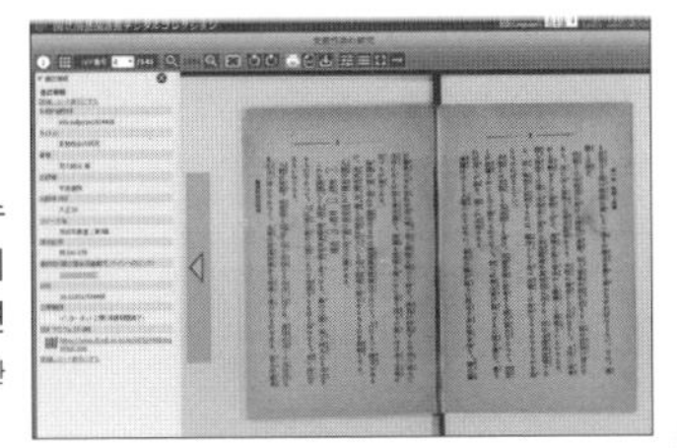

『변태 성욕의 연구』
(학예서원) **하부토 에이지**

성교육계의 선구자라고 할 수 있는 의학 박사 하부토 에이지의 저서. 그 밖에 『성교육 연구』도 있다(일본 국립 국회도서관 디지털 컬렉션 참조).

■의학사 연구가 후키카와 유(富士川游)

의학사 연구의 최고봉. 의사이자 문학가로 일본 의학 저널리즘의 시조라고 불리는 다재다능한 인물. 문학 박사&의학 박사의 학위를 겸했다.

■도쿄 여자의과대학교 교장 요시오카 야요이(吉岡彌生)

여성 의사로, 도쿄 여자의과대학교의 창립자. 9명 중 유일한 여성. 당시 산부인과·성의학 분야 유수의 권위자이기도 했다.

■도쿄 여자고등사범학교 교수 시모다 지로(下田次郎)

도쿄대 철학과 대학원을 졸업하고 여자 고등사범학교의 교원으로 재직한 여성 교육의 최고 권위자 중 한 명. 현대에도 '일본 여성 교육 진흥의 시조'라고 불린다.

■일본 여자대학교 교장 아소 쇼조(麻生正蔵)

여성 멸시 시대에 남녀평등 교육을 설파하며 일본 여자대학교 창립에 기여한 교육자. 여성 교육의 최고 권위자 중 한 명. NHK 드라마 『아침이 왔다』의 등장 인물 기누타 씨의 모델인 된 인물로, 드라마에서처럼 가난하고 청렴한 학자였다.

■제1고등학교 교수 미나미 하지메(三並良)

개신교 목사로, 명문 고등학교에서 독일어 교수로 재직한 독일 철학의 최고 권위자.

■게이오 의숙대학교 교수 무코 군지(向軍治)

사상가로서 에도 시대부터 이어진 악습의 근절과 근대 인권 사상 보급에 공헌한 문명개화의 맹아.

■게이오 의숙대학교 교수 이나가키 스에마쓰(稲垣末松)

전근대적 유교 교육을 부정하고 현대 과학에 기반을 둔 교육을 추진한 인물. 프랑스 교육학의 최고 권위자. 프랑스어 학술서의 번역자로서 근대 프랑스의 교육 사상을 일본에 들여왔다.

■도쿄 제국대학교 문과대학 교수 요시다 구마지(吉田熊次)

프랑스와 독일에서 유학하고 근대 교육학을 선도한 문학 박사. 교육의 윤리 및 도덕 분야에서는 당대 최고 권위자였다.

■도쿄 음악학교 교장 유하라 모토이치(湯原元一)

도쿄대 의학부를 졸업했으나 의사 대신 문부성 관료가 되어 일본의 교육 행정을 주도했다. 문부성을 퇴관한 후 교육자가 되어 도쿄 음악학교 교장에 취임. 학생의 자주성을 존중하는 자유주의 교육을 주장했다. 교육이야말로 가장 위험이 적고 이익이 큰 투자이며 교육에 투자하는 만큼 국력이 강성해진다고 주장한 위인.

성교육 발전에 기여한 변태 성욕 연구

'성교육의 득과 실' 토론 이후에도 시대의 요청으로 성교육에 관한 토론은 활발히 이루어졌다. 다이쇼 시대(1912~1926)에 들어서면서 성 의학자가 각광을 받으며 다양한 성 의학서가 출간되었다.

특히, '변태 성욕'에 관한 연구가 급격히 발달하면서 1917~1926년에 걸쳐 일본 정신의학회의 『변태심리』라는 잡지가 정기 간행되어 변태에 관한 진지한 토론이 이루어졌다. 서구에서는 기독교적 가치관에 근거해 변태는 지옥에 간다거나 악마가 씌었다는 식으로 거부 반응을 보였던 것에 대해 일본은 기독교적 가치관이 희박했기 때문에 변태 연구가 발달할 수 있었던 것이 아닐까.

특히 주목해야 할 것은 하부토 에이지라는 인물로 『성속 교육의 연구』와 『변태 성욕의 연구』를 출간해 '가정에서의 사적 성교육'과 '학교에서의 공적 성교육'이라는 양론에 의한 교육 시스템 확립을 호소했다. 그야말로 성교육계의 선구자였다. 제목은 적나라하지만 그의 서적은 일본 내무성의 검열을 통과했다(웃음).

변태 성욕이라는 제목에 걸맞게 SM이나 노출광은 물론 '여성적 남성'이라는 명칭으로 '여성적인 용모의 소년(男の娘)'에 대해서까지 언급한 대단한 책이다. 실제 읽어보면 일본의 변태는 다이쇼 시대에 완성된 것이 아닐까 하는 생각마저 든다. 다이쇼 낭만물을 집필하는 작가 여러분, 다이쇼 시대 '여성적 남성 찻집'을 소재로 한 책이라면 시대 고증도 문제없을 듯하다.

변태 성욕 연구라고 하면 오해하기 쉽지만, 이 책의 의도는 무엇이 옳고 그른지 성욕의 선악을 명백히 구분함으로써 국민이 나쁜 성욕에 빠지지 않도록 올바른 성교육을 실시해 '올바른 성생활'로 이끄는 것이다. 그중에서도 상당한 지면을 할애해 세계 각국의 형법까지 열거하며 가장 나쁜 변태 성욕으로 지적하는 것이 '강간'이다.

강간범에 대해서는 형벌뿐 아니라 정신병으로서 치료가 필요하다고 말했다. 당시의 정신병 치료는 죽을 때까지 정신병원에 감금하는 것이었으므로 실질적인 종신형…. 오늘날 미국에 콜링가 주립병원이라는 소아 성애증 환자를 죽을 때까지 감금하는 전문 정신병원이 있다는 것을 생각하면, 일본의 법무성이 변태 성욕 연구 성과를 무시한 것은 여성에게는 불행이었다고밖에 할 수 없을 것이다. 다이쇼 시대에는 강간죄를 중히 다루지 않았다.

다이쇼 시대의 형법 제348조에는 '부녀자를 강간한 자는 경(輕)징역에 처한다'는 강간죄 규정이 있는

Memo:

데 징역형은 길어야 30일 남짓이었다. 게다가 다수의 피해 여성이 피해를 당하고도 신고하지 않고, 경찰에 신고해도 99.9%는 피해 신고서조차 받아들여지지 않던 시절이었다. 1933년 이전 통계에는 '강간', '강제 외설' 등의 항목이 존재하지 않기 때문에 다이쇼 시대의 강간 사건이 어느 정도였을지 정확한 숫자는 알 수 없지만 '여자는 해가 저물면 밖에 나가선 안 된다'거나 '통금 시간을 지켜라'는 말이 있던 것을 보면 짐작할 수 있을 것이다.

그런 암울한 시대에 강간이 얼마나 비정상적이고 나쁜 범죄인지를 설파한 『변태 성욕의 연구』는 더욱 정당한 평가를 받아야 한다고 생각한다. 지금이야말로 변태 성욕의 재연구가 필요한 시대가 아닐까?

우오오옷! 천재 의학 박사의 주장

하부토 에이지 박사는 독일에서 들여온 다음과 같은 학설을 주장했다.

'정액은 혈액에 흡수되어 심장으로 보내지고 심장의 운동으로 다시 각 조직으로 보내진다. 근육 조직으로 보내진 정액은 근육을 증강시키고, 뇌로 보내진 정액은 새로운 사상과 요구 그리고 희망을 일으켜 정신에 의한 명료한 이성, 건전한 판단, 높은 야심, 결정적인 목적 또한 강한 의지를 부여한다. 하지만 정액의 낭비는 신체의 건강을 해할 위험성이 있으므로 자기 억제라는 아름다운 교훈을 명심해야 한다.'

현대인이 보기에는 고개가 갸웃해지는 주장이지만 당시에는 독일에서 유학한 의학 박사의 고견이었기 때문에 진지하게 믿는 사람이 있었다고 한다. 변태 성욕으로 근력을 높이고 정신력이 강화된다면 다름 아닌 만화 『궁극!! 변태 가면』의 주인공이 아닌가. 그러고 보면 변태 가면의 변신 모습이야말로 하부토 에이지가 주장한 것처럼 정액이 전신의 근육과 뇌로 보내져 엄청난 힘을 발휘하는 것인지도….

누가 하부토 에이지 박사를 주인공으로 『다이쇼 변태 가면』 같은 걸 써주지 않을까? 평소에는 간다 오가와 마치에서 병원을 운영하는 의사 하부토 에이지. 부녀자들이 위험에 처하면 정의의 변태 성욕이 불끈 치솟아 정액이 온몸의 근육과 뇌로 보내지며 사랑과 성욕의 사도 초인 '변태 가면'으로 변신해 사악한 변태 성욕자를 벌하는…내용이라면? 재미있을 것 같은데 말이다.

『궁극!! 변태 가면』
(슈에이샤 문고)
안도 게이슈

우오오옷!

HK 변태 가면 시리즈
(T-JOY)

『궁극!! 변태 가면』은 1992~1993년 『주간 소년 점프』에 연재되어 당시 청소년들에게 인기를 끌었다. 2013년에는 만화를 원작으로 스즈키 료헤이 주연의 『HK 변태 가면 The Abnormal Crisis』이 제작·공개되었다.

KARTE No. 015

'여학생 육봉 치료 사건'의 전말

다이쇼 시대의 성교육론 후편

전편에서 강간을 당해 경찰에 신고해도 99.9%는 피해 신고서조차 받아들여지지 않았다고 설명했는데 피해 신고가 수리된 0.1%의 사례가 있다. 바로 '여학생 육봉 치료 사건'이다.

1923년 일본 선원장제회 요코하마출장소 부속병원의 병원장이자 도쿄대 의학부를 졸업한 초 엘리트 의사 오노 기이치가 강간 및 낙태 미수 사건 이른바 '오노 박사 사건'으로 구속되었다. 일본의 4대 재벌 중 하나인 야스다 재벌의 계열사로 당시 자본금 1,200만 엔의 대기업이었던 군마 전력의 전무 오구라 시즈노스케의 6녀로 당시 18세였던 데쓰코에게 좌약이라고 속여 자신의 성기를 삽입. 임신까지 시키고 비밀리에 강제 낙태시켜 은폐하려다 발각된 것이다. 이해하기 쉽게 '여학생 육봉 치료 사건'이라고 부르기로 한다.

"나는 야스다 재벌의 간부 오구라다. 내 딸이 강간을 당했다, 당장 장관 나오라고 해!"

데쓰코의 아버지 오구라가 변호사를 대동하고 요코하마 지검을 찾아가 큰소리를 친 후에야 피해 신고서가 수리되었다. 이것만 봐도 당시 강간 피해자가 피해 신고서를 내는 게 얼마나 힘들었을지 짐작이 간다.

오구라 시즈노스케는 어릴 때부터 만성 기관지염을 앓는 딸을 위해 당시 최신, 최고 수준의 의약품부터 의료 설비를 사들여 자택에 사설 진료소를 만들고 엘리트 의사를 왕진하도록 했다. 진짜 부자는 병원에 가지 않고 병원을 만들어 의사를 부른다.

오노 기이치는 「폐병의 치료에 대하여」라는 폐병 치료 연구로 교토 대학교에서 의학 박사 학위를 취득한 폐병 치료에 관해서는 당대 최고 권위자로 알려져 있었다. 오구라 시즈노스케는 그에게 6,000엔

大野博士は懲役六年に
昨日判決言渡さる

判決文の内容
被告人 大野禧一

◇主文

◇理由

大野の堕胎は犯跡を
隠す手段だ—裁判長語る

被害者

愛知博士
鮪に中毒して
昨日逝く

傍聴人

'오노 박사 사건'에 관한 신문 보도. 당시 오구라 시즈노스케의 직함은 전무였지만 사장은 명의뿐인 존재였기 때문에 사실상 군마 전력의 대표권을 가진 경영자는 오구라 시즈노스케였다. 그런 이유로 당시 신문 보도 등에서는 '오구라 사장'이라고 쓰기도 했다. 오구라 시즈노스케는 야스다 재벌의 최고 의사결정 기관의 간부로, 부자 순위에 이름이 오를 정도의 부호였다.

(『요미우리 신문』 1923년 3월 3일 참조)

Memo:
참고 자료·사진 출처 등 ●일본 국립 국회도서관 디지털 컬렉션 『폐병의 치료에 대하여』 https://dl.ndl.go.jp/info:ndljp/pid/934136
『메이지·다이쇼·쇼와 역사 자료 전집』 하권 https://dl.ndl.go.jp/info:ndljp/pid/1920457/178

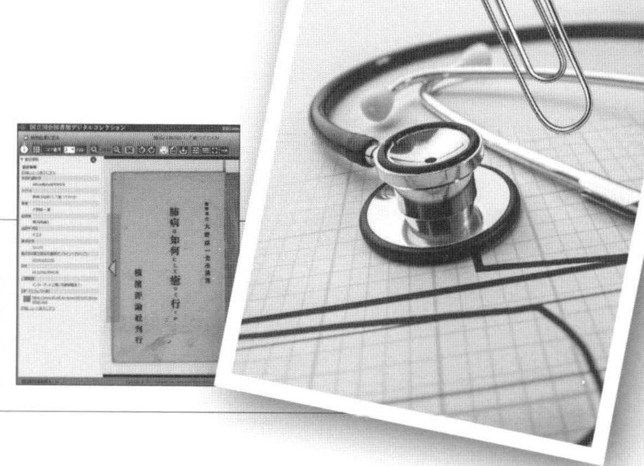

『폐병의 치료에 대하여』
(요코하마평론사) 오노 기이치
(일본 국립 국회도서관 디지털 컬렉션 참조)

오노 박사 사건(여학생 육봉 치료 사건)
1923년 도쿄대를 졸업한 의학 박사 오노 기이치가 일으킨 강간·낙태 미수 사건. 피해자였던 18세 여학생은 자신이 강간당한 사실조차 인식하지 못했다고 한다. 성교육의 중요성이 재인식되는 계기가 되었다.

이나 되는 막대한 사례금을 지불하고 딸의 치료를 의뢰했다. 당시 군마 전력 대졸 사원의 평균 연봉이 약 600엔이었다는 것을 생각하면 블랙 잭 수준의 보수였다. 그렇게 오구라 가에 불려간 오노 기이치는 밀실에서 데쓰코와 둘만 있게 되면 치료는 하지 않고 '좌약을 넣어야 한다', '아플 수 있으니 참아야 한다'며 자신의 성기를 삽입해 3회에 걸쳐 사정까지 한 것이다.

그런데 왜 데쓰코는 피해 사실을 부모에게 알리지 않았을까? 그녀의 부모가 데쓰코 주변에서 유해 도서를 철저히 배제하고 성교육을 전혀 하지 않았기 때문이다. 성 지식이 전무했던 그녀는 어머니로부터 '훌륭한 도쿄대 의학 박사 선생님이 하라는 대로 잘 따르라'는 말을 듣고 그저 의료 행위라고만 생각해 일말의 의심은커녕 강간당했다는 자각조차 없었던…듯하다. 무지가 낳은 비극이었다.

이상한 낌새를 알아차린 아버지가 데쓰코를 병원에 데려가면서 임신 사실이 드러났다. 요코하마 지방법원에 고발해 오노 기이치를 체포했다. 이 사건이 당시 신문 1면 기사로 실리자 항의하는 시민들이 도쿄대 병원에 들이닥쳐 경찰들과 몸싸움을 벌이고 시위대가 돌을 던져 유리창이 깨지는 등의 큰 소동이 벌어졌다고 한다.

또 당시에는 사생활 보호 개념 같은 게 없던 시절이라 오노 기이치가 사는 집 주소까지 공개되면서 요코하마 전역에 '강간범의 집'이 알려졌다. 분노한 민중의 공격으로 그의 가족들은 도망치듯 집을 떠났다고 하다.

사건 이후 언론에 보도된 '오노 박사'라는 호칭 때문에 많은 의학자들이 그가 박사 학위를 취득한 교토 대학교에 보관된 박사 논문을 읽었다. 그 결과, 엉터리 부정 논문이라는 것이 발각되고 폐병 치료의 권위자라는 것도 전부 날조된 사실이라는 것이 밝혀져 더 큰 논란이 일었다. '교토대에서는 엉터리 논문으로도 박사가 될 수 있다'는 언론의 비판으로 교토대의 권위는 끝없이 추락했으며 교토대에서 의학 박사 학위를 받은 의사들까지 비방과 중상을 당하는 사태로 번지는 등 도쿄대뿐 아니라 교토대까지 오노 박사 사건의 불똥이 튀어 다이쇼 시대 말까지 논란이 계속되었다. 과거에도 이런 사건이 있었던 것이다.

강간죄를 실질적인 범죄로 취급조차 하지 않던 시대에 징역 6년의 실형 판결을 받은 것은 굉장히 무거운 판결처럼 보이지만 강간이 주요 죄목이 아니라 낙태죄, 의사법 위반, 사기 등의 여죄가 합쳐진 결과였다. 게다가 경찰, 법원, 변호사까지 부친인 오구라의 '야스다 재벌을 적으로 돌릴 각오를 해야 할 것'이라는 협박이 있었기에 내려진 판결이었던 듯하다.

당시 학생들의 장래 희망 베스트 3은 장관, 장군, 박사였다고 한다. 그런 박사가 악질적인 강간 사기꾼이었다는 것이 연일 보도되면서 아이들의 꿈은 산산조각 났다. 그런 의미에서도 죄가 무겁다고 할 수 있다….

법원의 판결 이후, 오구라 시즈노스케는 언론의 취재에 응해 '딸을 훌륭한 여성으로 키우기 위해 연극, 영화, 소설, 여성 잡지 등의 모든 자극으로부터 멀어지게 한 내 잘못'이라고 후회했다.

오노 기이치는 오구라에게 받은 6,000엔의 거금을 써 변호인단을 꾸렸다. 보석금을 내고 석방된 후 모습을 감추고 도피 생활을 하며 대법원에서까지 철저히 무죄를 주장했다. 결국 대법원에서 징역 3년의 실형이 확정되어 복역하고, 의사 면허와 박사 학위도 박탈되었으며 도쿄대 졸업명부에서도 말소되었다. 출소 후 언론의 취재에 '남미로 갈 것'이라고 말하고 당시 유행했던 남미 개척단의 일원으로 일본을 떠났다. 그 후 소식은 알려져 있지 않다.

변호인단은 형기를 절반으로 줄이는 데 성공했지만 야스다 재벌은 변호인단의 무죄 주장에 격노했다. 야스다 재벌 대표 야스다 젠지로의 이름으로 요코하마를 비롯한 도쿄 일대의 모든 변호사들에게 '강간범을 변호하는 자는 야스다 재벌의 적으로 간주한다'는 권고서가 보내졌다. 전후 재벌 해체로 야스다 재벌이 사라지기까지 변호사들이 강간범 변호를 피하면서 강간범들의 상황은 매우 불리해졌다고 한다. 한편, 피해를 당한 오구라 데쓰코는 강간으로 임신한 아이를 출산하고 오구라 가문과 친분이 있던 공작 가문의 양자였던 육군 장교와 결혼해 두 자녀를 낳고 76세인 지금까지 잘 살고 있다고 한다. 지병을 치료하지 않아도 괜찮았던 듯하다.

여학생 육봉 치료 사건과 같은 해, 당시 베스트셀러 작가였던 시마다 세이지로가 해군 소장 후나키 겐타로의 딸을 유괴·감금·강간해 기소된 사건이 발생했다. 이 다이쇼 시대의 2대 강간 사건을 계기로 사회에서는 성에 대한 무지와 무방비함을 깨닫고 성교육의 필요성을 재인식하게 되었다. 또한 메이지 시대 말에 중단되었던 학교에서의 성교육에 관한 토론이 재점화되었다.

이후 경찰에서도 강간죄를 범죄로 인식하고 처벌하게 되면서 '여성을 강간해선 안 된다'는 사회 상식

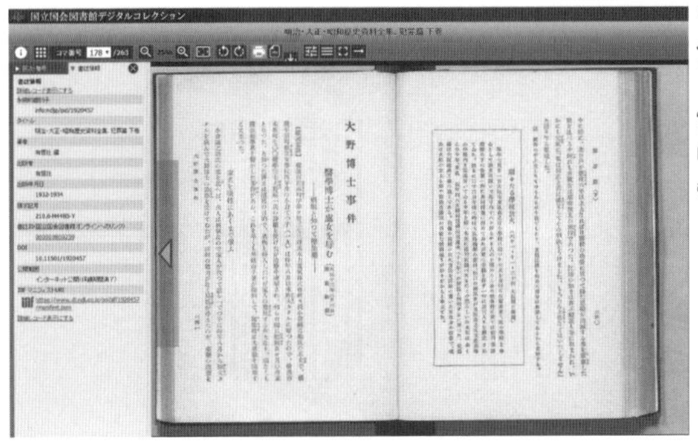

『메이지·다이쇼·쇼와 역사 자료 전집』 하권 1933년 간행

'오노 박사 사건'이라는 항목에 8쪽에 걸쳐 사건 내용이 해설되어 있다(일본 국립 국회도서관 디지털 컬렉션 참조).

Memo:

이 형성되었다. 이대로 행복한 결말을 맞았다면 좋았겠지만….

성교육 암흑시대의 시작

시대는 좋지 않은 방향으로 흘러갔다. 1923년 일본 문부과학성은 여학생 대상의 성교육에 반대하며 생리위생 과목에서 가르칠 수 있는 범위 이상의 지식을 가르치는 경우 엄중히 처벌할 것이라고 통달했다. 성욕의 해악으로부터 보호한다는 명목으로 학생들이 읽는 도서를 검열하고 교육 현장에서는 유해 판정을 받은 자연주의 문학, 잡지, 신문 등의 단속을 실시해 '여성은 성욕이 없다', '수음은 유해하다'고 하는 말도 안 되는 논설을 만들어냈다. 성별에 대한 정체성을 확립해 남성에 의한 성 지배를 기반으로 하는 근대 국가를 구축하기 위한 '성적 욕망의 장치'를 완성한 것이다.

이후, 성교육에 대한 교육계와 의학계의 토론은 단절되었으며 성교육에서 의학적인 요소를 배제했다. 남학생에게는 금욕을 강요하고 자위는 물론 성관계도 철저히 금지했다. 여성의 성교육은 처녀의 정조 보호가 목적인 성교육론에 경도되어 결혼할 때까지 순결을 유지할 것을 강요했다. 당시의 폐해가 오늘날까지도 곳곳에 남아 있는 듯하다. 쇼와 시대(1926~1989년) 초기에 이루어진 변태 성욕의 말살은 분서나 발매 금지 같은 처분으로 끝나지 않았다. 관계자가 잇따라 체포되거나 살해당했다.

『변태 성욕의 연구』로 이름을 알린 하부토 에이지 박사는 1928년 말 의사법 위반 사유로는 극히 드문 경우인 의사로서의 품위 유지 의무를 위반했다는 죄명으로 체포되었다. 경찰의 가혹한 심문으로 뇌를 크게 다쳤다고 하는데 대체 무슨 일이 있었던 것일까? 고문? 폭행?!

뇌를 다쳐 거동이 불편해진 하부토 에이지 박사는 이듬해인 1929년 8월 31일 극단적인 선택을 했다. 최소한 나는 이 일 외에 일본에서 의사가 품위 유지 의무 위반으로 체포되었다는 이야기는 들어본 적이 없다.

같은 해인 1929년 3월 5일에는 성교육론을 제창한 중의원 의원 야마모토 군지가 우익의 공격을 받아 목숨을 잃었다. 1922년 수음이라는 한자어 대신 영어를 번역한 '자위'라는 말을 널리 알린 인물이었다. 그를 공격한 우익 남성은 정당방위라며 무죄를 주장했다. 경시청에서도 좌익 변태 성욕자가 살해당한 것을 당연하게 여기는 듯한 태도로 범인을 옹호하는 듯 대응했다고 한다.

그러나 도쿄 지방 법원은 독자적인 현장 검증을 실시해 경시청의 발표를 부정하고 살인죄로 실형을 선고했다. 살인범을 옹호했다는 이유로 내무성이 경시청에 대해 엄중 경고를 할 정도의 사태로 발전했다. 실형을 선고받은 범인은 이례적으로 모범수 대우를 받아 형기의 절반만 복역한 후 출소했다. 그는 출소 후 우익 동료들에게 '변태 성욕자를 죽였으니 무죄다. 10만 엔과 좋은 자리를 받았어야 할 내가 형무소에 갇혔다'고 이야기했다고 한다. 한동안 일용직 등으로 일하다 정신병원에 강제 입원한 후 사망했다.

어떻게 이런 변화가 일어났는지 교육계의 음모를 의심하지 않을 수 없다. 그 후, 군국 교육에 경도된 일본이 어떻게 되었는지는…독자 여러분도 잘 알고 있을 것이다.

KARTE No. 016

미지의 문제를 과학적으로 해결하는 학문

놀라운 역학

'역학'이란 본래 전염병의 발생 원인이나 예방 등을 연구하는 학문으로 시작되었다. 역학을 이용하면 만화나 애니메이션이 어느 정도의 악영향을 미치는지 증명할 수 있다.

만화나 애니메이션의 영향으로 범죄를 저지르는 것이 가능할까? 역학을 이용해 증명할 수 있다. 역학이라고 하면 의학의 다른 계통처럼 들리지만 법학이나 범죄학 분야에도 중요한 개념으로 역학적 증명은 재판의 증거로도 쓰인다. 실제 승소해 법률까지 바꾸게 만든 것이 미나마타병과 요카이치 시 공해 등의 공해 재판이다. 의사 면허를 딴 후 사법 시험에 합격하는 사람이 꽤 있는 것처럼 이과와 문과는 전혀 다른 분야처럼 보이지만 밭과 논 정도의 차이이지 농업과 수산업처럼 동떨어진 것이 아니다.

역학의 놀라운 점은 왜 그렇게 되었는지 이유를 몰라도 원인을 특정해 배제함으로써 고치거나 해결할 수 있다는 점이다. 반대로 말하면, 이유는 모르겠지만 원인을 알고 있으니 법률로 규제한다는 논법을 전개할 수 있는 무서운 과학이기도 하다.

의학 분야에서 큰 성과를 거둔 것은 당시에는 원인 불명의 난치병이었던 콜레라나 각기병 등의 질병을 격감시킨 일이다. 법학 분야에서는 미나마타병이나 요카이치 시 공해 등의 공해 재판에서 환경오염을 위법 행위로 규정하게 된 일이나 담배의 유해성을 알리고 금연 활동을 펼침으로써 간접흡연 규제까지 성공한 일 등이 있다. 범죄학 분야에서 큰 성과를 거둔 것은 '깨진 유리창 이론'으로 대표되는 미국 뉴욕의 치안 개선이다.※

이처럼 공공의 해가 되는 원인을 배제함으로써 안심하고 살아갈 수 있는 사회를 만든다는 의미에서 역학은 중요한 과학이지만 크게 실패한 예도 있다. 미국에서 에이즈 환자 5명이 발견되었을 때, 우연히도 5명 전원이 남성 동성애자였던 탓에 '에이즈는 동성애자가 걸리는 병'이라는 편견이 퍼졌다. 샘플 수가 적은 경우, 통계를 활용하는 역학은 기능하지 않는다. 소수의 범죄자가 오타쿠였다고 해서 오타쿠를 잠재적 범죄자라고 볼 수는 없는 것이다.

만화나 애니메이션 규제가 정당할까?

그럼 본론으로 들어가자. 만화나 애니메이션의 영향으로 범죄가 늘었다는 것을 증명하고 공공의 해가 된다는 낙인을 찍어 법률로 규제하기 위해서는 그것이 '역학의 4원칙'을 모두 충족한다는 것을 통계학적

Memo:
※「깨진 유리창 이론(Broken window theory)」 경미한 범죄나 작은 부정을 철저히 단속함으로써 범죄를 억제하고 결과적으로 흉악 범죄와 큰 부정을 막을 수 있다는 환경 범죄학 이론. 미국의 범죄학자 조지 켈링이 고안했다.

『살아남은 여름 1854』(아스나로쇼보)
데보라 홉킨슨

존 스노(1813~1858년)

역학의 시조라고 불리는 존 스노(John Snow)
1831년 영국 런던에서 콜레라가 유행했을 때 존 스노 박사가 취한 행동은 우물물을 퍼 올리는 펌프의 손잡이를 떼어버렸을 뿐이었지만 그것만으로 실제 콜레라의 유행이 종식되었다. 왜 콜레라가 유행했을까, 그 이유가 밝혀진 것은 수십 년 후이지만 박사가 원인을 규명한 통계적 방법은 현대 역학의 기원이라고 할 수 있다. 그 역사적 사실을 바탕으로 쓴 명작 소설『살아남은 여름 1854』도 한 번쯤 읽어보기 바란다.

으로 증명해야 한다. 이 4원칙을 유의 수준 0.0001 이하로 귀무가설을 기각할 수 있는 학자가 있다면 만화와 애니메이션을 모두 금지할 수 있다. 이것을 법학에서는 '합리적 의심을 뛰어넘는 증명'이라고 한다.

역학의 4원칙

1 시간적 관련성
2 양적 상관성
3 질적 상관성
4 원인과 결과의 관련성

1 시간적 관련성

먼저 원인→결과의 순으로 되어 있다는 것을 증명해야 한다. 여아를 대상으로 성범죄를 저지른 소아 성애증 범인이 로리콘 만화를 대량 소지한 경우, 소아 성애증이라 로리콘 만화를 샀다면 소아 성애증이 원인으로 만화를 샀다는 결과가 되므로 만화의 유해성은 부정된다. 로리콘 만화를 읽다 그 영향으로 소아

다카키 가네히로
(1849~1920년)

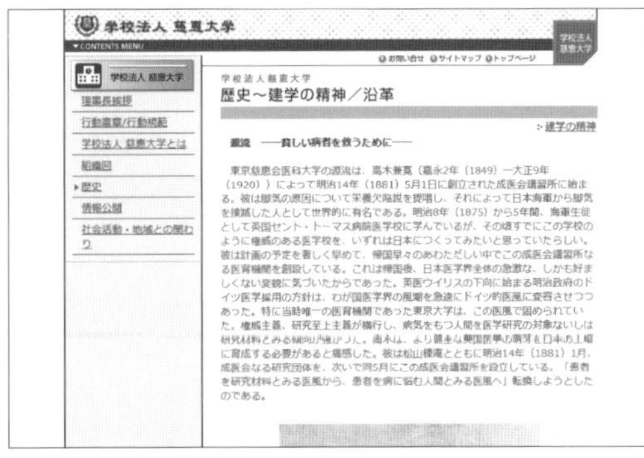

学校法人 慈恵大学

CONTENTS MENU

学校法人 慈恵大学

理事長挨拶

行動憲章/行動規範

学校法人 慈恵大学とは

組織図

歴史

情報公開

社会活動・地域との関わり

お問い合せ　サイトマップ　トップページ

学校法人慈恵大学

歴史～建学の精神／沿革

建学の精神

源流　――貧しい病者を救うために――

東京慈恵会医科大学の源流は、高木兼寛（嘉永2年（1849）―大正9年（1920））によって明治14年（1881）5月1日に創立された成医会講習所に始まる。彼は脚気の原因について栄養欠陥説を提唱し、それによって日本海軍から脚気を撲滅した人として世界的に有名である。明治8年（1875）から5年間、海軍生徒として英国セント・トーマス病院医学校に学んでいるが、その頃すでにこの学校のように権威のある医学校を、いずれは日本につくってみたいと思っていたらしい。彼は計画の予定を著しく早めて、帰国早々のあわただしい中でこの成医会講習所なる医育機関を創設している。これは帰国後、日本医学界全体の急激な、しかも好ましくない変貌に気づいたからであった。英医ウイリスの下向に始まる明治政府のドイツ医学採用の方針は、わが国医学界の風潮を急速にドイツ的医風に変容させつつあった。特に当時唯一の医育機関であった東京大学は、この医風で固められていた。権威主義、研究至上主義が横行し、病気をもつ人間を医学研究の対象ないしは研究材料とみる[illegible]。高木は、より健全な[illegible]の萌芽を日本の[illegible]に育成する必要があると痛感した。彼は松山棟庵とともに明治14年（1881）1月、成医会なる研究団体を、次いで同5月にこの成医会講習所を設立している。「患者を研究材料とみる医風から、患者を病に悩む人間とみる医風へ」転換しようとしたのである。

도쿄 지케이카이 의과대학교 http://www.jikei.ac.jp/univ/

1911년 비타민 B1이 발견되었다. 그러나 그보다 27년 앞서 각기병의 원인이 밝혀지기도 전에 역학을 바탕으로 각기병을 치료한 인물이 다카키 가네히로 남작이다. '일본 역학의 아버지'로 불리며 세이이카이 강습소(지금의 도쿄 지케이카이 의과대학교)의 창시자이기도 하다.

성애증이 되었다면, 만화가 원인이 되어 소아 성애증으로 발전한 것이므로 만화의 유해성이 인정된다.

2 양적 상관성

만화가 영향을 미친 정도가 현저할수록 범죄의 발생률이 높아진다는 것을 통계학적으로 증명해야 한다. 이것은 범죄자가 만화를 얼마나 읽었는지 통계를 내 상관 계수를 구하면 된다. 공평을 기하기 위해 만화를 읽지 않는 범죄자의 통계도 필요하다. 만화를 읽지 않는 범죄자가 많을수록 상관 계수는 낮아진다. 구체적으로는 상관 계수가 0.8 이상, 상관성이 높다고 인정되지 않으면 재판의 증거로 삼을 수 없다.

3 질적 상관성

예컨대, 축구 만화를 좋아하는 사람이 그 만화의 영향으로 축구 선수가 되는 등 범죄 이외의 긍정적인 영향도 포함해 만화를 읽으면 어느 정도의 영향을 받고 실행에 옮기게 되는지를 증명해야 한다. 여기에는 반드시 상관성이 있어야 하므로 '만화의 영향으로 축구 선수가 되었다'는 증명할 수 있지만 '만화를 좋아하는 축구 선수'는 증명할 수 없다. 축구 만화를 주로 읽었다면 만화의 영향을 받았다고 생각할 수 있지만 좋아하는 장르가 판타지물이라면 단순히 만화를 좋아하는 축구 선수인 것이다.

즉, 강간범이 에로 만화를 읽었다는 것만으로는 상관성이 없기 때문에 증명이 되지 않는다. 강간당하는 것을 좋아하는 여성이 나오는 에로 만화를 읽고 진짜 상대가 좋아할 것으로 믿고 강간을 저지른 바보만이 증명이 가능하다.

Memo:

thebmj Research Education News & Views Campaigns Archive For authors Jobs Hosted Search

Papers

Environmental tobacco smoke exposure and ischaemic heart disease: an evaluation of the evidence

BMJ 1997 ; 315 doi: https://doi.org/10.1136/bmj.315.7114.973 (Published 18 October 1997)
Cite this as: *BMJ* 1997;315:973

Article | Related content | Metrics | Responses

M R Law, reader, J K Morris, statistician, N J Wald, professor

Author affiliations

Correspondence to: Dr Law

Accepted 23 September 1997

Abstract

Objectives: To estimate the risk of ischaemic heart disease caused by exposure to environmental tobacco smoke and to explain why the associated excess risk is almost half that of smoking 20 cigarettes per day when the exposure is only about 1% that of smoking.

Design: Meta-analysis of all 19 acceptable published studies of risk of ischaemic heart disease in lifelong non-smokers who live with a smoker and in those who live with a non-smoker, five large prospective studies of smoking and ischaemic heart disease, and studies of platelet aggregation and studies of diet according to exposure to tobacco smoke.

Results: The relative risk of ischaemic heart disease associated with exposure to environmental tobacco smoke was 1.30 (95% confidence interval 1.22 to 1.38) at age 65. At the same age the estimated relative risk associated with smoking one cigarette per day was similar (1.39 (1.18 to 1.64)), while for 20 per day it was 1.78 (1.31 to 2.44). Two separate analyses indicated that non-smokers who live with smokers eat a diet that places them at a 6% higher risk of ischaemic heart disease, so the direct effect of environmental tobacco smoke is to increase risk by 23% (14% to 33%), since 1.30/1.06=1.23. Platelet aggregation provides a plausible and quantitatively consistent mechanism for the low dose effect. The increase in platelet aggregation produced experimentally by exposure to environmental tobacco smoke would be expected to have acute effects increasing the risk of ischaemic heart disease by 34%.

Conclusion: Breathing other people's smoke is an important and avoidable cause of ischaemic heart disease,

Article tools
0 responses
Respond to this article
Print
Alerts & updates
Citation tools
Request permissions
Author citation
Add article to BMJ Portfolio
Email to a friend

Topics
Health education
Health promotion
Smoking
Smoking and tobacco
Cardiovascular medicine
more

Altmetric
Who is talking about this article?

『BMJ』 1997년 10월호
https://www.bmj.com/content/315/7114/973
영국의 의학지 『BMJ(British Medical Journal)』에 간접흡연에 대한 신뢰성 높은 논문이 게재되었다. 이 논문에 따르면, 흡연자인 남편과 동거하는 비흡연자 아내의 상대 위험도가 1.23배로 나타났는데…. 이 수치로는 간접흡연의 불법행위 책임을 묻기 어렵다.

4 원인과 결과의 관련성

로리콘 만화를 읽으면 소아 성애증이 된다거나 폭력적인 만화를 읽으면 폭력을 휘두르게 된다는 것을 모순 없이 신경 의학적으로 증명할 수 있어야 한다.

역학적 관점에서 만화나 애니메이션의 유해성을 연구한 사람이 없는지 논문을 검색해보았지만 찾을 수 없었다.

역학의 4원칙이 모두 증명된다면, 만화나 애니메이션은 공공의 복지에 반하는 해악으로 인정될 것이다. 자연히 표현의 자유가 제한되고 출판사에 의한 공공 불법 행위가 인정되어 지금까지보다 더욱 엄격한 규제가 가해질 것이다. 출판사가 막대한 보상금까지 치르게 되면 도산이 속출할 것이다.

그렇다고 모든 만화와 애니메이션이 전 세계에서 말살되는 일은 없을 것이다. 담배의 위험성이 널리 알려지고 금연이 강요되고 있는 상황에도 담배 판매가 계속되고 있는 것이 좋은 예이다. 제3의 기관에 의한 만화와 애니메이션의 유해성 검사가 이루어지거나 연령 규제가 생길지도 모르지만 그럼에도 사라지는 일은 없을 것이다. AV업계의 현 상황을 보는 듯한 생각도….

역학에는 '상대 위험도'라는 지표가 있는데, 이 경우는 만화를 읽는 사람과 읽지 않는 사람의 범죄율을 비교해 만화를 읽는 사람이 읽지 않는 사람보다 몇 배나 범죄를 일으키는지를 구한다. 영국의 노동연금성 산하 기관인 노동상해자문회에서는 어느 직업 또는 작용물질이 질병 발생의 원인이 되려면 상대 위험도가 2 이상을 나타내는 일관되고 견고한 역학적 증거가 필요하다고 말했다. 일본의 재판에도 적게나마 영향을 미칠 것으로 생각된다.

간접흡연에 대해 영국의 의학지 『BMJ』 1997년 10월호에 게재된 논문 「환경적 담배 연기 노출 및 허혈성 심장 질환: 증거의 평가(Environmental tobacco smoke exposure and ischaemic heart disease: an evaluation of the evidence)」에서는 메타 분석을 통해 37편의 연구를 조사, 흡연자인 남편과 동거하는 비흡연자 아내의 상대 위험도가 1.23배나 된다고 평가했다. 그러나 1.23배라는 위험도는 재판에서 역학적 증거로 받아들여지기에 충분치 않은 수치로 간접흡연의 불법행위 책임을 묻기는 어렵다는 것이다.

참고로, 흡연자의 폐암 발병에 관한 상대 위험도는 2.25배, 음주+흡연의 식도암 발병 상대 위험도는 7.8배이지만 어느 나라에서도 금지되지 않고 있다.

만화는 공공의 적이 아니다!

다시 말해, 만화를 읽는 사람과 읽지 않는 사람을 비교했을 때 실제 그런 일은 없지만 만화를 읽는 사람의 범죄율이 높다고 해도 표현의 자유를 제한할 만큼 공공의 복지에 반하는 해악으로 인정될 가능성은 낮다는 것이다. 자유를 존중하는 현대 법리에서 공공의 복지에 반한다고 인정되는 수준은 굉장히 높다. 만화나 애니메이션에 대해 역학의 4원칙을 증명할 수 있다고 해도 상대 위험도가 최소 10배 이상이 되지 않으면…, 요컨대 오타쿠의 범죄율이 일반인의 10배 이상이라는 통계가 나오지 않는 한 국가가 만화나 애니메이션을 '공공의 적'으로 인정하고 오타쿠의 인권을 제한하는 법을 제정하는 것은 불가능하다는 것이다. 그러니 안심해도 좋다.

만화나 애니메이션에 대한 '위구감론'

'위구감론'이란 어떤 위험이 있는지 모른다는 막연한 불안감이나 위구심만 있어도 과실이 성립한다는 사고방식이다. 즉, 만화나 애니메이션이 악영향을 끼칠 수 있다는 우려가 사회적으로 인지된 이상 출판사에 과실 책임을 물어 규제해야 한다…는 무척 과격한 주장이다. 지나치게 과격한 주장이라 현대의 법조계에서도 지지받지 못하지만 출판사의 자발적 규제를 초래하는 원인이 될 수 있다. 일본의 역대 재판 중 '모리나가 비소 분유 중독사건'(1955년) 한 건만이 유죄 판결을 받았다.

보강1 다양한 분야에서 이용되는 역학

속도위반 등으로 딱지를 끊어본 경험이 있는 사람이 많을 것이다. 역학적 시스템에 의해 만들어진 운전면허의 벌점 제도는 영국에서 처음 실시되었다. 점수를 매겨 면허 정지 조치를 취하는 것은 처벌이 아니라 사고의 원인이 되기 쉬운 개인을 점수를 통해 찾아냄으로써 교통 사회 시스템 전체의 건전성을 유지하기 위한 위험 인자로서 배제하는 것이 목적이다.

중국에서는 국민 전원에 대해 사회적 신용 점수를 매기는 제도를 시작했다. 미국에서도 FICO 스코어로 대표되는 신용 점수가 개인의 사회적 신용도를 측정하는 지표가 되었다. 신용도가 낮아 변제가 어려울 듯한 사람에게는 돈을 빌려주지 않거나 상품 매매 등의 거래를 거부하기도 하고 교통 기관의 이용을 제한하는 등의 방식으로 공공의 적을 배제하려는 발상은 이미 현실이 되었다.

일본의 운전면허 벌점 제도는 0을 기준으로 위반할 때마다 가산되는 누적 방식. 6점이면 면허 정지 등 일정 점수가 되면 처분이 따른다.
「일본 경시청」 운전면허 벌점 제도(http://www.keishicho.metro.tokyo.jp/menkyo/torishimari/gyosei/ seido/)

보강2 각 업계에서의 역학의 정의(참고 자료)

일본 역학회의 정의

http://jeaweb.jp/

명확히 규정된 인간 집단 내에서 출현하는 건강에 관련한 다양한 사상(事象)의 빈도와 분포 그리고 거기에 영향을 미치는 요인을 밝혀 건강에 관련한 다양한 문제에 대한 유효한 대책 수립에 도움을 주기 위한 과학.

일본 변호사연합회의 정의

https://www.nichibenren.or.jp/

'역학이란 인간을 집단으로 파악하고 그 집단 내에서 발생하는 질병 및 그 밖의 사상의 분포를 다각적으로 관찰하고 그 규정 인자 및 성립 인자를 연구하는 학문이다'(「형사 재판과 역학적 증명」 17항 참조)

범죄학에서의 정의

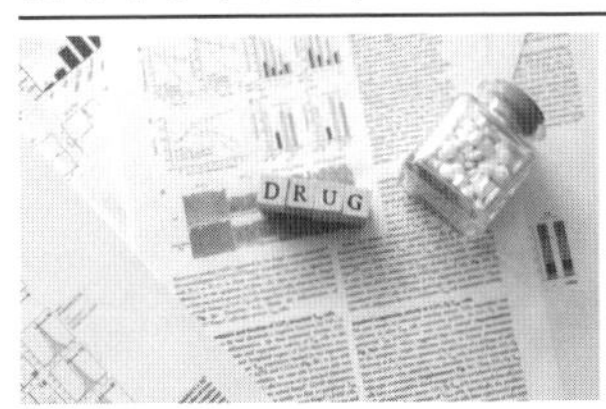

일정 기간, 일정 집단 내에서 특정 범죄의 발생률이 상승한 경우, 그 범죄의 발생 원인을 조사하고 원인을 제거함으로써 범죄 행위 자체를 억제하기 위한 학문.

영국 노동상해자문회(IIAC)의 정의

https://www.gov.uk/

영국 노동연금성의 산하 기관인 노동상해자문회에서는 일정 직업 또는 작용물질을 질병 발생의 원인으로 특정하려면 상대 위험도 2 이상의 일관되고 견고한 역학적 증거가 필요하다고 규정했다.

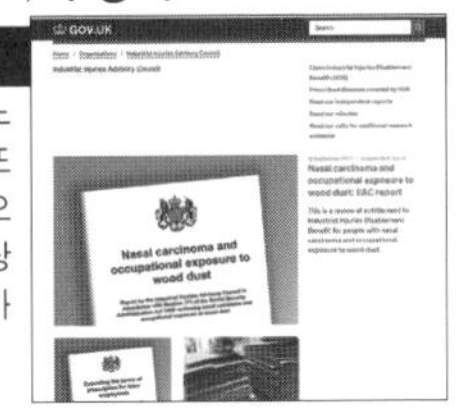

참고 자료 「사실적 인과 관계의 역학적 증명에 대하여」
https://ci.nii.ac.jp/els/contentscinii_20180506165544.pdf?id=ART0008465892

KARTE No. 017

'트라이 앤드 에러'는 구시대적 학습법?!

바른 교육학의 추천

'트라이 앤드 에러'는 메이지 시대에 고안된 구시대적 교육법이다. 진짜 머리가 좋아지는 학습법은 따로 있다.

애초에 '트라이 앤드 에러(try and error)'는 잘못된 영어이다. '트라이얼 앤드 에러(trial and error)'라는 학술 용어가 있지만 이것은 생물의 진화에서 적자생존이 되기까지 변이를 거듭한다는 의미로 쓰이는 용어이다. 다시 말해, 인간이 과학적 연구에 사용하는 방법이 아니라 수많은 생물이 적자생존을 통한 절멸을 반복함으로써 지금의 생물이 탄생했다는 전 지구적 차원의 이야기로 적응하지 못한 쪽은 도태되어 절멸한다는 의미이다. 그러므로 '트라이'가 아니라 '트라이얼 앤드 에러'가 맞는 표현이라며 잘난 척하는 것도 잘못된 것이다.

일본에서 트라이 앤드 에러는 시행착오를 영어식으로 번역하다 생긴 오류로 탄생했다. 본래 미국의 심리학자이자 교육학자 에드워드 손다이크(Edward Thorndike)가 제창한 'Law of effect'의 번역어로 만들어진 조어가 '시행착오'로, 현재는 '효과의 법칙'으로 번역된다.

에드워드 손다이크의 제자이자 1912년 미국에서 박사 학위를 취득한 최초의 일본 여성인 하라구치 쓰루코가 다이쇼 시대에 들여온 교육학의 개념이다. 일본에서 에드워드 손다이크의 업적을 조사하면 시행착오법의 제창자라고 나오는데 실은 그의 제자인 하라구치 쓰루코가 일본 교육학계에 도입한 '거듭 시행하면 오류가 줄고 성공에 이르는 시간이 줄어든다'는 학설을 사자숙어로 옮긴 것이 '시행착오'이다.

즉, 반복된 학습으로 정답에 도달하게 만드는 교육법이 시행착오이다. 일본에서는 '시행착오법'이라고 불리며 되풀이할수록 능숙해진다는 단순 명쾌한 학습법으로 정착했다. 그런 이유로 일본의 교육학에서는 성공할 때까지 끝없이 도전한다는 생각이 모든 과학 분야에 깊이 뿌리 내렸다. 그러나 성공할 때까지 되풀이하는 것은 과학의 세계에서는 가장 원시적인 최악의 방법이다.

현대 일본에서는 실패했을 때 늘어놓는 대표적인 변명 또는 제대로 된 평가나 예산을 따내지 못했을 경우 평가나 예산을 얻기 위한 궤변으로 이용된다. '실패할지도 모르지만 내가 하고 싶은 걸 하게 해 달라'는 말을 그럴듯하게 포장해 꾸며낸 말이 '트라이 앤드 에러'인 것이다. 안목이 있는 사람이라면 그런 사람에게 실험이나 연구를 맡길 리 없다. 그런 자들이 예산이 없다는 둥 여건이 안 된다는 둥 피해자 행세를 한다.

Memo:

참고 자료·사진 출전 등
- 「Alchetron」 https://alchetron.com/
- 「Classics in the History of Psychology」 http://Psychclassics.yorku.ca/

일본의 교육 방법의 변천	
메이지 시대	시행착오 학습
다이쇼 시대	통찰 학습
쇼와 시대	잠재 학습

'트라이 앤드 에러'라고도 불리는 시행착오 학습은 아무리 무능한 교사라도 일정 성과를 낼 수 있지만 될 때까지 반복하기 때문에 효율이 좋지 않다!

일본 교사의 역량 부족

시행착오 학습은 단순 명쾌해서 아무리 무능한 교사라도 가르칠 수 있는 교육법이기 때문에 교사의 교육 수준이 낮은 일본에 정착했다. 교사의 교육 수준이 낮았던 것은 메이지 시대 의무 교육이 시작되었을 때 교사의 수가 크게 부족했기 때문이다. 에도 시대에는 일부 국민들만 받았던 교육을 전 국민이 받을 수 있게 한 메이지 정부의 정책은 부국강병을 위해 반드시 필요한 것이었다. 하지만 교사가 없으면 전 국민 대상의 교육은 불가능했다. '옷을 사러 갈 때 입을 옷이 없는' 것과 같은 문제에 부딪친 것이다.

정부는 사범학교를 세워 교사를 대량 양성했는데 아무래도 교사의 역량을 충분히 키우기에는 부족했는지 당시 교사들의 교육법은 가장 단순 명쾌한 시행착오 학습에 치우칠 수밖에 없었다. 일단 학생들을 장시간 학교에 묶어두고 될 때까지 반복 학습을 시킨다. 이런 방법이면 전원이 일정 수준에 도달할 수 있으므로 의무교육의 목적은 달성된다. 오류(에러)로 소비되는 것은 시간과 체력뿐이니 9년간 학교를 다니며 반복 학습을 시키면 목표는 달성할 수 있다. 하지만 효율적인 방법은 아니다.

이 방법으로 스포츠나 수험 경쟁에서 승자가 되려면 사용할 수 있는 시간을 한계까지 늘리기 위해 수면 시간을 줄여 밤샘을 하는 등 무리하지 않으면 안 된다. 그 결과, 수험생이나 교사나 밤샘 공부를 당연시하게 되고 수험 경쟁에서 승리한 고학력 사회인으로 관리직이나 경영자가 되면 장시간 노동으로 또 다시 무리하게 된다….

시행착오가 있는 게 당연한 것 아닌가? 오류 없이 성공할 수 있을까? 이런 생각이 들 수 있다. 물론, 가능하다.

개나 고양이를 대상으로 실험한 결과를 바탕으로 한 시행착오 학습 말고, 영장류 중에서도 가장 지능이 높은 인간에게 더 좋은 방법이 있을 것이라고 생각한 사람이 있었다. 1917년 독일의 심리학자 볼프강 쾰러(Wolfgang Köhler)는 시행착오법보다 더 효율적인 학습법인 '통찰 학습'을 고안해냈다.

침팬지가 막대를 이용해 천장에 매달린 바나나를 손에 넣는 실험을 통해 발견한 것이다. 침팬지는 통찰력으로 문제를 구성하는 여러 정보를 통합하고 인지 구조를 변화시켜 문제를 해결했던 것이다. 쥐, 개, 고양이 따위는 흉내 낼 수 없지만 같은 영장류인 인간이라면 가능하다.

시행착오 학습이 여러 번 반복을 통해 정답을 얻어낸다면 통찰 학습은 불현듯 정답이 떠오른다. 통찰력이 깊을수록 정답에 도달하기까지의 시간이 짧고 소비되는 시간이나 체력도 최소한에 그친다. 그 말인즉 침팬지보다 훨씬 뛰어난 통찰력을 지닌 인간이라면 처음부터 정답을 얻을 수 있다는 것을 의미한다. 오류 없이 성공할 수 있다는 말이다.

한 마디로, 몸을 움직이는 것보다 머리를 쓰라는 이야기이다. 트라이 앤드 에러는 메이지 시대에 하등 생물을 대상으로 얻은 연구 성과로, 다이쇼 시대에 침팬지를 통해 발견한 학습법보다 크게 뒤떨어지는 시대적으로나 기술적으로나 가장 수준 낮은 학습법인 것이다.

침팬지 실험이 유명한 이유는 침팬지가 도구를 사용했기 때문이 아니라 통찰 학습이라는 실패 없이 성공할 수 있는 학습법이 발견되어 인간의 학력이 비약적으로 향상된 것이 인류에게 있어 굉장한 발견이었기 때문이다. 일본은 시행착오 학습을 교육받은 학생이 차세대 교사가 되어 학생들에게 똑같은 시행착오 학습을 시키는 악순환으로부터 벗어나지 못하고 있다. 통찰 학습이 불가능한 교사는 단순한 비유가 아닌 객관적이고 과학적인 사실을 바탕으로 볼 때도 침팬지 이하라고밖에 할 수 없다.

머리가 더 좋아지는 방법

메이지 시대에서 다이쇼 시대를 지나 쇼와 시대(1926~1989년)가 되자 '잠재 학습'이라는 더 획기적인 학습법이 탄생했다. 미국의 심리학자 에드워드 톨먼(Edward Tolman)이 제창한 개념으로 '쥐를 이용한 미로 실험'을 통해 발견했다. 막대를 이용해 바나나를 집는 것 같은 단순한 문제가 아니라 미로를 최단 거리로 주파하는 어려운 문제를 해결하기 위한 학습법이다.

구체적으로는 '인지 지도'를 만드는 것부터 시작한다. 인지 지도란, 환경에 존재하는 단서를 바탕으로 형성된 심리 구조로, 물리적으로 미로의 지도를 암기하는 것과는 근본적으로 다르다. 이 인지 지도는 '사인 게슈탈트(sign-gestalt)'라고 불리는 인지 과정을 반복해 경험하게 함으로써 구축된다. 게슈탈트(Gestalt)란, 형태 또는 상태를 뜻하는 독일어로 '게슈탈트 심리학'이라는 학습으로 중요한 의미를 지닌 심리학 용어이다. 인간의 정신을 부분이나 요소의 집합이 아닌 전체성과 구조에 중점을 두고 접근하는 심리학의 학설로, 인간의 학습과 밀접한 관련이 있다.

사인 게슈탈트의 사인(sign)은 부분 또는 요소를 뜻하며 게슈탈트는 전체성 또는 구조라는 의미이다. 부분 또는 요소의 집합은 학습을 통해 단어나 공식을 암기하는 것에 해당하지만 그 단어나 공식이 무엇을 의미하는지 이해해 전체 구조에 적용하는 학습법인 것이다.

인지 지도에 기록된 기억은 쉽게 잊히지 않는다는 특징이 있다. 밤샘 공부가 효과적이지 않은 것은 단순한 반복 작업으로 기억한 정보는 쉽게 잊히고 다시 떠올리기도 어렵다. 또 하나의 기억이 하나의 요소로만 연결되기 때문에 기억한다해도 응용할 수 없다.

기억력=지능이라고 오해하기 쉬운 것은 교과서와 노트를 모두 암기하면 시험에서 좋은 성적을 받

Memo:

통찰 학습

독일의 게슈탈트 심리학자 볼프강 쾰러가 제창한 학습법. 침팬지가 천장에 매달린 바나나를 막대를 이용하거나 상자를 딛고 올라가 손에 넣는 모습을 보고 고안해냈다. 시행착오 없이 통찰에 의해 해결책을 이끌어낼 수 있다.

볼프강 쾰러
(1887~1967년)

The Mentality of Apes(W W Norton & Co Inc)
볼프강 쾰러

는 교육 시스템의 결점이 요인이다. 정보기기가 발달해 외부 기억 장치가 거대화된 현대일수록 인지 지도의 중요성이 커진다. 문제가 뭔지 몰라도 인지 지도가 크면 관련 키워드를 금방 떠올려 단시간에 답을 찾을 수 있기 때문이다. 인지 지도가 크다는 것은 정보를 찾는 능력이 뛰어날 뿐 아니라 찾아낸 정보를 평가하는 능력 또한 뛰어나다는 것을 의미한다. 즉, 잘못된 정보를 배제하고 옳은 정보를 선택할 수 있다는 말이다.

잠재 학습을 한 사람과 시행착오 학습을 한 사람을 비교하면, 인간과 침팬지 정도의 차이가 있다. 같은 학력을 얻는 데 필요한 시간이 훨씬 짧기 때문에 같은 6·3·3년 학제라면 학력에 결정적인 차이가 날 것이다…. 만화도 보지 않고, 놀 시간도 없이 밤새 공부한 학력이 안타까울 만큼 낮은 것이다.

고학력의 정점에 있는 의사나 변호사는 만화도 보고 놀기도 하며 일상을 즐긴다. 성적이 좋지 않은 것은 노력이 부족한 것이 아니라 수단이 잘못된 것이다. 학습법이 잘못되면 아까운 소년시절을 비효율적인 공부에 낭비하게 되어 어느 정도 학력을 갖고도 사회인으로서 제 역할을 하지 못하는 안타까운 인간이 될 수 있다.

잠재 학습으로 의대 재학 중 사법 시험에 합격하는 등의 탁월한 학력을 지닌 인간은 타고난 재능이 남다를 것이라고들 한다. 하지만 다른 것은 과학적인 교육학을 바탕으로 한 학습법 또는 사고법일 뿐 타고난 능력의 차이가 아니다.

교육학의 심각한 지체

많은 엘리트 사립학교에서 선진적이고 철저한 교육학을 이용한 교육을 실시한다. 공립학교 교사들이 구시대적 시행착오 학습법을 고수할 때 사립학교에서는 통찰 학습이나 잠재 학습을 실시하기 때문에 학력 격차는 벌어지기만 할 뿐이다. 공립학교의 교원 대다수가 정년퇴직할 때까지 근무하기 때문에 교원의 세대교체가 이루어지지 않는 문제까지 더해져 사태는 악화일로에 있다.

교육학이라는 과학 기술의 지체는 두 세대쯤 후에야 피해가 나타난다. 메이지 시대에 태어난 사람이 제2차 세계대전으로 실패하고, 전후인 1945년대에 태어난 단카이 세대를 교육한 교원은 다이쇼 시대의 교육학에 의해 교육 받은 세대이다. 다이쇼 시대 초기 일본에 도입된 시행착오 학습을 교육하던 시점에 이미 지체는 확정된 것이었다.

최소한 단카이 세대에는 통찰 학습에 의한 교육을 실시했어야 한다. 군국주의에 경도된 교육계가 다이쇼 시대에 태어난 교사들을 침팬지 이하로 만들어버린 실수는 단카이 세대의 학력에 반영되어 다음

에드워드 톨먼
(1886~1959년)

잠재 학습

미국의 심리학자 에드워드 톨먼이 제창했다. 어려운 문제를 해결하기 위한 학습법으로 '쥐를 이용한 미로 실험'으로 발견했다. 미로의 형태를 바꿔도 최단 시간에 골인 지점까지 도착하는 결과를 통해 단순한 암기가 아닌 환경 전체를 파악하는 '인지 지도'가 형성된다는 것을 발견. 이 인지 지도를 이용하면 효율적인 학습이 가능하다.

Memo:

세대가 새로운 교육학에 의한 교육을 받을 기회 자체를 빼앗아 현재까지도 시행착오 학습이 계속되고 있는 것이다. 지금부터 대학의 교육학부에서 새로운 교육법을 가르쳐도 그 학생이 교원의 주류가 되고 그들이 가르친 학생이 사회인으로 활약하는 것은 반세기 이후가 될 것이다.

결론적으로 교육학이라는 과학 기술의 지체가 두 세대를 거쳐 일본인을 침팬지 이하로 만들어버린 것이다. 노란 원숭이라는 조롱에도 반론할 수 없다.

심리학에서 탄생해 교육학에 응용된 잠재 학습은 최근 정보 공학에도 응용되고 있다. 그 성과가 바로 인공지능이다. 잠재 학습과 베이지안 통계학의 활용으로 인공지능의 능력은 비약적으로 향상했다.

(심리학 + 교육학 + 통계학) × 정보 공학 = 딥 러닝의 발명 = 인공지능

복수의 과학이 결합된 인지 지도를 가진 인간이 인공지능을 개발하고, 인공지능은 그 학습법을 이용해 급격히 진보하고 있다. 일본에 남은 길은 아직 세계 제3위의 경제대국이라는 체력이 남아 있는 동안 인공지능에 모든 역량을 투입해 침팬지 이하의 인간을 인공지능에 의지하는 방법뿐이다.

그렇게라도 시간을 벌어 반세기 이후 세대에 미래를 맡기는 수밖에 없다.

KARTE No. 018

자작 인공호흡기로 아이들을 구한 영웅의 이야기

해적왕이라고 불린 남자들 전편

'폴리오'란 폴리오바이러스에 의해 발생하는 질병이다. '급성 회백수염', '척수성 소아마비'라고도 불리며 주로 어린아이들에게 발병한다. 1930년대 폴리오 치료에 애쓴 영웅이 있었다.

오늘날 '해적왕'이라고 하면, 만화『ONE PIECE』를 떠올리는 사람이 많을 것이다. 제2차 세계대전 이전, 미국과 캐나다에 걸쳐 있는 거대한 호수인 오대호를 종횡무진 하던 전설적인 해적왕과 그의 일당들이 실재했다. 그들이 해적으로 불린 것은 해적판 제품을 원가에 보급해 정규 제품을 만드는 제조사의 경영 파탄을 초래했기 때문이다. 또 요트를 탔기 때문에 해적이라기보다는 '호족(湖族)'이라고 불러야 하는지도 모른다. 어쨌든 그런 미묘한 의적들의 이야기이다.

돈이 없으면 숨도 쉴 수 없다

1937년 미국과 캐나다의 국경 부근에 있는 오대호 일대에 폴리오가 유행해 전 세계적인 대유행으로 번졌다. 주로 어린아이들에게 발병했는데 21세기 현재도 폴리오에는 특효약이 없으며 오로지 스스로의 면역력으로 바이러스를 이겨낼 때까지 대처요법으로 연명하는 수밖에 없다. 백신이 실용화되어 대유행을 막을 수 있게 된 것은 1954년 이후의 일이다.

1928년 폴리오로 인한 호흡 부전 치료 장치로 인공호흡기가 개발된 이후 사망률은 낮아졌다. 하지만 정규 제조사인 콜린스 사가 제조·판매한 이 인공호흡기 1대의 가격은 자가용 4대 또는 집 한 채를 살 수 있을 정도로 고가였다. 많은 병원에서 '철의 폐'라고도 불린 이 인공호흡기를 도입했지만 고가의 장치를 환자 한 사람이 7~14일 동안 점유해야 했기 때문에 다수의 환자가 발생하면 치료할 수 없는 환자가 속출해 목숨을 잃기도 했다.

그러던 중 미국과 캐나다에 걸쳐 있는 오대호에서 대유행이 발생해 폴리오 환자를 구할 수 있는 유일한 도구인 인공호흡기가 대량으로 필요해졌다. 부자들의 기부나 모금을 통해 구입하기도 했지만 턱없이 부족했다.

그런 안타까운 상황 속에서 1937년 8월 26일 폴리오에 걸려 캐나다 토론토 소아병원에 입원한 고든 잭슨(당시 4세) 군의 상태가 악화되었다. 의사는 호흡 부전을 일으킨 고든 군이 그날 밤을 넘기지 못할 것이라고 진단했다. 목숨을 구할 유일한 방법은 회복될 때까지 인공호흡기로 생명을 유지시키는 것뿐이

Memo:
참고 문헌·사진 출전 ●철의 폐: Canadian Bulletin of Medical History 1996년 Volume13:297쪽

나무 폐의 재현

정규 제품은 가격도 비싸고 물량도 턱없이 부족했다. 바우어 의사는 정규 제품을 제조하는 콜린스 사의 공장으로부터 인공호흡기의 구조를 듣고 주변에서 쉽게 구할 수 있는 재료로 직접 만들었다. 목제 냉장고를 이용해 본체를 만들었기 때문에 '나무 폐'라고도 불리었다. 사진은 2008년 그랜드리버 병원의 의사가 당시의 자료를 바탕으로 재현한 것으로 청소기는 현대의 제품을 사용했다.

었다. 하지만 인공호흡기는 이미 다른 환자들이 모두 사용 중이었던 데다 서민이 그 비싼 의료기기를 며칠씩 점유할 만한 돈을 낼 수 있을 리도 없었다. 돈이 없으면 숨조차 쉴 수 없는 잔혹한 현실에 고든 군의 어머니는 절망했다.

자작 인공호흡기로 전설이 되다

아들이 병원 침대 위에서 고통스럽게 죽어가는 것을 바라볼 수밖에 없었던 어머니를 본 의사 조셉 바우어(Joseph Bower)는 콜린스 사의 공장에 전화해 인공호흡기의 구조를 물어본 후 직접 만들기로 결심했다. 8월 26일 14시, 바우어 의사의 요청을 받은 직원들이 병원 지하창고로 모였다. 윌리엄 홀이라는 직원이 목제 냉장고를 주워오고 해리 뱀포스라는 직원은 청소기를 가져왔다고 한다. 20시 30분, 재료들을 조합해 인공호흡 장치를 만들고 그 안에 고든 군을 눕혔다. 잠시 후 무사히 호흡이 개시되어 1시간도 채 안 돼 고든 군의 안색은 정상으로 돌아왔다. 그날 밤을 넘길 수 없다던 고든 군이 목숨을 구한 것이었다.

● 나무 폐의 재현: 2008년 5월 29일 그랜드리버 병원에서 발표된 인공호흡기의 프레젠테이션 자료
「Building a Pandemic Ventilator Part1 of 4」 https://www.youtube.com/watch?v=1P2YeBcfaQw

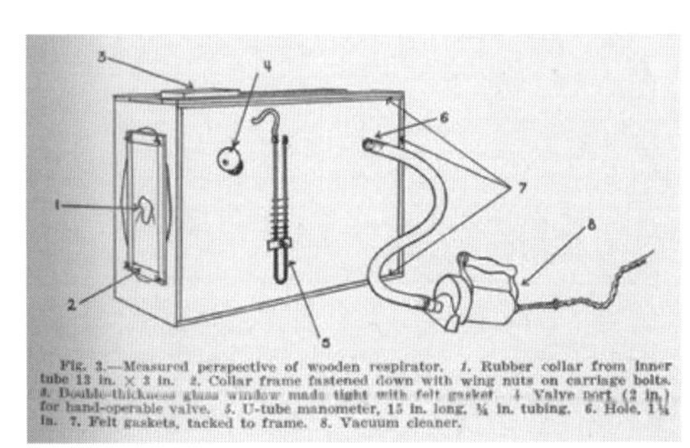

Fig. 3.—Measured perspective of wooden respirator. 1. Rubber collar from inner tube 13 in. × 3 in. 2. Collar frame fastened down with wing nuts on carriage bolts. 3. Double-thickness glass window made tight with felt gasket. 4. Valve port (2 in.) for hand-operable valve. 5. U-tube manometer, 15 in. long, ⅛ in. tubing. 6. Hole, 1¼ in. 7. Felt gaskets, tacked to frame. 8. Vacuum cleaner.

나무 폐의 구조도

오리지널 인공호흡기 '나무 폐'의 작동 구조

1. 목 아래쪽을 수납하는 본체 내부는 청소기로 공기를 빨아내 감압한다.
2. 압력이 내려가면 목 위쪽과 아래쪽의 기압 차로 가슴이 부풀며 공기를 빨아들인다.
3. 압력이 일정 수준까지 내려가면 가죽으로 된 밸브가 열리며 외기(外氣)가 들어오고 장치 내부는 정압 1기압으로 돌아간다.
4. 부풀었던 폐가 쪼그라들며 공기를 내뱉는다.
5. 장치 내부가 정압 1기압이 되면 밸브가 닫히고 청소기가 공기를 빨아들여 1의 단계로 돌아간다.

성공을 확신한 바우어 의사는 8월 29일에 2대, 8월 31일에는 4대를 더 만들었다. 그 후로도 계속 만들어 다른 병원에 제공하기도 했다. 대유행의 공포가 만연한 가운데 한 줄기 빛을 비춘 그 발명은 1937년 9월 13일『TIME』지에 실리며 칭송을 받았다.

바우어 의사 등이 즉석에서 만든 인공호흡 장치는 목제 냉장고를 이용했기 때문에 기존의 '철의 폐'에 대해 '나무 폐'라고 불리었다. 나무 폐는 제작 방법이 매우 간단하고 재료도 주변에서 쉽게 구할 수 있는 것을 이용했다. 아이들을 구한 전설의 1호기의 재료는 절반이 쓰레기였기 때문에 원가 면에서도 트집 잡을 구석이 없다.

나무 폐의 주요 재료

1 쓰레기장에 버려져 있던 목제 냉장고
2 병원에 있던 청소기
3 자동차의 타이어 튜브
4 가죽 구두

작동 원리는 단순하다. 환자의 머리는 밖으로 내놓고 몸만 기밀(氣密) 구조로 된 장치 안에 들어간 상태로 내부의 기압을 조절해 호흡을 보조하는 구조이다. 포인트는 '목제 냉장고'였다. 냉장고는 내부의 냉기가 새어나가지 않도록 기밀 구조로 되어 있기 때문에 본체로 사용하기에 안성맞춤이었다. '청소기'는 기압을 낮추는 배기 장치, '자동차의 타이어 튜브'는 목 주변에서 공기가 새는 것을 막는 패킹의 역할을 한다. '가죽 구두'는 배기와 흡기를 전환하는 밸브 역할을 하는 재료이다. 이후 개량된 장치에는 '레코드플레이어'가 추가되어 환자의 생체 반응에 맞춰 밸브를 여닫는 타이밍을 조절해 호흡수를 자동 조절하는 수준으로까지 진보했다.

Memo:
- 『타임』(Time Inc) 1937년 9월 13일호
- 『매클린스』 1938년 1월 15일호: Iron lungs

철의 폐
1937년 미국과 캐나다 국경 부근에서 폴리오(급성 회백수염 또는 척수성 소아마비)가 대유행했다. 콜린스 사의 인공호흡기가 도입되었지만 1대 가격이 2,000달러에 달했다. 그 절반은 특허료였다. 캐나다 토론토의 병원에서 사용되었던 인공호흡기의 사진.

해적판의 왕으로 군림하다

미시간 주 마켓 시에 있는 세인트 루크 병원의 이사이자 폭약을 제조하는 공장의 플랜트 기술자로 슈피리어 호 요트 클럽의 리더를 맡고 있던 지역 명사 맥스웰 케네디 레이놀즈(Maxwell Kennedy Reynolds). 『TIME』지 기사에 따르면, 그는 자신의 요트 필립스 호를 타고 오대호를 질주해 토론토의 병원으로 향했다고 한다. 대유행의 공포로부터 아이들을 구할 기적이 탄생했다고 확신한 것이다.

그는 슈피리어 호 요트 클럽의 동료들을 설득해 벌목꾼, 선장(船匠), 전기 기술자를 불러 모아 나무 폐를 양산했다. 전부 수작업이었지만 1대에 4시간 남짓이면 완성했다. 제조 원가는 재료비와 기술자들의 인건비를 포함해 1대당 40달러 정도였다고 한다. 정규 제품은 1대당 2,000달러에 달하며 납품까지 수개월이나 걸렸는데 말이다.

빠르게 양산된 인공호흡기는 레이놀즈의 호소로 모인 당시 오대호에서 활동하던 요트 클럽 회원들이 배에 실어 운반했다. 1937년 9월 말부터 3주도 채 되지 않아 오대호 주변 23개 병원에 공급되었다고 한다.

대유행 상황이 종식되기까지 몇 대나 만들어졌는지는 관리하는 사람이 없었기 때문에 정확한 숫자는 알 수 없지만 수백 대 규모였을 것만은 분명하다. 그로 인해 수백 명의 아이들이 목숨을 구한 것도 분명한 사실이다.

철의 폐 가격은 절반이 특허료였다?!

1928년 철의 폐를 개발한 필립 드링커(Phillip Drinker)와 루이 아가시 쇼 주니어(Louis Agassiz Shaw Jr.)는 그런 상황을 참을 수 없었다. 2,000달러나 되는 인공호흡기 가격의 절반은 그들의 특허료였던 것이다. 즉, 인공호흡기 1대가 팔릴 때마다 그들의 호주머니에는 각각 새 차를 1대씩 살 수 있을 정도의 특허료가 들어왔다(당시 가장 저렴한 T포드의 신차 가격이 290달러).

부유한 가문에서 태어나 부모가 학장을 맡고 있던 리하이 대학교를 졸업한 후 하버드 대학교 의학대학원에서 연구원으로 있던 필립 드링커와 '보스턴 브라민'이라고 불리는 상류층 출신으로 하버드 대학교를 졸업한 엘리트 과학자였던 루이 아가시 쇼 주니어는 가난한 가정에서 태어난 아이들이 잇따라 목숨을 잃는 것도 아랑곳 않고 대유행으로 인공호흡기의 수요가 급증하자 가격을 2,400달러로 올려 더 큰 폭리를 취했다.

두 사람은 오대호 주변에서 자작 인공호흡기가 양산되자 특허 침해로 소송을 걸었다. 호흡기 내과 의사인 존 헤이븐 에머슨도 자작 인공호흡기를 제작해 소송을 당했다. 그는 특허 무효를 주장하며 끝까지 싸운 끝에 마침내 재판에서 특허 무효 판결을 얻어냈다. 드링커와 쇼 주니어는 특허료 청구 권리를 모두 잃고 말았다. 그러자 강철 폐는 절반 가격인 1,000달러로 내려갔다.

재판에 승리한 에머슨은 의료기기 제조사를 설립해 합법적으로 에머슨식 인공호흡기를 제작, 절반 이하의 가격으로 발매했다. 그 밖에도 수동식 인공호흡기 '앰부백' 등 다수의 의료기기를 제조·판매했다.

제조 원가로 판매하고 배달 및 설치까지 모두 자원봉사자들이 무상으로 해주는 해적판 인공호흡기가 일반화되자 콜린스 사는 경영 파탄…. 해적판이 정규 제품을 몰아낸 것이다. 그런데 특허가 무효가 된 필립 드링커가 2007년 미국의 과학 기술의 진보를 촉진한 특허권자들만이 들어가는 전미 발명가 명예의 전당(NIHF)에 이름을 올렸다. 당사자는 1972년 이미 세상을 떠났으니 아무래도 상관없지만 말이다.

불법 의료기기가 된 나무 폐…해적왕의 오명

나무 폐라고 불린 인공호흡기가 등장한 같은 해 제약회사 S.E. 마센길이 판매한 어린이용 설파제 시럽에 사용된 디에틸렌 글리콜에 의한 중독으로 100명이 넘는 어린이가 목숨을 잃는 사건이 발생했다. S.E. 마센길사는 아이들이 먹기 힘든 분말 설파제 대신 단맛이 나는 디에틸렌 글리콜에 녹여 어린이용 시럽으로 판매했다. 당시에는 와인을 담글 때에도 사용하는 등 디에틸렌 글리콜의 독성을 인식하지 못했다. 약병 라벨에는 '설파닐아미드', '디에틸렌 글리콜', '물', '향료'라고 쓰여 있었다. 어떻게 약에 독성이 있다는 사실을 모를 수 있었을까. 당시는 임상 시험 의무가 없었기 때문이다. 제약회사가 약이라고 하면 독이라도 팔렸다.

당시에도 폴리오바이러스에 의한 질병이라는 것과 설파제가 효과가 없다는 사실을 알고 있었다. 21

Memo:

오대호 주변 지도
해적왕이 활약한 미국과 캐나다의 국경 부근에 위치한 오대호 주변. 1895년에 설립된 그랜드 리버 병원은 오대호 주변 도시 중 하나인 캐나다 중동부 온타리오 주에 있다. 1937년의 폴리오 대유행 당시 나무 폐를 제공받았다.

세기에도 유효한 약이 개발되지 않은 난치병이다. 두통을 호소하는 환자의 머리에 빨간약을 바르는 것처럼 의미 없는 일이었지만 유효한 약이 없었기 때문에 어린이용 설파제라도 먹여 잠시나마 마음의 위안을 얻고자 한 것이다. S.E. 마센길사도 '무슨 병이든 낫는 약', '나을 때까지 계속 복용할 것' 등으로 광고했기 때문에 의사나 부모들은 지푸라기라도 잡는 심정으로 약을 먹였을 것이다. 당시는 과대광고도 규제하지 않았다….

인공호흡기 치료를 받던 아이들에게 설파제 시럽을 먹인 탓에 살 수 있었던 아이들이 의미 없는 약에 든 독성 물질로 인해 목숨을 잃고 만 것이다. 이 사건으로 대유행 사태 이듬해인 1938년 '연방 식품·의약품·화장품 법(Federal Food, Drug, and Cosmetic Act.)'이 만들어져 초고속 입법을 통해 가결되었다. 이 법안 성립에 사력을 다한 휠러 리(Wheeler Lea) 상원 의원은 법안 성립 후 연이은 철야가 원인으로 과로사 했다. 글자 그대로 사력을 다한 것이다.

그의 공적을 기리기 위해 의회는 과대광고나 허위 광고를 규제하는 법률에 '휠러 리 법'이라는 이름을 붙였다. 문제는 나무 폐라고 불린 인공호흡기도 불법 의료기기로 지정된 것이었다. 아이러니하게도 같은 해, 같은 장소에서, 같은 병에 걸린 아이들을 '살린 불법 의료기기'와 '죽인 합법 약'이 동시에 규제 대상이 되었다.

이 사실을 알게 된 어린이용 설파제 시럽을 개발한 과학자는 스스로 목숨을 끊었는데 어쩌면 회사 측이 꾸민 일인지도 모른다. 막대한 배상금을 물게 된 S.E. 마센길사는 책임을 피하기 위해 100명이 넘는 아이들이 목숨을 잃은 원인은 자사의 약이 아니라 불법 인공호흡기 때문이라고 주장하며 레이놀즈와 그의 동료들을 고발했다. 당시의 경찰과 변호사는 대기업이 뇌물을 쥐어주면 간단히 매수할 수 있었다….

레이놀즈와 그의 동료들은 '100명이 넘는 아이들의 목숨을 빼앗은 해적'이라는 사실과는 정반대의 오명을 뒤집어쓰고 국제 지명수배범이 되고 만다…. 수많은 인명을 구한 나무 폐는 탄생 1년 만에 불법 의료기기로 규제 대상이 되었다. 병원에서는 거저나 다름없는 나무 폐를 버리고 고가의 정규 제품인 '철의 폐'를 사용하지 않으면 범죄 행위로 처벌받게 된 것이다.

또 다시 절망의 시대가 닥친 것일까…. 이야기는 후편에서 계속된다.

KARTE No.019

범죄자의 오명을 쓰고도 신념을 지킨 영웅의 이야기

해적왕이라고 불린 남자들 후편

'나무 폐'는 불법 의료기기로 규제 대상이 되었지만 그것으로 끝이 아니었다. 아이들을 구하기 위해 끝까지 싸운 그들의 신념은 멀리 오스트레일리아까지 전해졌다!

고가의 정규 제품 대신 싼 값에 자작한 인공호흡기는 불법 의료기기로 지정되어 사용이 규제되었다. 불과 1년 만에 돈이 없으면 숨도 쉴 수 없는 절망의 시대로 되돌아간 것처럼 보였지만 의사를 비롯한 임상 현장에서 종사하는 사람들은 그런 법률을 따르지 않았다.

불법 인공호흡기 '나무 폐'는 쓰레기와 가전제품으로 만들었다. 분해하면 '고장 난 목제 냉장고', '청소기', '자동차의 타이어 튜브', '낡은 가죽구두', '고장 난 레코드플레이어' 같은 쓰레기 더미로 돌아간다. 그리고 그것들은 3분 이내에 다시 합체시킬 수 있다. 평소에는 병원 창고에 쌓아두고 인공호흡기가 필요한 환자가 생기면 창고를 개조한 집중치료실로 옮긴 후 즉석에서 나무 폐를 조립해 구명 조치를 실시했다. 인공호흡기가 필요 없어지면 환자를 다시 일반 병동으로 옮기고 인공호흡기는 분해해 쓰레기더미로 돌아갔다. 불법 의료기기 사용이 상용화되었던 것이다.

다들 불법이라는 것을 알고 있었기 때문에 국제 지명수배범이 되어버린 레이놀즈의 이름은 기록에 남기지 않고 그의 본업이 플랜트 기술자였다는 것에서 메디컬 엔지니어(Medical Engineer)를 줄인 'ME'라는 은어로만 언급되었다. 일본에서 국가 기술 자격을 인정하는 '임상 공학기사'의 어원이 되었다.

국제 지명수배범으로 쫓기게 된 레이놀즈는 심각한 전염병 환자로 위장해 병원에서 일하거나 요트 클럽 동료들의 도움을 받아 요트로 오대호를 누비며 자작 인공호흡기 보급과 폴리오 근절에 힘썼다. 한 번은 미국 연안 경비대(USCG)에 잡히기도 했지만 무사히 도망쳐 공소 시효가 끝날 때까지 잡히지 않았다. 그리고 나무 폐는 에머슨 의사 등 다수의 의료 관계자들의 노력으로 마침내 합법 의료기기로 인정받게 되었다.

S.E. 마센길사는 책임 전가에 성공해 100명 이상의 사망자를 낸 사건의 책임을 해적왕에게 떠넘기고 배상금도 물지 않은 채 도산을 면했다. 1971년 회사를 매각하기까지 창업자 일족(一族) 경영으로 존속했다. 지금도 S.E. 마센길을 검색해보면 살인 시럽 '엘릭시르 설마닐아미드(Elixir sulfanilamide)' 약병이 옥션에 나오는 등 어두운 역사의 유산으로 남았다.

미국과 캐나다에 내려진 레이놀즈의 국제 지명수배는 그 후로도 취소되지 않고 5,000달러의 현상금까지 걸렸지만 누구도 그를 범죄자로 여기지 않았기 때문에 수배 전단이 붙어도 금방 찢겨나가고 경찰이나 연안 경비대조차 수배 전단을 쓰레기통에 던져 넣었다고 한다. 현재 그의 수배 전단이 옥션에 등

Memo:
참고 자료·사진 출전 등 ●「1952년 제조된 나무 폐」: 2008년 5월 29일 그랜드 리버 병원에서 발표한 인공호흡기 프레젠테이션 자료.

해적왕 레이놀즈 일족의 계보	
초대 레이놀스는 1867년 미국 미시간 주 마켓 카운티 마켓 시에 도착한 개척단의 리더였다.	
1세	1809년 출생. 스코틀랜드 출신. 미국 이민 당시 58세.
2세	1829년 출생. 미국 이민 당시 38세.
3세	1849년 출생. 미국 이민 당시 18세.
4세	1885년 10월 14일 출생, 1952년 11월 3일 사망(향년 67세). 맥스웰 케네디 레이놀즈, 동료들은 맥스라는 애칭으로 불렀다. 해적왕 맥스(Pirate King Max).
5세	1918년 11월 9일 출생, 1988년 11월 19일 사망(향년 70세).
6세	1946년 출생.
7세	1982년 출생.

맥스웰 케네디 레이놀즈

(Maxwell Kennedy Reynolds)

1936년 슈피리어 호 연안에서 촬영된 레이놀즈의 사진. 수배 전단에도 사용되었다. 그의 증손자인 레이놀즈 7세에게 받은 사진이다.

장하면 수배 전단 수집가(Wanted poster collector)들 사이에서 100만 달러 이상의 가격으로 팔린다고 한다. 현상금보다 수배 전단이 더 비싸다니?!

캐나다에서 오스트레일리아에 도착한 황금의 편지

1937년 말, 오스트레일리아 남부에서도 폴리오 대유행이 발생했다는 뉴스가 『뉴욕 타임즈』를 통해 보도되었다. 당시는 영국이 개설한 '올 레드 라인(All-Red line)'이라고 불린 세계 일주 해저 케이블이 이미 완공된 시기였다. 레이놀즈는 캐나다 밴쿠버에서 오스트레일리아 브리즈번에 연결된 해저 케이블을 이용해 오스트레일리아 남부에 있는 애들레이드 대학의 텔렉스 번호로 나무 폐 제작 매뉴얼을 보냈다. 당시의 통신비는 한 글자당 1파운드로 굉장히 비쌌다. 그는 자신의 요트를 담보로 돈을 빌려 2,800파운드의 통신비를 내고 문서를 보냈다. 월수입 100파운드면 고소득자로 불리던 시절이었다.

배로 보내면 4개월 이상 소요되었다(당시의 화물선이나 여객선의 북미 동해안~오스트레일리아 항로는 100일 이상이 걸렸으며 항구에서의 하역이나 육로 수송을 생각하면 가장 빠른 기간이 4개월, 반 년 이상이 걸리는 일도 흔했다). 애들레이드 대학에서 문서를 제대로 받아볼 수 있을지, 그것을 보고 인공호흡기를 만들어줄 사람이 있을지조차 알 수 없는 일방통행식 편지였다.

다행히 당시의 텔렉스는 요금이 매우 비쌌기 때문에 캐나다에서 장난삼아 문서를 보냈으리라고 생

The Middle-Class Plague: Epidemic Polio and the Canadian State, 1936-37*

CHRISTOPHER J. RUTTY

Abstract. During the pre-Salk era, paralytic poliomyelitis was one of the most feared diseases of twentieth-century North America. This perception, held most strongly by the middle class—polio's principal target—shaped a unique Canadian response to it based on comprehensive, standardized, and unconditional programs of "state medicine" at the provincial level. Of Canada's four major waves of provincial polio epidemics, the second struck Ontario to an unprecedented degree in 1937, generating a similarly unprecedented response from the Ontario government in its control, treatment, hospitalization, and aftercare measures. As this article discusses, the severity of this epidemic led the provincial, and other Canadian public health authorities, to face a central question: How far should governments be compelled to go to ensure the advantages of modern treatment for their people? This article helps place the social impact of, and political and scientific response to, epidemic polio within the context of Canada's evolving public health and state medicine infrastructure at the time.

Résumé. Durant l'ère pré-salkienne, la poliomyélite paralytique était l'une des maladies les plus redoutées de l'Amérique du Nord de ce siècle. Cette perception, ressentie le plus fortement dans la classe moyenne — qui était la principale cible de la poliomyélite — donna forme à une réponse canadienne unique à ce problème, basée sur des programmes provinciaux de «médecine d'État» globaux, standardisés et non assortis de conditions. Des quatre vagues principales d'épidémies canadiennes provinciales de poliomyélite, la seconde frappa l'Ontario à un degré sans précédent en 1937, provoquant une réaction également sans précédent de la part du gouvernement ontarien au niveau du contrôle, du traitement, de l'hospitalisation et des mesures de postcure. Cet article montre que la sévérité de cette épidémie a confronté les autorités de santé publique ontariennes et canadiennes à une question centrale : jusqu'où pouvait-on obliger les gouvernements à intervenir pour assurer à leurs ressortissants les avantages d'un traitement moderne? Cet article permet de situer l'impact social de l'épidémie de poliomyélite ainsi que la réponse politique et scientifique qu'on lui a

Christopher J. Rutty, Health Heritage Research Services, 35 High Park Ave., Apt. 1006, Toronto, Ontario M6P 2R6.

Canadian Bulletin of Medical History

1936·1937년 캐나다에서 유행한 페스트와 폴리오에 관한 리포트.

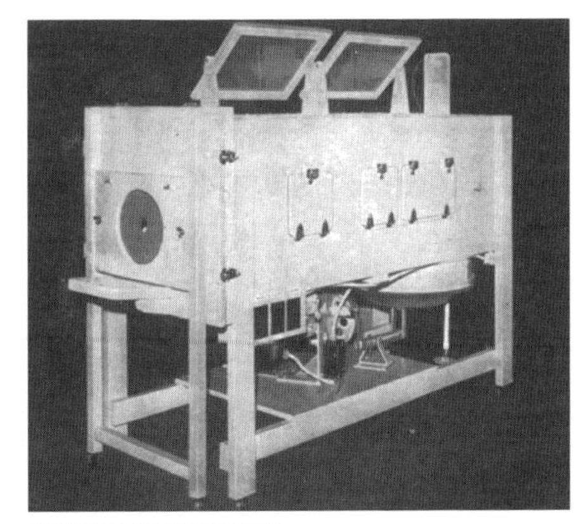

1952년에 만들어진 나무 폐

1952년에 만들어진 완성형 인공호흡기. 전용 부품을 사용해 만들었다. 이후 지금도 사용되고 있는 삽관형 인공호흡기로 세대 교체되었다.

각하지는 않았을 것이다. 1장에 넉 달 치 월급에 해당하는 문서가 왔다면 누구나 진지하게 읽을 것이 분명했다. 게다가 '미국에서는 이 장치로 수많은 폴리오 환자의 목숨을 구했다'고 쓰여 있었으니 눈여겨보지 않을 수 없었을 것이다. 보통 우편이었다면 읽지 않고 방치되거나 읽었다 해도 진지하게 여기지 않았을지도 모른다. 그야말로 황금의 편지였던 것이다.

대학교 연구생이었던 에드워드 토머스 보스(Edward Thomas Both)는 문서를 읽고 곧바로 그것이 구세주의 계시라는 것을 이해했다. 그는 레이놀즈가 보낸 문서를 바탕으로 나무 폐 1,700대를 양산해 오스트레일리아를 대유행으로부터 구했다.

그 후, 그는 영국 런던으로 불려가 영연방으로부터 인공호흡기를 보급한 천재 의학자로 명성을 얻는다. 1941년 '대영제국 훈장'을 수상하고 오스트레일리아로 돌아간 그는 보스 전기회사를 설립했다. 현재도 사용되고 있는 휴대용 심전계, 휴대용 뇌파계, 가습기, 바이러스를 분리하는 원심분리기 등을 발명해 '오스트레일리아의 에디슨'이라고 불리었다. 후에 그가 발명한 원심분리기로 폴리오바이러스를 분리하는 데 성공하면서 백신을 제조할 수 있게 되었다. 백신 제조에 필요한 도구를 발명했다는 점에서 간접적으로 대유행 근절에 공헌한 것이다. 그 밖에도 다수의 바이러스에 대한 백신이 만들어지면서 전 세계적인 대유행에 대처할 수 있게 되었다.

만약 레이놀즈가 막대한 통신비를 들여 애들레이드 대학에 텔렉스를 보내지 않았다면 오스트레일리

Memo:

●「Canadian Bulletin of Medical History」 1996년 Volume13:277~314쪽 http://www.healthheritageresearch.com/cbmhbchm_v13n2rutty.pdf

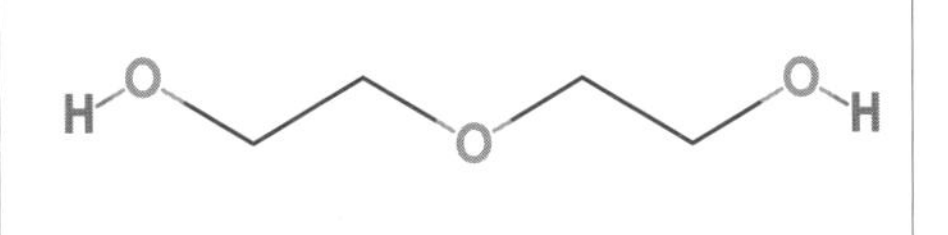

디에틸렌 글리콜

엘릭시르 설파닐아미드
S.E. 마센길사가 판매했던 어린이용 설파제 시럽 '엘릭시르 설파닐아미드'에는 유독 성분인 디에틸린 글리콜이 포함되어 있었다. 아이들에게 먹이기 쉽도록 단맛이 나는 디에틸렌 글리콜을 사용한 탓에 100명 이상의 어린이가 목숨을 잃는 불행한 사건을 초래했다. 당시의 약병이 해외 옥션 등에 출품되기도 한다.

아의 폴리오 대유행은 최악의 사태를 맞았을 것이다. 또 보스가 그 문서를 받지 않았다면 평범한 대학 조교로 일생을 마쳤을 것이다. 폴리오 백신을 비롯한 많은 백신의 탄생이 10년 이상 늦어졌을지도 모른다.

참고로, 애들레이드 대학교에 텔렉스가 도입된 것은 1934년이다. 당시의 최신 통신 기술인 동시에 장문을 보낼 수 있는 유일한 통신 수단이었다. 1938년 당시, 오스트레일리아 남부에서 텔렉스가 설치된 학술 기관은 애들레이드 대학교뿐이었다. 레이놀즈가 전화번호부를 펼쳐서 찾을 수 있었던 유일한 곳이었다는 뜻이다. 그곳에 천재 과학자가 있던 것은 우연이었을까?

애들레이드 대학교에서 황금의 편지를 보낸 사람에 대해 알게 된 것은 1992년의 일이다. 설마 편지를 보낸 사람이 국제적인 지명수배범으로 도주 중에 보냈으리라고는 꿈에도 생각지 못했을 것이다.

영원한 해적왕으로…

21세기 현재, 해적왕과 그의 동료들의 공적을 기리는 '필리스&맥스 레이놀즈 재단'이 있다. 필리스는 강의 여신이란 뜻의 해적왕이 탔던 배의 이름으로, 오대호와 대서양을 잇는 강의 여신과 해적왕을 기념하는 재단이라는 의미이다. 해적왕과 그의 동료들 그리고 오대호 주변의 병원에서 목숨을 구한 사람들이 출자해 만들어진 자선 단체이다.

이상한 점은 인터넷을 찾아봐도 등기 정보나 산발적인 정보만 있을 뿐 재단 홈페이지나 SNS 또는 이메일 주소는 나오지 않았다. 재단의 운영 내용이나 회원 정보는 물론 기부 방법조차 공개되어 있지 않았다. 하지만 정부 공인 공익 법인이기 때문에 기부하면 세금 공제 대상이 된다. 너무 궁금했던 나머지 등기에 나와 있는 주소(미국 미시간 주)로 편지를 보냈더니 실제 답장이 왔다. 심지어 필기체로 쓴 친필 편지였다.

재단의 등기 주소는 레이놀즈 가의 자택이었다. 현재 레이놀즈 가의 가장으로 재단 이사장을 맡고 있는 레이놀즈 7세는 인터넷을 너드(Nerd)들의 장난감 정도로 생각하는 사람으로 컴퓨터나 인터넷은 전혀 사용하지 않는다고 했다. 미국의 시골 마을에 군림하는, 전형적인 조크(Jock)형 남성인 듯했다.

해적왕의 동료 중 음악가가 있었는지는 모르겠지만 레이놀즈 재단이 출자해 세워진 레이놀즈 리사이틀 홀이라는 300명 정도를 수용하는 콘서트홀에서는 지금도 연주회가 열린다고 한다. Google 지도로 주변을 살펴보았더니 레이놀즈 도서관, 레이놀즈 기념병원, 레이놀즈 공원 등 그야말로 지역 명사였다. 해적왕의 동료들 중에는 사서나 의사 또는 원예가가 있었던 것일까?

레이놀즈 가는 조상 대대로 장남에게 같은 이름을 계승하는 전통이 있어 자손들은 모두 같은 이름을 쓰고 있다. 그런 레이놀즈 가의 자손인 맥스웰 케네디 레이놀즈 7세, 통칭 '해적왕 맥스'는 지금도 사람들을 구하기 위해 레이놀즈 재단 소유의 필리스 호를 타고 오대호를 누비고 있다고 한다. 해적왕과 그의 동료들이 여전히 살아 숨 쉬고 있는 것이다.

슈피리어 호 요트 클럽의 아이들이 '해적왕 맥스 아저씨, 고무 고무 총 보여주세요!'라고 졸라도 만화 같은 건 읽지 않는 사람일 테니 그런 건 보여주지 않을 것이다. 아쉽다(웃음).

필리스&맥스 레이놀즈 재단(Phyllis and Max Reynolds Foundation Inc)

해적왕과 그의 동료들의 공적을 기리는 재단. 강의 여신을 뜻하는 필리스는 해적왕 맥스가 탔던 배의 이름이다. 오대호와 대서양을 잇는 강의 여신과 해적왕을 기념하는 재단이라는 의미이다.

재단 홈페이지는 존재하지 않고 등기상의 주소를 확인할 수 있을 뿐이다. 등기 주소는 레이놀즈 가의 자택이다.
https://www.charitynavigator.org/index.cfm?bay=search.profile&ein=383354883

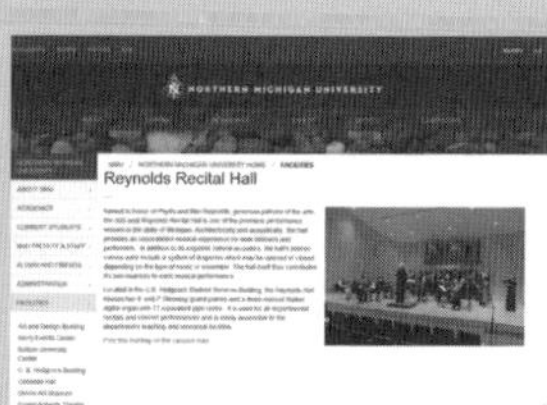

레이놀즈 리사이틀 홀(Reynolds Recital Hall)

지역에서 병원이나 도서관 등을 운영한다. 정기적으로 연주회가 열리는 콘서트홀도 있다고 한다.

Memo:

KARTE No. 020

어느 시대에나 감시의 눈을 피해 들어왔다…

마약과 밀수의 과학 전편

마음을 어지럽히는 나쁜 약…'마약' 대부분 사용은 물론 단순 소지만으로도 불법으로 간주되는데 계속 해서 유통되고 있다. 마약 사업의 이면을 전·후편으로 해설한다.

글/구라레

일본은 전 세계적으로도 마약의 유통량이 극히 낮은 나라이기는 하지만 그럼에도 연예인 등의 마약 스캔들이 끊이지 않고 들려온다. 단순 소지조차 불법으로 간주되는 마약이 어떻게 유통되는 것일까?

다름 아닌 밀수를 통해 유통되는 것이다. 밀수란, 글자 그대로 불법 또는 신고가 필요한 물건을 세관을 거치지 않고 몰래 사고파는 일이다. 밀수 품목은 마약을 비롯해 관세를 물어야 할 담배나 음식물 혹은 금이나 대량의 현금(중죄에 해당) 등까지 다양하다. 최근에는 도마뱀 같은 보호 동물을 밀수하다 적발되었다는 뉴스까지 보도된 바 있다.

마약 밀수 사업은 전 세계를 통틀어 연간 30조 엔(약 300조 원) 규모의 거래가 이루어지는 것으로 추정되며 전 세계 무역량의 약 1%를 차지한다고 한다. 불법 거래임에도 그 정도 수요와 거래가 이루어지고 있다는 말이다.

하나의 산업으로 성립한 마약의 무역 및 판매를 둘러싸고 마피아나 국가가 각축전을 벌이고 있다. 이 부분은 아무라 지로의 저작 『과학 탐험 세계정복 매뉴얼』에서도 해설한 바 있다. 여기서는 마약과 밀수라는 관점으로 암시장을 조금 더 자세히 들여다보기로 한다.

마약과 무역의 역사

마약과 무역…이라고 하면 영국과 중국 청나라 간에 일어난 아편 전쟁을 떠올리는 사람이 많을 것이다. 대강 설명하면, 중국으로부터 도자기, 차, 비단 등을 수입하던 영국이 무역 수지의 불균형을 개선하기 위해 다른 이권으로 획득했던 아편을 중국에 수출한 결과 청나라에 아편 중독자가 넘쳐나게 되었다…. 중국이 아편 수입을 막자 영국이 전쟁을 일으켰고 청나라가 패배하자 상황은 더욱 심각해졌다…는 이야기이다.

마약 무역이 합법화되면 상대국에서 완전히 소모되어 사라지는 물품을 대가로 금품을 얻을 수 있는 데다 상대국은 중독자가 속출해 국력이 저하하는 결과를 초래하기 때문에 대부분의 선진국에서는 그런 약물을 '마약'으로 규제하고 단속을 강화하는 것이다.

한편, 가난한 나라에서는 마약이든 뭐든 수요가 있으면 만들어 팔고 싶을 것이다. 하물며 비싸게 팔린다면 그 유혹을 뿌리치기는 더욱 쉽지 않을 것이다. 마피아나 국가가 나서서 관리하기도 하는데 그 결과, 선진국에서는 단속이 철저하지만 규제가 느슨한 나라에서는 얼마든지 만들 수 있는 것이다.

이렇게 말하면 선진국은 마약을 엄히 단속하는 제대로 된 나라이고 가난한 나라는 돈만 되면 마약이라도 만들어 파는 악의 제국처럼 느껴지지만 그렇게 단순한 문제가 아니다. 마약 원료 중에는 의료용 약품도 많기 때문에 전면 금지는 선진국의 의료용 마약(통증 완화에 사용되는 모르핀 등)의 공급마저 끊게 되므로 어디까지나 '위법 거래'를 적발하는 방법밖에는 없는 상황이다.

그렇다면 마약은 어디에서 생산되고 있을까? 이번 편에서 대강 해설해본다.

■대마

'대마', '마리화나', '포트(Pot)' 등으로 불린다. 전 세계적으로 가장 유명하고 대중적인 마약으로, 합법인 나라도 있기 때문에(미국은 주법에 따라 각기 다른 법률이 적용되지만 대부분 합법이다) 그런 나라에서는 흔히 재배된다.

산지로는 대마 합법화가 가장 먼저 실시된 네덜란드가 유명하지만 겨울이 긴 기후 특성상 노지 재배에 적합치 않기 때문에 주로 실내에서 재배된다. 일본에서도 재배 면허(대마 취급 면허)를 취득하면 재배가 가능하며 약간 서늘하고 물 빠짐이 좋은 토양에서 잘 자란다.

세계적인 무역품으로 생산하고 있는 나라는 모로코가 유명하다. 유럽에서 몰수된 대마의 80% 가량이 모로코 산 대마 수지(대마 성분을 모은 수지)이다.

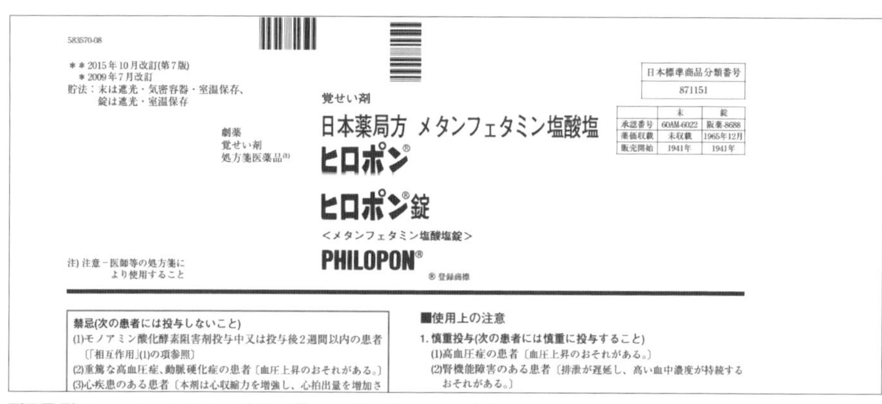
583570-08

＊＊2015年10月改訂(第7版)
＊2009年7月改訂
貯法：末は遮光・気密容器・室温保存、
錠は遮光・室温保存

劇薬
覚せい剤
処方箋医薬品(注)

覚せい剤
日本薬局方 メタンフェタミン塩酸塩
ヒロポン®
ヒロポン®錠
<メタンフェタミン塩酸塩錠>
PHILOPON®

® 登録商標

日本標準商品分類番号 871151

	末	錠
承認番号	60AM-6022	販薬-8688
薬価収載	未収載	1965年12月
販売開始	1941年	1941年

注) 注意－医師等の処方箋により使用すること

禁忌(次の患者には投与しないこと)
(1)モノアミン酸化酵素阻害剤投与中又は投与後2週間以内の患者〔「相互作用」(1)の項参照〕
(2)重篤な高血圧症、動脈硬化症の患者〔血圧上昇のおそれがある。〕
(3)心疾患のある患者〔本剤は心収縮力を増強し、心拍出量を増加さ

■使用上の注意
1. 慎重投与(次の患者には慎重に投与すること)
(1)高血圧症の患者〔血圧上昇のおそれがある。〕
(2)腎機能障害のある患者〔排泄が遅延し、高い血中濃度が持続するおそれがある。〕

필로폰 정(대일본 스미토모제약 주식회사) https://www.ds-pharma.co.jp/
각성제는 일본에서도 극히 일부에서만 합법적으로 생산·처방된다. 취급설명서에는 '극약', '각성제', '처방 의약품'이라고 기재되어 있다.

Memo:

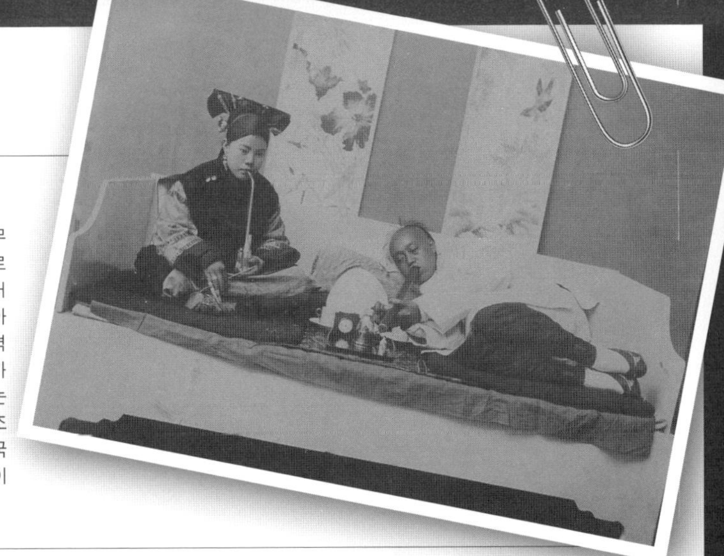

청나라의 아편 중독자
1700년대 중반, 명조 말기 무렵부터 영국과의 삼각무역으로 인도산 아편이 대량으로 흘러 들어갔다. 청나라 무렵에는 아편 중독자가 만연하면서 국력이 크게 저하되었다. 그런 국가적 위기를 타파하고자 청조는 아편의 전면적인 수입 금지 조치를 단행했다. 그로 인해 영국과의 아편 전쟁(1840~1842)이 일어났다.

■아편/모르핀/헤로인

'아편'은 특정 종류의 양귀비과 식물의 미숙한 과실에 상처를 내서 흘러나온 하얀 액체를 모아 말린 것이다. 다양한 알칼로이드가 함유되어 있다. 이것을 추출·정제해 효능을 높인 것이 '모르핀' 더욱 높이면 '헤로인'이 된다.

고통을 제어하는 뇌 영역에 침투해 통증을 억제하는 강한 작용을 하기 때문에 암과 같은 극심한 통증을 동반하는 질병에 의료용 모르핀이 사용된다. 하지만 건강한 사람이 사용하면 한없는 쾌락을 얻을 수 있어 폐인이 되기 쉬운 마약 중에서도 위험성이 굉장히 높은 약물로 유명하다.

양귀비는 따뜻한 지역에서 잘 자라는 식물로, 일본에서도 재배가 가능하지만 1년에 여러 번 수확할 수 있는 기후가 따뜻한 나라에서 주로 재배된다. 2004년까지는 동남아시아 3개국(태국 · 라오스 · 미얀마)이 '골든 트라이앵글(황금의 삼각 지대)'이라고 불릴 만큼 유명한 재배지였다. 지금은 거국적인 규제 강화로 크게 약화되었다.

기후가 따뜻한 남미의 멕시코나 콜롬비아도 유명한 공급국이지만 현재 가장 세계적인 생산지는 이란·파키스탄·아프가니스탄의 3개국이다. 나란히 위치하고 있어 '골든 크레센트(황금의 초승달 지대)'라고 불린다.

제2차 세계대전 이전, 일본은 식민지였던 동남아시아에서 양귀비를 재배해 가공·출하하는 아편 생산량 세계 최고 국가였던 적도 있다.

■코카인

아편/모르핀/헤로인과 함께 위험성이 높은 마약류로 손꼽히는 것이 '코카인'이다. 일본에서는 유통량이 적어 지명도가 낮지만(가까운 생산국이 없어 밀수 경로가 적은 데다 각성제라는 경합 상대가 있기 때문) 유럽이나 미국에서는 범죄 조직의 주요 자금원이기도 하다. 범죄 조직 최대의 수익원으로 대표되는 상품. 실제 성인

대마(Cannabis)

양귀비(Opium Poppy)

의 수 %가 코카인을 해본 경험이 있다고 한다.

코카인은 코카(코카나무)라는 식물의 잎에서 추출한 성분을 화학적인 가공을 거쳐 염산염으로 유통한다. 대부분 마약으로 사용되지만 국소마취제로도 약간의 수요가 있어 미국 등에서는 의료용으로 사용되기도 한다.

제조원은 코카의 원산지이기도 한 남미이다. 다만, 한랭 다습한 환경을 좋아하는 성질 때문에 안데스 산맥에 둘러싸인 고지가 있는 콜롬비아·페루·볼리비아가 주요 재배지이다. 콜롬비아의 9만 헥타르, 페루와 볼리비아의 7만 헥타르 규모로 재배되고 있다.

■각성제

'각성제'는 본래 마황(麻黃)이라는 한방약에도 많이 쓰이는 식물의 주성분인 에페드린을 화학적으로 가공한 것이다. 1885년 일본의 약학자 나가이 나가요시(長井長義)가 마황에서 에페드린을 추출하는 데 성공했다. 그리고 1887년 독일에서 암페타민이 제조되었다. 6년 후인 1893년 나가이와 의학자 미우라 긴노스케(三浦謹之助)가 에페드린으로 암페타민보다 강력한 메스암페타민을 합성했다. 그 후, 완전 합성법이 일본과 독일에서 거의 동시에 완성되었다.

분자 구조가 매우 단순하며 진핵 및 부활 작용으로 만능약이 될 것으로 기대를 모았지만 남용이 잇따라 비합법화된 경위가 있다. 지금도 미국에서는 수면 발작이나 ADHD 치료 등에 암페타민을 흔히 사용한다. 일본에서는 대일본스미토모제약 주식회사가 '히로폰 정'으로 생산·판매하며 매우 한정적으로

Memo:

코카(Erythroxylum Coca)

마황(Ephedra Herb)

처방되고 있다.

합성이 쉽기 때문에 원재료를 조달하기 쉬운 나라(대부분의 나라에서 주요 원료가 마약으로 지정되어 있어 구입이 어렵다)에서 은밀히 제조되는데 대개 위장된 지하 시설과 같은 곳에서 만들어진다.

주요 제조국은 에페드린의 원재료인 마황의 원산지 중국이다. 인접한 북한에서도 외화 획득 수단으로 대량 제조되고 있다고 알려진다. 또 베트남, 싱가포르, 러시아 등 원료 규제가 느슨한 국가, 나이지리아, 우간다, 케냐 등의 아프리카 각국에서도 합성 공장이 적발되었다. 원래는 마약 중개 사업으로 수익을 챙기던 멕시코 마피아도 합성 시설을 소유하게 되면서 다수의 지하 공장이 적발되기도 했다.

■그 밖의 합성 마약

'MDMA', 'LSD' 등의 합성 마약은 러시아, 멕시코, 베트남, 인도…등 여러 나라에서 제조된다. 대중적인 약물에 비해 원가가 높고 합성 공정도 까다롭기 때문에 범죄 조직이 조직적으로 제조하기보다는 말단 조직원들이 아르바이트 감각으로 만들어 판매하는 경우가 많은 듯하다.

최근에는 법적 규제가 없는 신종 마약 등의 개발이나 100쪽에서 해설하는 분자적 위장 마약처럼 법망을 교묘히 피하기 위한 방법도 해외 범죄 조직 등에서 활발히 연구되고 있는 듯하다.

KARTE No. 021

물리적 은닉에서 분자적 위장으로 진화…

마약과 밀수의 과학 후편

전편에서 마약의 종류와 원산국 등을 대강 설명했으니 이번에는 밀수 방법의 변천에 대해 해설한다. 분자적으로 위장하는 수법까지 등장했다. 글/구라레

마약의 수출입은 육로·해로·공로를 이용한 일반적인 무역 경로와 다르지 않다. 다만, 검문에 걸리지 않기 위해 다양한 위장 공작이 시도된다. 제2차 세계대전 이후부터 현대까지의 마약과 밀수 수법의 변천을 정리해보자.

물리적 은닉 수법

제2차 세계대전이 종결된 지 얼마 지나지 않은 1946년의 일본에서 내정 혼란을 틈타 폭력조직이 대두했다. 그들은 동남아시아 경로를 활용해 원료인 아편을 수입하고 그것을 정제해 헤로인으로 판매했다. 그로 인해 중독자가 속출하면서 사회문제가 되었다. 당시에는 뇌물을 건네거나 서류 위조 등의 방

여행 가방을 개조

바닥을 이중으로 개조해 14kg의 대마를 수납. X선 검사로 발각되었다.

On 18 August 2008, acting on intelligence, custo
Airport Customs seized 329g of methamphetamine
from Shenyang, China. The drugs were concealed o
Korean was arrested on the spot.

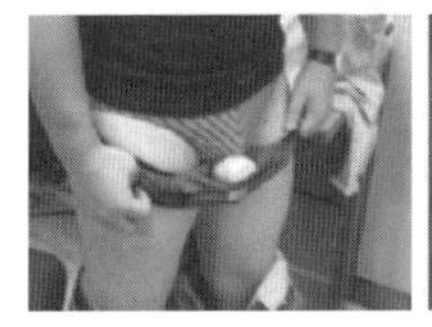

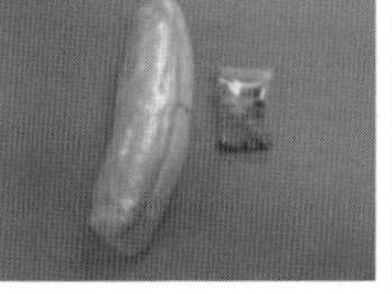

이중 속옷

이중 속옷에 숨겨서 들어왔다. 이 굵은 물건은 메스암페타민 (329 g).

(Korea Customs Service 자료 'Combat against Drug Smuggling in Korea 2009' 참조)

Memo:

참고 자료·사진 출전 등	●「Combat against Drug Smuggling in Korea 2009」 한국 관세청(Korea Custom Service)
	홈페이지 http://www.customs.go.kr/kcs/main.do

일본 후생노동성 '일본 내에서 법적 규제가 없는 약물 및 사용 형태가 변화한 약물' 참조.

朝日新聞 DIGITAL

トップニュース　速報・新着　天声人語　スポーツ　社会　政治　カルチャー　経済・マネー　国際　特集・連載　テック&サイエンス　オピニオン　環境・エネルギー

朝日新聞デジタル > 記事

「覚醒剤に変わる液」密輸容疑で初摘発　成田空港の税関

福田祥史　2019年3月21日 5時15分

社会　事件・事故・裁判　千葉

摘発され、鑑定のための容器に移されたt—BOCメタンフェタミンの液体。右奥の商品ボトルに入っていたという＝2019年3月20日午後1時46分、東京税関成田税関支署、福田祥史撮影

化学処理をして覚醒剤にできる「t—BOCメタンフェタミン」と呼ばれる液体の指定薬物を密輸入しようとしたなどとして、東京税関成田税関支署と千葉県警成田国際空港署は20日、中国籍の汪長輝容疑者（35）を関税法違反（指定薬物の輸入未遂）と薬機法違反（業としての指定薬物輸入）の疑いで逮捕したと発表した。2017年12月に指定薬物とされて以降、摘発されたのは全国初という。

税関支署と空港署によると、汪容疑者は2月27日、香港から成田空港に到着した際、t—BOCメタンフェタミン約7300グラムと、指定薬物を含む危険ドラッグ「ラッシュ」約20グラムを日本国内に持ち込もうとした疑いがある。税関の手荷物検査で発覚したという。

t—BOCメタンフェタミンは、エッセンシャルオイル（精油）の製品を装って容器

각성제(메스암페타민)에 아미노기의 보호기 't-BOC기'를 달면 다른 물질인 't-BOC 메스암페타민'이 된다. 2017년 12월 규제 약물로 지정되면서 알려지게 되었다…. 나리타 국제공항 세관에서 지압용 오일 등으로 위장해 들여오다 발각된 바 있다(『아사히 신문 DIGITAL』 참조).

법으로 당당히 들여왔기 때문에 밀수 기술 자체는 크게 중요치 않았던 듯하다.

그 후, 부정 유출 등으로 인한 각성제 남용이 문제가 되면서 일본 정부는 마약 규제를 크게 강화했다. 1970년대 고도의 경제 성장과 함께 사회가 안정을 찾아가자 해외에서 LSD·대마·코카인 등이 들어오게 되었다. 그에 대한 법적 규제도 더디긴 했지만 점차적으로 진행되었다.

1980년대 일본 경제가 호황을 누리자 국내 폭력단뿐 아니라 해외의 범죄 조직까지 자금 조달을 위해 일본 시장을 노리게 되었다. 본격적으로 밀수 수법이 발달하기 시작했다.

1990년대가 되자 암시장에서 변조 전화카드와 마약 밀매가 성행하면서 남용자도 크게 증가했다. 연예계의 마약 스캔들도 급증했으나 실제로는 빙산의 일각이었다고 한다.

일본은 섬나라이기 때문에 외국에서 마약을 들여올 때도 육로가 아닌 해로와 공로의 두 가지 경로가 이용된다. 특히, 대형 밀수의 경우에는 해로를 통한 화물 혼입이 주로 사용된다. 처음에는 비닐 등에 담아 민예품이나 피아노 등의 빈 공간에 숨겨 들어오는 정도였지만 점차 타이어 안이나 가공을 마친 통조림으로 위장해 일반 통조림 컨테이너에 섞어서 들여오는 등의 수법으로 진화했다.

공로를 이용한 밀수는 개조한 여행 가방에 마약을 숨겨 들여오는 등의 눈속임 위주의 수법이 사용되었다. 위장 용품도 점점 교묘해지면서 기내 반입이 가능한 페트병에 숨기거나 머리빗이나 칫솔 등에 넣는 수법까지 등장했다. 소규모 밀수에는 이런 위장 용품이 주로 사용되었다.

하지만 이런 소지품을 이용한 밀수는 마약 탐지견이나 X선 검사로 쉽게 발각되기 때문에 1990년대 후반부터는 인간의 몸을 운반 도구로 사용하는 수법이 사용되었다. 구체적으로는 콘돔 따위에 넣은 마

●「일본 내에서 법적 규제가 없는 약물 및 사용 형태가 변화한 약물」 일본 후생노동성 홈페이지
https://www.mhlw.go.jp/content/11126000/000341873.pdf

약을 삼키는 등 체내에 숨겨 들여오는 것이다. 실은 굉장히 위험한 수법인데 위속에서 잘못 터져 치사량의 수백 배에 이르는 마약을 복용하게 되거나 장 폐색을 일으켜 병원으로 후송되는 사례가 속출하면서 이런 수법이 드러났다. 현재는 밀수가 의심되는 경우, 별도의 공간에서 X선 검사를 한 후 전용 화장실에서 배출하게 한 후 체포한다.

2000년대가 되자 위치 추적기를 단 부낭에 매달아 바다에 던진 후 어선 등으로 회수해 들여오는 복잡한 수법이 횡행하게 되었다.

외국에서도 놀라운 수법이 발각되고 있다. 멕시코에서는 연안선을 따라 운항하는 밀수 잠수함이 발각되어 압수당했다. 2015년 무렵부터는 미국의 국경 부근에서 드론을 이용한 밀수가 성행하고 있다는 이야기도….

분자적 위장 수법

현재 최고의 밀수 수법이라고 알려진 것이 분자적 위장 수법이다.

많은 나라에서 각성제 등의 마약을 분자 구조로 지정해 '금지 물질'을 규제한다. 일본에도 분자 구조가 금지 물질과 완전히 합치하지 않는 경우 위법으로 인정하지 않는다는 규제가 있다. 이 법률의 옳고 그름은 차치하고, 분자 구조는 합치하지 않지만 작용 자체는 마약과 같은 효과를 지닌 물질로 등장한 것이 한때 크게 유행한 탈법 마약이다.

일본에서는 2014년부터 수년에 걸쳐 포괄 지정이라는 형태로 향후 만들어질지도 모를 탈법 마약 물질을 규제했다. 2014년에 1,370종, 그 후로도 계속 늘어나 2천 수백여 종이 포괄 지정되었다.

그 전까지는 법적 규제의 대상이 아니었기 때문에 합법적으로 당당히 들어왔다('합법 약물'이라고도 불리었다). 그런 이유로 밀수와는 관계가 없었지만 이런 약물 개발로 발달한 기술을 바탕으로 최근 새로운 밀수 수법이 등장했다. 서론이 조금 길었지만 이제부터가 본론이다.

누구나 알고 있는 마약 자체를 완전히 다른 분자 구조로 위장해 들여온 후 분자 구조를 원래대로 되돌리는 수법. 분자적 위장이라는 점에서 종래의 물리적 은닉과는 근본적으로 다른 지극히 미래적이고 화학적인 밀수 수법이다.

고전적인 마약 각성제를 예로 들어 설명하자. 그대로는 통관 검사를 통과할 수 없다. 교묘한 수법으로 감춘다 해도 잘 훈련된 마약 탐지견의 날카로운 후각에 의해 발각될 것이다. 그런데 각성제의 분자 구조를 규제 대상이 아닌 다른 물질로 바꿔서 들여온다면 통관에 걸리거나 마약 탐지견에도 발각되지 않는다.

최근 뉴스를 통해 대대적으로 보도된 각성제의 분자적 위장 수법은 펩티드 합성 등에 이용되는 아미노기의 보호기 결합 기술 자체가 악용된 형태이다. 2017년 12월 지정 약물로 규제되기까지 '위법 물질'이 아니었기 때문에 사실상 당당히 수입이 가능한 상태였다고 할 수 있다.

Memo:

t-BOC(tert-Butyloxycarbonyl)

이소부틸렌

기화

이산화탄소

분해 변화

T-BOC 메스암페타민

메스암페타민(각성제)

t-BOC메스암페타민 분해

't-BOC메스암페타민'을 뜨거운 물에 녹여 염산 처리하면 메스암페타민을 추출할 수 있다. 분해된 보호기는 무해한 이소부틸렌과 이산화탄소가 된다.

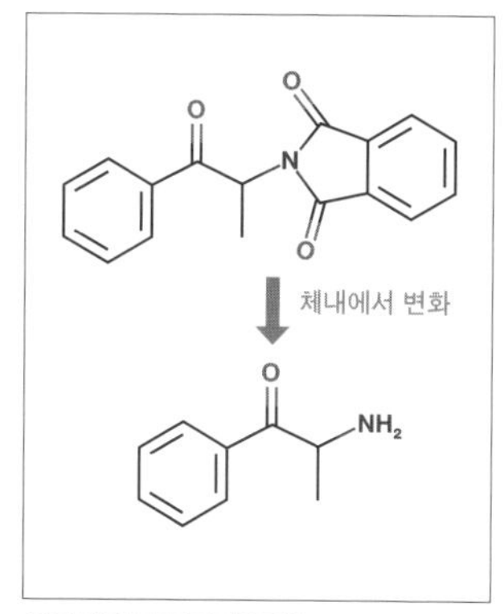

푸탈이미드 프로피오페논

프로드러그형 마약 '푸탈이미드 프로피오페논' 체내에서 분해되면 각성제와 유사한 마약 성분으로 변화한다. 일본에서는 2015년 카티논계 화합물을 위험 약물로 포괄 지정했다.

이 't-BOC메스암페타민'은 't-BOC기'라는 보호기 구조를 가지고 있다. 각성제에 보호기를 붙인 것이기 때문에 각성제 성분을 포함하고 있지만 외관상으로는 다른 분자가 된다. 이 t-BOC기는 강산이나 열에 의해 분해되는 특징이 있으며 분해물은 이소부틸렌과 이산화탄소라는 거의 무해한 물질이다. 즉, 밀수한 t-BOC메스암페타민을 뜨거운 물에 녹여 염기 처리하면 염산염 각성제로 되돌릴 수 있는 것이다. 방법 자체는 컵라면을 끓이는 정도의 수준이다.

또 프로드러그형 마약도 등장했다. '프로드러그(prodrug)'란 섭취하면 체내에서 대사 작용에 의해 활성 대사로 바뀌면서 약효가 나타나는 의약품을 말한다. 그 기술을 마약에 적용해 체내에서 분해되어 마약 성분으로 돌아가도록 만든 것이다. 현재 발견된 것은 '프탈이미드 프로피오페논'이라는 물질로 체내에서 대사 작용을 거치면 카티논이라고 불리는 각성제와 유사한 성질의 마약으로 변화한다.

이처럼 밀수는 여행 가방을 개조해 숨겨 들어오던 시대에서 분자 구조를 위장하거나 마약의 핵심 물질인 전구체를 위장해 들여오는 등으로 진화했다. 과거처럼 단순히 특정 물질을 위법으로 규제하는 방식은 의미가 없어질 것이다.

KARTE No.022

진짜 엘리트 의사가 개업했다?!

합법적 불량 병원

의사 면허가 없는 전(前) 엘리트 의사가 남다른 사정이 있는 환자들을 진료하는…영화나 소설에 등장하는 수상한 병원과는 조금 다른 실제 '불량 병원'의 한 예를 소개한다.

요즘은 인터넷을 검색하면 누구나 손쉽게 의료 정보를 얻을 수 있다. 약의 이름이나 효능에 정통한 일반인들도 적지 않다. 환자는 일단 효과가 빠른 강한 약을 찾기 마련인데 그런 약들은 대개 의사의 처방전 없이는 살 수 없는 종류이다. 그러다보니 병원을 찾아가 '○○○○○를 처방해 달라'고 의사에게 주문하는 환자가 급증했다. 물론, 대부분의 의사들은 그런 주문을 들어주지 않는다.

하지만 간혹 그런 주문을 들어주는 불량 의사도 있다. 환자는 자신이 원하는 바를 들어주는 의사야말로 명의라고 오해한다. 그런 불량 환자의 대표적인 예가 아돌프 히틀러이다. 독재자의 권한으로 약을 원하는 만큼 처방해주는 의사를 주치의로 임명했다.

현대의 일본 사회에서도 환자가 원하는 만큼 약을 처방해주는 병원에 사람이 몰리는 경향이 있다. 하지만 보험 진료의 경우 '○○약은 △일분까지' 등의 다양한 제한이 있어서 환자의 바람대로 약을 처방할 수 없다. 그러면 '비보험 진료라도 상관없다'는 환자가 있기 마련이다. 그럼 환자가 원하는 대로 약을 처방해주면 돈을 벌 수 있지 않을까?…라고 생각하는 의사가 나타나는 것은 시간 문제였다.

변두리 상업 빌딩에 지나치게 경력이 화려한 의사가 운영하는 진료소가 있다면 의심해볼 만하다. 한 엘리트 의사가 전락해간 이야기를 통해 그 이유를 짐작할 수 있다.

엘리트 의사의 추락

옛날 옛적 일본의 어느 지방에 그 지역 최고 명문고교를 졸업하고 3수 끝에 명문대 의학부에 입학해 한 차례 유급한 후 졸업해 의사가 된 사람이 있었다.

그러나 출신대학교 부속병원의 순환기 내과에서 근무하게 된 그를 기다리고 있던 것은 주변의 냉담한 대우였다. 일반인이 보기에는 명문대 의학부를 졸업한 엘리트 의사였지만 초 엘리트들이 모인 병원 안에서는 3수 끝에 입학해 유급까지 한 지방 출신 낙오자일 뿐이었다.

이듬해 그는 외부 병원으로 전출되었다. 한 마디로 좌천된 것이다. 지방 의대를 졸업했지만 열심히 노력해 명문대 부속병원에서 근무하던 고교 선배도 함께였다.

Memo:

진짜 의사가 반사회적 세력의 수하가 되어 약을 팔아 돈벌이를 하는 불량 병원이 실재한다. 만화 『카이지』 시리즈에 나오는 금융회사 테이아이에 착취당하는 채무자들처럼 그 의사도 평생…. 허름한 변두리 진료소에 지나치게 경력이 화려한 의사가 있다면 남모를 사정이 있을 가능성이 있다.

전출된 병원에서도 낙담하지 않고 열심히 일한 그는 이듬해 다시 원래 근무지였던 부속병원 내과로 돌아갈 수 있었지만…. 의사로서 특별한 업적이나 실력도 없는 그를 대하는 주변의 태도는 여전히 냉담했다.

유능한 후배들이 속속 치고 올라오는 상황에 무능한 선배가 설 곳은 없었다. 그는 결국 병원을 그만두게 되었다. 그 후, 명문대 부속병원에서 근무했던 경력을 이용해 대형 의료법인이 운영하는 지방 병원에 고용되어 병원장을 맡게 되었다. 병원 소유주는 명문대 의학부 출신 의사라는 간판을 원했던 것이다.

하지만 병원장도 2년 만에 그만두고 후배와 함께 병원 개업을 준비했다. 의료법인사단을 설립한 두 사람은 도쿄 도내에 병원을 개업했다.

그러나 병원 경영이 잘 되지 않아 개업 1년 만에 1천만 엔이 넘는 적자를 내고 자본금 대부분을 날리고 만다. 어떻게든 극복하려고 정체불명의 엑기스나 한방약까지 팔며 필사적으로 노력했지만…. 개업한 지 불과 2년 후 900만 엔 이상의 채무 초과로 경영 파탄을 맞는다.

그리고 후배는 선배에게 빚을 떠넘기고 자취를 감추었다.

친절한 악마에게 영혼을 팔다

모든 것을 잃고 빚더미에 올라앉은 그에게 남은 것은 의사 면허뿐이었다. 그런 그를 도와준 친절한 폭력 조직이 있었다. 병원이 망한 이듬해, 그는 빚을 담보로 명의를 빌려주고 도쿄 도내의 허름한 빌딩 한 구석에 진료소를 개업했다. 폭력 조직은 곤경에 처한 의사를 이용해 병원을 차린 후 합법적으로 약을 구하려고 한 것이다. 조직은 자신의 병원은 물론 전 재산을 잃은 그에게 계속 진료를 하도록 권했다. 진료소로서 최소한의 설비조차 갖춰지지 않은 좁은 임대 빌딩의 한 구석에 있었지만 '약을 원하는 환자는 얼마든지 있다. 병원에서 합법적으로 처방할 수 있는 약을 비보험 진료로 비싸게 팔면 큰돈을 벌 수 있다'며 부추긴 것이다.

결국 악마에게 영혼을 판 그는 의사로서의 긍지나 윤리관도 버리고 약을 파는 데 전념해 금세 연 1억 엔 이상을 벌어들였다. 그로부터 10년…, 지금도 그의 진료소는 '환자가 원하는 대로 약을 처방해주는 병원'으로 번창하고 있다.

수험 공부에는 성공했지만 의사로서는 무능하기 짝이 없던 그를 폭력 조직이 합법 약물 장사에 이용한 것이다. 그가 벌어들인 돈은 대부분 채무 변제로 사라지고 있을 것이다.

명문대 동급생이나 동료 의사들도 상대해주지 않는 폭력 조직의 수하로 전락해버린 그였지만 고향 학교의 동급생이나 선후배들 앞에서는 '명문대 의학부를 졸업한 개업의'라고 으스대며 동창회 사무국장을 맡고 있다고 한다. 그런 곳 말고는 그의 자존심을 충족시켜줄 장소가 없는 것이다….

이 이야기는 실화를 바탕으로 한 픽션이다. 하지만 실제로도 묘하게 허름한 진료소에 경력이 화려한 의사가 있는 경우가 있다. 의사가 경력을 사칭한 것이 아니라 남모를 사정이 있었던 것이다.

그런 진료소를 이용하면 처방전 없이는 살 수 없는 약을 합법적으로 구할 수 있겠지만 환자의 건강 같은 건 전혀 고려하지 않는다. 소비자 금융 광고 등에서 볼 수 있는 '이용은 계획적으로'…같은 문구처럼 모든 것은 자기 책임이다.

부채는 개인 파산이 가능해도 건강을 잃으면 되돌릴 수 없다.

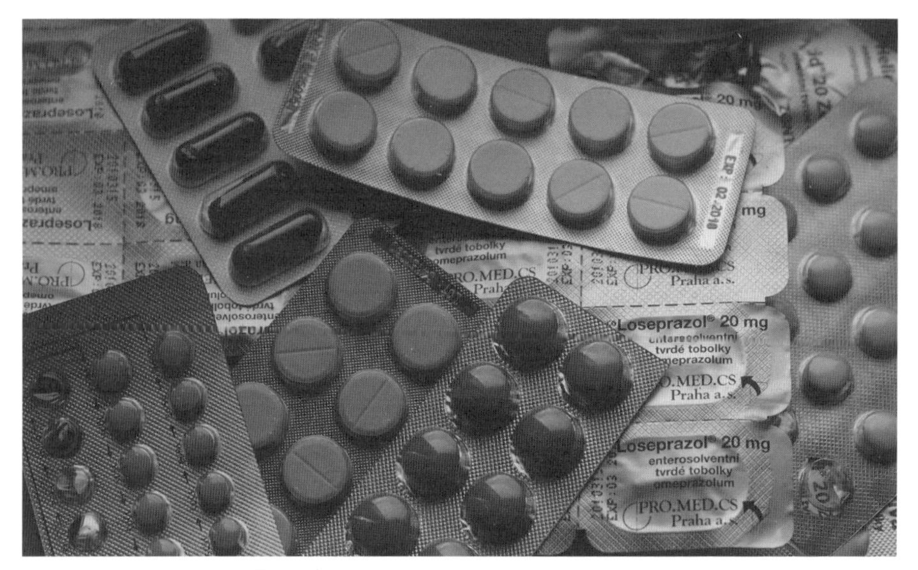

'명의가 있는 병원'으로 소문난 곳 중에는 환자가 원하는 대로 약을 처방해주기 때문에 호평을 받는 병원도 있을지 모른다. 합법적으로 처방약을 구할 수 있다고 해도 그런 병원을 이용하는 것은 위험하다는 것을 기억하자.

Memo:

은밀한
기초 의학
[KARTE No.023-038]

KARTE No.023

아미바가 새로운 경락 비공을 발견하면 떼돈을 벌 수 있을까?

의료 특허란?

건강 보조 식품이나 건강용품 광고에 '의료 특허'라는 문구가 등장하는 경우가 있다. 의학적 근거가 있는 효과적인 제품처럼 보이는데 정말 그럴까…?

특허 제도의 하나로, 분류 지표를 국제적으로 통일하기 위해 만들어진 '국제 특허 분류(IPC: International Patent Classification)'라는 것이 있다. A가 생활필수품, B가 처리 조작, 운수, C가 화학, 야금…과 같이 A~H까지의 섹션으로 분류되어 있는데 그중 A61이 이른바 '의료 특허'이다. 각 섹션은 다시 클래스→서브 클래스→메인 그룹→서브 그룹의 계층 구조로 분류되어 특허 정보를 검색하기 위한 색인의 역할을 한다.

즉, 의료 특허란 어디까지나 특허 사무를 원활히 처리하기 위한 분류로 특허를 취급하는 변리사의 업무 도구 중 하나라는 것이다. 의료 종사자가 사용하는 의약품이나 의료기기에 한정된 특허가 아니다. 의학과는 아무 관계도 없다. 또 특허 분류는 특허 출원 시 신청자가 서류에 써넣는 것으로 특허청이 특허 내용에 따라 분류한 것이 아니다. 모 전립선 마사지 기구의 '의료 특허 취득 완료'라는 문구는 이런 식이다.

예컨대, A61H라는 서브 클래스에는 'A61H 31/00: 인공호흡 심장 자극'이라는 인공호흡기나 AED 등의 특허와 'A61H 19/00: 생식기 마사지'라는 이른바 '성인용품'의 특허가 있다. 또 'A61H 21/00: 인체 강부를 마사지하는 도구'라는 정체불명의 특허가 있으며, 전동 칫솔, 리모컨식 진동기도 같은 그룹이다. 다시 말하지만, 의료 특허란 특허 사무 처리상의 편의를 위해 존재하는 것으로 의학과는 아무 관계가 없다. 의료 특허가 있다고 해서 의약품이나 의료기기라는 말이 아니다.

또 한 가지, 건강 보조 식품의 예를 살펴보자. '20150806: 흑초 글루코사민 혼합물을 함유한 정제'의 특허는 'A61K 9/00: 특별한 물리적 형태에 의해 특징지어진 의약품의 제제'로 분류된다. 하지만 특허 내용은 '쓰거나 떫은맛을 느끼지 않고 글루코사민을 섭취하기 쉬운 형태로 만드는 것'이다. 글루코사민에 관절 통증 등의 개선 효과가 있는지에 관한 의학적 근거는 보장되지 않는다. 아무 의미도 없는 의료 특허를 게시하는 것은 위법에 해당하는 부당 표시 광고의 선을 아슬아슬하게 공략한 것이다. 이런 제품은 경계하는 것이 좋다.

Memo:

A61H :

公知日 - 公報の名称

- 20170727 - 大人のおもちゃのスマート無線制御装置
- 20160407 - 往復運動を行うマッサージ具
- 20131128 - 口腔内マッサージ器
- 20120315 - マッサージ具
- 20060706 - 前立腺マッサージ器

国際特許分類検索ホームページ

トップ > IPCトップ

検索

国際特許分類カテゴリ A61

A61B 診断 手術 個人識別
A61C 歯科 口腔 歯科衛生
A61D 獣医用器具，器械，器具 用法
A61F 血管へ埋め込み可能なフィルター 補綴 人体の管状構造を開存させる 虚脱を防ぐ装置，例．ステント 整形外科用具，看護用具 避妊用具 温湿布 目 耳の治療 保護 包帯 被覆用品 吸収性パッド 救急箱
A61G 病人 身体障害者に特に適した輸送，乗りもの，設備 手術用台 いす 歯科用のいす 葬儀用具
A61H 物理的な治療装置，例．人体のつぼの位置を検出 刺激する装置 人工呼吸 マッサージ 特別な治療 人体の特定の部分のための入浴装置

A61J 医療 製剤目的のために特に[illegible]合させた容[illegible] 医薬品を特定の物理的形態 服用形態にする[illegible]めに特に[illegible]合させた装置 方法 食品 医薬品の経口投与装[illegible] お[illegible]ぶり 唾受け用具
A61K 医薬用，歯科用又は化粧用製剤
A61L 材料 ものを殺菌するための方法 装置 一般 空気の消毒 殺菌 脱臭 包帯，被覆用品，吸収性パッド，手術用物品の化学的事項 包帯，被覆用品，吸収性パッド，手術用物品のための材料
A61M 人体の中へ，表面に媒体を導入する装置
A61N 電気治療 磁気治療 放射線治療 超音波治療
A61P 化合物 医薬組成物の治療活性 [7]
A61Q 化粧品 類似化粧品製剤の使用[ipc8]

국제 특허 분류 카테고리 A61

'A61' 항목에 '의료 특허'에 관한 정보가 정리되어 있다. 'A61H 21/00: 인체 강부를 마사지하는 도구(5)'에는 리모컨식 '성인용품'과 전동 칫솔인 '구강 내 마사지기'가 기재되어 있다. 어디까지나 특허 사무 처리상의 편의를 위해 분류한 것으로 의약품이나 의료기기가 아니다.

'국제 특허 분류 메뉴&검색 시스템' http://www.publish.ne.jp/ipc/

인정되지 않는 의료 특허

반대로 특허가 있을 법한데 뜻밖에 의료 특허가 인정되지 않는 경우도 있다.

예컨대, 의료 만화로 유명해진 '바티스타 수술'은 특허를 취득할 수 없다. 의료 종사자가 행하는 시술 이른바, 진단 방법이나 치료 방법 등에는 특허가 인정되지 않기 때문이다. 그도 그럴 것이 의사가 일일이 특허 처리를 해야만 진단이나 치료를 할 수 있다면 환자의 생명이 위태로울 수 있기 때문이다. 의사는 논문에서 발견한 치료 방법을 실천할 때, 그 기술에 특허가 있는지 여부를 고려할 필요가 없다.

참고로, 의약품이나 의료기기를 개발해 특허를 취득하는 것은 인정된다. 그리고 그런 의약품이나 의료기기에 대한 특허 침해가 발생한 경우, 그 책임은 제약회사나 의료기기 제조사가 부담하며 구입해 사용한 의사가 특허 처리에 관여할 필요는 없다. 어찌 됐든 인간의 생명에 관계된 부분에 대해서는 제대로 된 체계가 확립되어 있다.

경락 비공으로 특허를 취득할 수 있을까?

자, 이제부터가 본론이다(웃음). 만화 『북두의 권』에 등장하는 자칭 천재 아미바가 새로운 경락 비공을 발견해 환자의 치료에 사용하면 의료 특허로 떼돈을 벌 수 있을까? 앞서 살펴본 이유로 의료 특허는 취득할 수 없을 것이다. 치료 방법은 특허를 낼 수 없으므로 새로운 비공을 특허 출원해도 인가받지 못한다. 다른 사람이 같은 비공을 이용해 환자를 치료한대도 법적으로 이의를 제기할 수 없다.

A61H 35/00：人体の特殊な部分のための入浴，例．胸部灌注浴［6］

- A61H 35/00：人体の特殊な部分のための入浴，例．胸部灌注浴［6］(71)
- A61H 35/02：・目のためのもの［6］(1)
- A61H 35/04：・鼻のためのもの［6］(3)

A61H 36/00：発汗着

- A61H 36/00：発汗着(8)

A61H 37/00：マッサージ用補助具［6］

- A61H 37/00：マッサージ用補助具［6］(12)

A61H 39/00：物理療法のため人体の特定のつぼの位置を検出 刺激する装置，例，鍼術［2］

- A61H 39/00：物理療法のため人体の特定のつぼの位置を検出 刺激する装置，例，鍼術［2］(39)
- A61H 39/02：・つぼの位置を検出する装置［2］(9)
- A61H 39/04：・つぼを圧迫する装置，例．指圧［2］(573)
- A61H 39/06：・つぼを細胞の生命限界内で加熱 冷却する装置［2］(44)
- A61H 39/08：・つぼに鍼を適用する，すなわち鍼療法の，ための用具［2］(18)

A61H 99/00：このサブクラスの他のグループに分類されない主題事項［8］

- A61H 99/00：このサブクラスの他のグループに分類されない主題事項［8］(3)

A61H 39: 물리 요법을 위해 인체의 특정한 혈의 위치를 검출·자극하는 장치

아미바가 새로운 경락 비공을 발견해 누구나 사용할 수 있는 특정 혈을 찌르는 장치를 특허 출원하면 모두가 행복해질지도 모른다. 아미바는 떼돈을 벌고 환자들은 병이 나았을 것이다….

의료 특허를 취득해 큰돈을 벌려면 다른 접근 방식이 필요하다. 구체적으로는 메인 그룹 'A61H 39: 물리치료를 위해 인체의 특정한 혈의 위치를 검출·자극하는 장치' 항목에 신(新) 비공으로 정확하고 적정한 힘으로 혈을 찌르는 장치를 개발해 특허를 취득하면 된다. 서브 그룹 'A61H 39/02: 혈의 위치를 검출하는 장치'에 신 비공으로 위치를 검출하는 장치를 출원하고 'A61H 39/04: 혈을 압박하는 장치'로 신 비공을 찌르는 장치를 출원하면 완벽하다.

누구나 북두신권을 할 수 있는 디바이스를 개발하면 특허로 큰돈을 버는 것뿐 아니라 북두신권을 하지 못하는 일반 의사들도 경락 비공을 이용해 환자를 치료할 수 있게 되어 많은 사람을 구할 수 있다. 또 비공을 잘못 써서 환자가 목숨을 잃는 사고도 막을 수 있을 것이다.

세기말이 오지 않고 평화로운 시대가 계속된다면 북두신권은 존재가 허락되지 않는 살인 기술에 지나지 않는다. 그런 세계에서는 아미바가 북두신권을 의료에 응용해 많은 사람을 구했을지도 모른다. 뭐, 99.9999%의 확률로 미친 의사 취급을 받았겠지만….

도키나 겐시로가 특허를 신청하는 것도 불가능하다. 북두신권은 일자상전(一子相傳)이 원칙이므로 경락 비공을 공개할 수 없다. 경락 비공의 특허를 신청하면 누구나 그 정보를 볼 수 있기 때문에 일자상전의 원칙에 위배된다. 정통 계승자가 아닌 아미바는 일자상전과 관계가 없으므로 특허 출원이 가능하지만 도키나 겐시로는 가정 사정 상 허락되지 않는다.

많은 기술 중에서도 특히 의료 기술은 만천하에 공개되어야 한다. 공공의 복지를 위해 북두신권은 일자상전을 중단하는 것이 좋다. 그렇게 되면 북두 사형제는 평화로운 세상에서 모두 사이좋게 살 수 있을 것이다.

Memo:

KARTE No. 024

정말 같은 약일까? 차이를 알고 선택하자

선발약과 복제약

'복제약'은 '선발약(선발 의약품)과 같은 유효 성분을 사용하며 품질, 효능, 안정성이 동등하다'고 되어 있다. 하지만 반드시 '선발약과 동등'한 것은 아닌 듯하다.

애초에 '복제약(후발 의약품)'이란 무엇일까? 일본 복제약협회에서는 다음과 같이 설명한다.

후발 의약품은 선발 의약품과 같은 유효 성분을 사용하며 품질, 효능, 안전성이 동등한 약이다. (일본 복제약협회 '복제약이란 무엇일까?'에서 인용)

동시에 일본 복제약협회는 '효능효과, 용법용량 등에 차이가 있는 후발 의약품 리스트'도 공개하고 있다. 즉, 후발 의약품과 선발 의약품이 '완전히 동등'한 것은 아닌 것이다. 그 원인은 다음과 같은 이유 때문이다.

- 특허가 만료되었다고 해도 선발약을 개발한 제조사가 기업 비밀인 제조 공정을 공표한 것이 아니기 때문에 복제약 제조사가 독자적인 제법으로 제조한다.
- 주성분의 특허는 만료되었지만 부성분의 특허 기간이 남아 있기 때문에 그 부분에 차이가 있다(선발약 제조사가 성분 및 제조법을 허락한 '위임형 복제약'도 있지만 아직 소수이다).

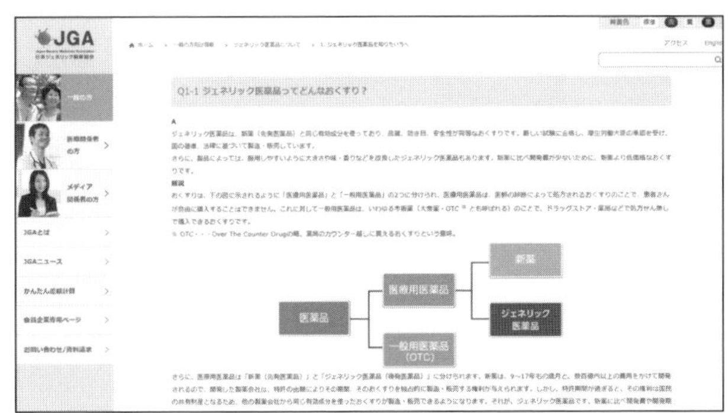

'복제약이란 무엇일까?'
일본 복제약협회
http://www.jga.gr.jp
복제약은 선발약을 바탕으로 만들었기 때문에 개발비 등을 줄일 수 있어 저렴한 가격에 판매할 수 있다. 선발약과 같은 유효 성분을, 같은 양 포함하며 선발약과 동일한 4항목 시험도 실시해 효능과 안전성이 보장된다. 다만, 효능에 영향이 없다고 여겨지는 첨가제 등에 차이가 있기 때문에 선발약과 완전히 같다고는 할 수 없다.

참고 문헌·사진 출전 등 ●일본 복제약협회「효능효과, 용법용량 등에 차이가 있는 후발 의약품 리스트」
http://www.jga.gr.jp/library/medical/effectiveness/170922_effectiveness.pdf

이 같은 이유로 '복제약으로 바꾸었더니 약효가 없다'는 것도 가능한 이야기이다.

'선발약과 동등'하지 않은 예

구체적인 예를 살펴보자. 2007년 「후발 의약품의 적정 사용과 의약품 첨가물에 관한 연구」라는 논문이 발표되었다. 이 논문은 수면 진정제(할시온 등)와 그 후발 의약품을 이용해 쥐에 대한 수면 작용 비교 및 주성분 함유량과 혈중 농도를 비교 검토했다. 논문에서는 트리아졸람 함유량이 신발약인 할시온과 동등함에도 불구하고 작용이 약한 후발약이 있는 것으로 보고했다. 어디까지나 동물 실험을 통한 결과이기 때문에 인간에게 그대로 적용하기는 어려울 수 있다.

2008년에는 절박 유산·조산 치료제인 우테메린(선발약)의 복제약에 불순물이 혼입되어 문제가 된 사례도 있었다. 주성분이나 첨가제는 아무 문제없었지만 제조 공정 중 가열 처리 과정에서 리토드린에 아황산 이온이 섞여 변질된 것이 혼입된 것이었다. 그 후, 각 제조사에서 품질 개선이 이루어지고 현재 유통되는 약품의 불순물 함유량에는 문제가 없다는 것이 확인되었다('제2회 복제약 품질정보검토회에서 품질 개선 과제로 지적된 리토드린 염산염 주사액의 재시험 결과 보고'를 참조).

効能効果、用法用量等に違いのある後発医薬品リスト

平成29年9月22日 現在
日本ジェネリック製薬協会

I. 先発品のみ特定の効能、用法を有する医薬品リスト

有効成分名	違いのある効能効果等	規格	後発品	販売名	会社名	効能の有無

일본 복제약협회

'효능효과, 용법용량 등에 차이가 있는 후발 의약품 리스트'

2042 Vol. 127 (2007)

Table 1. The Comparative Results of Efficacy between Generic Drugs and Original Drugs

A) Triazolam 含有薬剤

後発医薬品	睡眠導入時間	睡眠持続時間	投与1時間後の血中濃度	主成分含有量
A	↓↓	±	↘	±
B	±	↗	↗	±
C	±	↑	±	±
D	↘	↓↓	±	±
E	↑↑	↘	↑	↘
F	±	±	↗	±
G	±	↓	±	±

B) Brotizolam 含有薬剤

後発医薬品	睡眠導入時間	睡眠持続時間	投与1時間後の血中濃度	主成分含有量
H	↓↓	↓↓	↘	±
I	↓↓	↓↓	↘	±
J	↓↓	↓↓	±	±
K	↓	↓↓	↘	±
L	↓	↓↓	↘	±
M	±	↓↓	↘	±
N	↓↓	↓↓	↓	±
O	±	↓↓	↘	↘
P	†	↓↓	↓	±
Q	±	↓↓	↓	±
R	↓↓	↓↓	↓	±
S	↓	↓↓	±	±
T	↓	↓↓	↘	±

C) Flunitrazepam 含有薬剤

後発医薬品	睡眠導入時間	睡眠持続時間	投与1時間後の血中濃度	主成分含有量
U	±	↓	↘	±
V	±	±	±	±
W	±	↘	±	±

±：変化なし、↑↑：作用が有意に強い（$p<0.01$ vs. 先発医薬品）、↑：作用が有意に強い（$p<0.05$ vs. 先発医薬品）、↗：有意差はないが、先発品と比較し 30% 以上作用が強い、↓↓：作用が有意に弱い（$p<0.01$ vs. 先発医薬品）、↓：作用が有意に弱い（$p<0.05$ vs. 先発医薬品）、↘：有意差はないが、先発品と比較し 30% 以上作用が弱い、主成分含有量：<122%、>83% を正常値とした。

実験系であるため、考え難い。そこで、添加物を、添付文書（添付文書に記載のない医薬品はインタビューフォーム）より一覧にし比較検討した（Table 2）。その結果、いくつかの添加物は異なっていることが明らかとなった。

Triazolam 含有薬剤では、含量が先発品と同等であったにも係わらず、睡眠の導入時間が特に遅延し、投与後1時間の血中濃度も低濃度であった後発医薬品 A は、Table 2–A) よりクエン酸カルシウムが含まれているが、他の製品には含まれていない。クエン酸カルシウムは難溶性であるが構造中にカルボン酸を有するため、体内の pH によっては弱塩基となった triazolam とインターラクションを起こし、薬物吸収、薬効に影響を与えている可能性が考えられる。次に、brotizolam 含有薬剤でも、睡眠導入時間の大きな遅延が認められた後発医薬品 N, R は、Table 2–B) より、硬化油が含まれているのに対し、先発医薬品や他の後発医薬品にはステアリン酸マグネシウムが含まれている。硬化油は脂肪油に水素を添加して得た油であり、[11] 滑沢剤として用いられていると考えられるが、薬物粒子表面に付着した滑沢剤は撥水性を示し、主薬の溶出に遅延を招く可能性があることが分かっており、[12] このことが原因となって薬物の溶出や吸収に違いを引き起こし、薬効に影響を及ぼしている可能性が考えられる。

医薬品添加物について調べた結果、医薬品添加物の用量表示はなされていないために、その詳細を知ることは困難であった。さらに、後発医薬品 N, R は含有されている添加物は同じであるにも係わらず、薬効では若干の差が観察された。添加物以外の違いが存在する可能性も考えられるが、添加物の用量の違いから起きている可能性も存在する。

本研究では、医薬品添加物に関する情報の少なさゆえに、医薬品添加物によって引き起こされる相互作用を知ることは困難であった。今後、より充実した薬物治療のためには、医薬品添加物に関する情報がより多く公開されることが必須であると考えられる。

まとめ

本研究では、懸念されている後発医薬品と先発医薬品の同等性について動物実験を行い、同等性が証明されれば、医師や薬剤師が安心して後発医薬品を奨められるのではないかと考え、催眠鎮静剤（Triazolam 含有薬剤、Brotizolam 含有薬剤、Flunitrazepam 含有薬剤）を用いて同等性の比較検討を

YAKUGAKU ZASSHI 127(12) 2035-2044(2007)

'후발 의약품의 적정 사용과 의약품 첨가물에 관한 연구'

Memo:

● YAKUGAKU ZASSHI 127(12) 2035-2044(2007) 「후발 의약품의 적정 사용과 의약품 첨가물에 관한 연구」

https://yakushi.pharm.or.jp/FULL_TEXT/127_12/pdf/2035.pdf

최근에는 의료비 증가가 사회 문제가 되면서 가격이 저렴한 복제약을 찾는 사람이 늘고 있다. 병원 처방전에도 '복제약 처방 희망'을 선택할 수 있다. 복제약과 선발약의 장단점을 제대로 이해한 후 선택하기 바란다.

70%의 의사들이 불안을 갖는 복제약

2015년에 실시된 일본의 행정개혁추진회의 '세출 개혁 WG 중요 과제 검증 서브 그룹(제6회)'에서 의료 관계자들을 대상으로 복제약에 관한 의견을 묻자 다음과 같은 부정적인 의견이 나왔다.

- 후발 의약품 제조사는 의약 정보 담당자(MR, Medical Representative)가 적고 방문 횟수도 적다.
- 중소 제조사가 제조하기 때문에 공급 안정성에 우려가 있다.

선발약 제조사는 기업 규모가 큰 만큼(선발약 개발에는 수천 억 원의 자금이 필요) 인재가 풍부하고 지원도 충분하다. 그에 비하면 복제약 제조사는 규모가 작고 지원 면에서도 충분치 못한 경우가 있을 것이다. 그런 사정 등으로 '70%의 의사들이 복제약 품질에 막연한 불안을 느낀다'는 결과가 나온 것이다. 현장의 의사들도 복제약에 대해 불안을 갖고 있는 듯하다('세출 개혁 WG 중요 과제 검증 서브 그룹[제6회]' 배포 자료 '자료4 의료 관계자 대상의 조사에서 제기된 주요 의견'에서 인용).

일본의 약은 매우 엄격히 관리되고 있기 때문에 중대한 불량품이 유통될 가능성은 지극히 낮은 편이다. 또한 선발약과 동등하다고 할 수 있는 복제약도 많다. 품질이 더욱 향상되어 먹기 쉬운 형태로 개량된 약도 다수 나와 있다. 하지만 효과에 차이가 있는 약이 존재하는 것도 사실이다. 그런 이유로 '선발약'과 '복제약'을 고른다면 가격이 비싸도 안전성 등이 더 오랜 기간 확인된 '선발약'을 선택하는 편이 현재로서는 무난한 방법일지 모른다. 물론 모든 약이 다 그렇다고는 할 수 없으므로 결국 약제사에게 확인하는 것이 가장 좋은 방법이라는 결론을 내릴 수밖에….

●「세출 개혁 WG 중요과제 검증 서브 그룹(제6회)」 배포 자료 「자료4 지금까지의 조사로 나온 주요 의견」
http://www.kantei.go.jp/jp/singi/gskaigi/working/dai6/siryou4.pdf

KARTE No. 025

극한 상황에서의 선택

사용 기한이 지난 약을 먹어도 될까?

의료 종사자들은 하나 같이 사용 기한이 지난 약은 먹어선 안 된다고 말한다. 하지만 매사에는 예외가 있기 마련이다. 대재해로 극한의 상황에 처했다면 어떻게 해야 할까? 지식으로 알아두면 좋을 것이다.

의료 종사자에게 '사용 기한이 지난 약을 먹어도 되나요?'라고 물으면 열이면 열 절대 먹어선 안 된다고 대답할 것이다. 여러분도 사용 기한이 지난 약이 있다면 반드시 버리기 바란다. 하지만 최악의 비상사태가 닥쳤을 때 사용 기한이 지난 약밖에 없는 경우에는 어떻게 해야 할까?

실제 일본의 대지진 당시 방재 창고 등에 비축한 의약품을 꺼냈더니 이미 사용 기한이 지난 약품이었던 일이 있었다.

방재용품은 한 번 구입하면 몇 년씩 그대로 방치하는 경우가 많다. 2011년 동일본 대지진 이후 9년 이상 지난 지금, 당시 사둔 방재용품을 그대로 방치해두고 있다면 내용물의 사용 기한을 확인해보기 바란다. 의약품이나 보존식품의 사용 기한은 대개 5년 이하가 많기 때문에 9년 전에 산 물품은 사용 기한이 지났을 가능성이 높다.

지방 자치단체에서는 '재해 대책용 의약품 비축 제도'가 있어 지역의 방재 계획을 바탕으로 의약품 등을 취급하는 도매업자와 위탁 계약을 맺고 방재 기지에 의약품을 비축한다. 도매업자가 관리할 것이므로 사용 기한이 지난 약이 있을 것이라고는 생각지 않았는데 관청의 예산 관계로 위탁 계약은 최초 납품에 한하며 이후로는 전혀 관리가 되지 않았다는 것이 드러났다. 지금은 개선되었으리라고 믿는다….

이처럼 재해 지역에서 방재 창고를 열었더니 사용 기한이 지난 의약품만 가득 들어 있고 눈앞에는 생사가 위태로운 환자가 있는 극한의 상황에서는 과연 어떻게 해야 할까?

내가 생각하는 정답은 약을 사용하는 것이다. 모든 의약품은 안정성 시험을 실시하고 그 결과에 따라 사용 기한이 결정된다. 또 사용 기한이 지난 약에 대해서도 검증되어 있다. 극히 일부에서 독성이 나타나는 경우가 있지만 대개 약효가 줄거나 사라지는 것이 많다. 또 사용 기한을 정할 때는 안정성을 보장할 수 있는 충분한 여유 기간을 두기 때문에 사용 기한의 2배 이하까지는 품질에 거의 영향이 없다고 한다. 생명에 관계되는 만큼 안전율을 크게 설정하는 것이다.

Memo:

참고 자료·사진 출전 등 ●「약제사를 위한 재해 대책 매뉴얼」 2011년도 일본 후생노동성 과학 연구 「약국 및 약제사에 관한 재해 대책 매뉴얼 책정에 관한 연구」 보고서 https://www.nichiyaku.or.jp/assets/uploads/activities/saigai_manual.pdf

약제사를 위한 재해 대책 매뉴얼
일본 오사카 부 약제사회가 재해용 비축 의약품으로 선정한 약품 중에는 테트라사이클린계 항생제 '미노마이신 캡슐'과 '비브라마이신 정'이 포함되어 있다. 사용 기한이 지난 약을 복용하는 경우 신장 질환을 일으킬 우려가 있다고 지적한다. 그런 위험을 무릅쓰고 싶지 않다면 지금 당장 집에 있는 구급함을 체크하기 바란다.

위험성을 인지한…궁극의 선택

소화·해열·진통제 '아스피린'의 사용 기한은 5년으로, 그 이상 경과하면 아세틸살리실산이 분해해 살리실산으로 변해 섭취하면 위장 장애를 일으킨다.

광범위한 감염증에 유용한 항생물질 테트라사이클린계 항생제. 위생 상태가 악화된 재해 지역에 만연할 경우 대참사로 번지기 쉬운 폐렴구균, 대장균, 이질균 등에 효과가 있다. 하지만 사용 기한이 지나면 독성을 갖게 된다. 사용 기한은 2~3년밖에 되지 않고 사용 기한이 지난 약을 복용하면 '후천성 판코니 증후군'이라는 신장 질환을 일으킬 우려가 있다고 의료 사전 'MSD 매뉴얼'에 쓰여 있다. 그러므로 사용 기한을 엄중히 관리해 사용 기한이 지난 약품은 반드시 폐기해야 한다.

이 테트라사이클린은 탄저균에도 강한 항균력을 발휘하기 때문에 탄저균 테러가 발생하는 경우에도 사용 가능하다. 3년 간격으로 전량 폐기 및 교환해야 하는 점이 다소 까다롭지만 가격이 비싸지 않아 1만 정에 40만 엔(약 400만 원) 정도면 구입할 수 있다. 그 정도 양이면 1,000명 이상의 인명을 구할 수 있으므로 비용 대비 효과가 뛰어나다. 반드시 비축해 두면 좋은 약이다. 실제 오사카 부 약제사회의 재해용 비축 의약품 리스트에도 포함되어 있다.

여기서 또 한 가지 질문, 관청이 방재 창고 관리를 소홀히 해 재해 시 사용 기한이 지난 항생물질밖에 없는 경우에는 어떻게 해야 할까? 약을 투여하지 않으면 눈앞의 환자가 죽을 수도 있는 극한 상황에서 독성이 있다는 것을 뻔히 아는 약밖에 없다면….

이런 경우도 정답은 약을 투여하는 것이다.

약효에 의한 이익이 부작용의 위험성을 크게 뛰어넘는 경우에는 약을 사용해야 한다는 의료 원칙에 따른 행동이다. 이 경우는 신장 질환을 일으킬 위험성이 있는 것으로 즉사할 정도의 독성이 아니기 때문에 일단 환자의 생존을 우선한다. 신장 질환을 치료할 수 있는 명의는 있어도 죽은 사람을 되살릴 수 있는 명의는 없기 때문이다.

그런 위험성이 있는 약을 사용해야 할 상황을 맞고 싶지 않다면 지금 당장 집에 있는 구급함이나 방재용품의 사용 기한을 확인해보기 바란다.

●「MSD 매뉴얼 프로페셔널판」 테트라사이클린계 https://www.msdmanuals.com/ja-jp/

KARTE No. 026

항문으로 먹는 궁극의 미식?!

자양 관장 가이드 입문

미식에 대한 관심이 높은 오늘날, 요리의 상식을 뒤집는 궁극의 메뉴를 소개한다. 이른바 '항문으로 먹는 요리' 의료 행위로 개발되어 지금도 실재한다….

인류 탄생 이래, 어떤 요리든 입으로 먹는다는 상식에 얽매여 있었다. 그러나 과학의 진보는 수만 년에 걸친 그런 상식을 타파했다.

역사를 돌아보면, 그 시작은 의외로 오래지 않은 1880년대 프랑스의 한 정신병원이었다고 한다. 거식증 환자에게 영양을 공급하기 위해 포도당액을 관장한 것이다. 이전에는 억지로 입을 벌리고 먹이는 난폭한 방법을 쓰다 보니 환자나 간호사가 다치는 일이 다수 발생했기 때문에 이 방법이 금세 널리 퍼졌다고 한다.

구속대에 고정되어 항문을 드러내고 관장을 받는 정신병자라니 상상만으로도 굉장히 자극적이다…. 어쨌든 이 방법은 지금도 실재하며 의학용어로는 '자양 관장'이라고 한다.

1865년 독일의 과학을 세계 최고 수준으로 올려놓은 천재 과학자 유스투스 폰 리비히(Justus Freiherr von Liebig)가 발명한 육류 엑기스가 자양강장약으로 인기를 끌었다. 이것이 영양 음료의 시초였다고 한다.

자연히 독일 전역에서 이 엑기스를 자양 관장에 이용하는 사람이 생겨났다. 여느 영양 음료와 마찬가지로 이 육류 엑기스의 영양도 성분이 미미한 정도였지만 말이다.

참고로, 리비히 박사는 육아용 분유도 만들었다. 이 분유를 사용한 자양 관장도 널리 이루어졌다. 그리고 이것이 오늘날 SM 플레이의 일종인 우유 관장의 시초였다…는 것은 물론 사실이 아니다….

메이지 시대 일본 의학계에 독일의 최신 의학인 자양 관장이 들어오자 일본에서도 널리 실시되었다. 다이쇼 시대가 되자 민간에서도 자양 강장을 목적으로 이상한 관장을 하는 사람이 늘었다고 한다. 다양한 아미노산이 녹아 있는 자라 스프가 인기가 있었다. 항문에 주입하는 자라 요리가 실재했던 것이다.

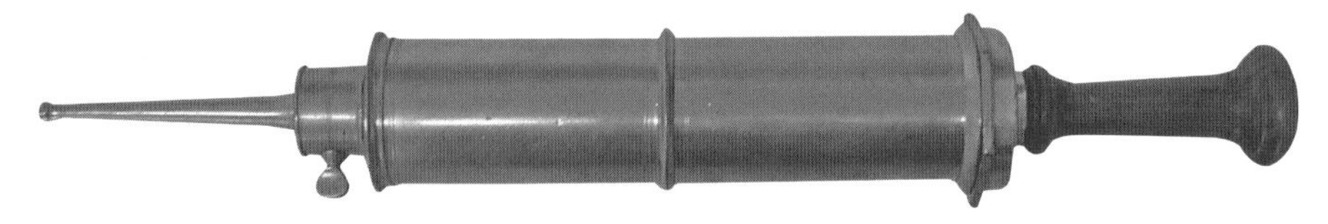

메이지 시대의 관장기 독일 취리히 대학교 의학사 박물관 소장.

Memo:

지금의 애널 플러그
성인용품으로 판매되고 있으나 원래는 의료 기구였다…!

애널 플러그
미국의 영 박사가 개발한 직장 확장기. 1905년 일본에 수입되어 자양 관장에 사용되었다고 한다. 미국 글로어 정신의학 박물관 소장.

스프를 그대로 관장하면 삼투압 관계로 흡수가 잘 되지 않기 때문에 10%는 에테르를 넣는 것이 비결이었다고 한다. 그야말로 참신하고 고전적인 궁극의 요리 '항문으로 먹는 자양 강장 자라 요리'이다.

자양 관장 자체는 2차 세계대전 이전의 일본에서도 빈번히 이루어졌다고 하니 메이지 시대를 배경으로 한 소설 등에 나오는 병자에게 영양을 공급하는 방법으로 일본에서 구하기 힘든 서양의 육류 엑기스 대신 자라 엑기스를 떠올리고 항문으로 먹는 요리를 통해 원기를 회복했다는…이야기는 역사 고증이나 의학 고증도 완벽하다. 뭐? 그런 이야기는 들어본 적 없다고? 그것은 당신의 공부가 부족한 것이다. 당시의 문학 작품을 읽어보면 분명히 자양 관장이 등장한다.

대문호 나쓰메 소세키의 『행인』에도 자양 관장하는 여성이 등장한다. 나쓰메 소세키 본인도 임종이 가까운 시기에는 자양 관장으로 연명했다고 한다.

미국에서도 총격으로 위장에 구멍이 뚫린 윌리엄 매킨리 대통령이 감염증으로 사망하기 전까지 8일간 관장으로 영양을 공급받았다고 한다. 의외로 항문으로 먹는 요리를 경험한 저명인들이 많다.

자양 관장을 할 때는 영양이 장에 흡수될 때까지 새어나오지 않도록 나무나 금속으로 만든 마개 이른바, 애널 플러그가 사용되었다. SM용품을 떠올리는 사람도 많겠지만 원래는 자양 관장에 사용하는 의료 기구였다. 이건 진짜다. 나쓰메 소세키가 사용한 영험한 애널 플러그 같은 것도 분명 있었을 것이다.

자양 관장액 '조리법'

이런 자양 관장액은 제조가 힘든 데 비해 흡수 효율이 좋지 않다. 링거액이 실용화되기 이전에는 음식을 먹지 못하는 사람이 영양을 보충할 수 있는 유일한 수단으로 이용되었지만 영양 섭취가 잘 되지 않는다는 것이 알려지면서 쇠퇴했다. 대장과 소장 사이에는 역류 방지 기능이 갖추어져 있기 때문이다. 관장액은 대장까지만 들어간다.

그런 이유로 관장액이 대장에서 흡수되도록 만들어야 한다. 소화를 생략하고 흡수될 수 있게 만들어야 하므로 단백질을 아미노산 수준으로 분해해야 한다. 단백질의 아미드 결합은 매우 안정적이라 간단한 조리법으로는 분해할 수 없다.

실제 그 방법은 간장을 만드는 제법과 비슷하다. 고압솥에 절반가량 물에 희석한 농염산을 넣고 고기나 채소를 넣어 110℃에서 24시간 끓인다. 24시간 끓이면 고기와 채소가 완전히 녹아 액체가 되어 있을 것이다. 이제 감압한 후 증류해 염산을 제거한다. 이 과정을 절대 잊어서는 안 된다. 염산이 그대로 든 관장액을 사용했다가는 절명할 수 있다….

이렇게 완성된 것은 '단백질 가수 분해물'이라고 불리며 깊은 맛을 내는 목적으로 간장 등의 보통 가공 식품에도 들어간다. 당연히 건강상의 문제는 전혀 없다.

참고로, 관장은 개인이 해도 의사법 위반이 아니다. 일반인이 약국에서 관장약을 사서 집에서 사용해도 위법이 아닌 것과 같다. 즉, 식당에서 항문으로 먹는 요리를 즐긴대도 법률 위반은 아니므로 얼마든지 활용하기 바란다.

음식을 먹지 못해 몸이 약해졌을 때 링거액을 구하기 어려운 일반인이 활용하기에도 좋을 것이다. …아마도.

영양 섭취 효율이 링거액보다 떨어져 현대에는 거의 이용되지 않게 되었지만 무슨 이유에서인지 2018년 일본의 진료 보수 점수표에는 그 항목이 아직 남아 있는 보험 적용 의료 행위이다.

항문으로 먹는 요리를 경험해보고 싶다면 병원을 찾는 방법도 가능할 것이다. 보험이 적용될지는 모르겠지만….

나쓰메 소세키(1867~1916년)

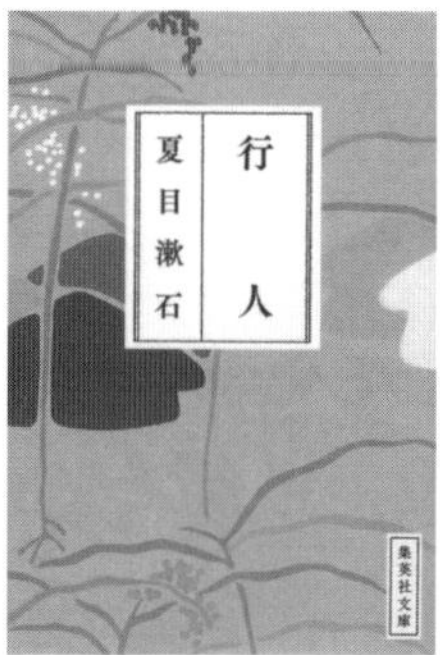

『행인』(슈에이샤 문고)
나쓰메 소세키

메이지 시대의 대문호 나쓰메 소세키의 저작 『행인』에는 자양 관장을 하는 여성이 등장한다. 또 나쓰메 소세키 본인도 자양 관장으로 연명했다고 한다. 링거액이 없던 시대에는 유효한 치료법이었던 것이다.

Memo:

KARTE No. 027

하필 넘어진 곳이?! …여아 성행위의 진실

기막힌 처녀성 상실

여아의 질에 이물질이 삽입되는 경우는 소아과 의사도 적극적으로 증례 보고를 하지 않는다. 하지만 간혹 굉장히 난감한 증례로 보고할 수밖에 없는 경우도 있다고 하는데….

어느 날, 세 살짜리 딸을 씻기던 중 딸이 미끄러져 하필 어린이용 목욕 바가지 손잡이가 질에 들어가는 바람에 출혈이 멈추지 않아 병원을 찾은 가족이 있었다. 여아의 질에 알지네이트 창상피복재와 거즈를 넣고 1시간 남짓 압박해 지혈할 수 있었다. 검사와 치료 결과, 처녀막 손상 및 소음순 열상 외에 내장 천공 등의 이상이 없었기 때문에 경증으로 진단했으며 정액 등은 확인되지 않았다고 한다.

항문 이물질 삽입으로 병원을 찾는 환자 중에는 '욕실에서 미끄러졌는데 하필 항문에 들어갔다'고 거짓말을 하는 사람이 적지 않다. 그런 이유로 여아를 진찰한 소아과 의사도 아동학대로 신고해야 할지 고심한 끝에 경과 관찰이 필요하다는 이유로 일단 집에 돌려보내지 않고 입원시켰다. 부모를 추궁해 욕실에 있었다는 디○니의 어린이용 목욕 바가지를 병원에 가져오게 한 후 철저히 조사했다. 그 결과, 어린이용 목욕 바가지의 손잡이 부분(길이 9cm, 지름 18mm)이 질에 들어간 원인 대상물로 판정되었으며 성적 학대의 증거는 찾지 못했다고 한다. 퇴원 후에도 계속 통원해 경과를 관찰한 결과 부모의 증언이 거짓이 아니며 학대 가능성이 없다는 결론을 내렸다고 한다. 참으로 기막힌 우연이 아닐 수 없다.

여아를 치료한 소아과 의사는 질에 들어간 원인 대상물을 자세히 촬영해 정확한 치수와 형태까지 기재해 학회에 보고했지만 학회지에 게재되었을 때에는 무슨 이유에서인지 원인 대상물의 사진이 까맣게 칠해져 있었다. 환자의 프라이버시 이외에도 디○니 프린세스 소○아가 여아의 처녀성을 빼앗은 것까지 고려한 학회의 배려였을까?

참고로, 성인도 첫 경험 시 처녀막 손상이나 질내 외상을 입은 경우에는 외과적 처치가 필요하다. 창상피복재나 거즈를 넣고 압박 지혈하거나 봉합 처치하는 경우도 있다. 상대가 어지간히 크거나 난폭하게 굴지 않는 한, 그렇게까지 될 리는 없겠지만 말이다. 하루가 지나도 출혈이 멎지 않는 경우는 산부인과 진료를 받아보는 것이 좋다.

의학적으로 보는 성교 가능 연령?

세계적으로도 성적 학대와 관련한 여아의 생식기 외상은 드물지 않은데 가장 많은 연령이 4~7세의 여아라는 미국의 보고가 있다.

어디까지나 의학적인 관점으로 신체를 고찰한 경우에만 해당하는 전문 지식이지만 평균적인 여성의 체격에, 평균적인 성인 남성의 성기를 삽입한 성행위가 가능해지는 연령은 6세 8개월로 추정한다. 실제 6세 여아를 상대로 상습적으로 성행위를 한 남성이 체포되었을 때, 여아의 정밀 검사가 이루어졌는데 질이나 자궁을 포함한 어디에도 상처가 없어 상해죄 입건이 보류된 일이 있다.

성행위에 대한 이해와 동의 능력이 있다고 간주되는 연령을 의미하는 '성교 동의 연령'은 16~18세 정도이다. 그에 비해 의학적으로 여성의 질에 남성의 성기를 삽입해 사정하는 성행위가 가능한 '성교 가능 연령' 자체는 6세 8개월로 굉장히 낮다.

다만, 인간의 신체에는 커다란 문제가 있다. 골반이 이차 성징이 끝난 후의 크기가 되지 않으면 자연 분만이 불가능하다. 이차 성징이 시작되는 연령은 평균적으로 남성이 11세 6개월, 여성이 9세 9개월. 이른 경우는 남성이 9세, 여성이 7세이며, 더딘 경우는 남성이 14세, 여성이 12세로 기본적으로 여성이 조숙하다. 더딘 경우를 기준으로 대부분의 여성이 자연 분만이 가능해지는 연령은 15세 이상으로 추정한다.

일본에서 법적으로 결혼할 수 있는 연령을 남성 18세, 여성 16세로 정한 것은 의학적으로 타당한 기준인 것이다. 법률적으로 여성의 연령이 두 살 낮은 것을 의아하게 생각하는 사람도 있겠지만 그것은 여성이 더 일찍 성숙하기 때문이다. 다만, 일본에서도 법 개정으로 남녀 모두 18세로 상향(2022년 시행 예정)될 예정이며 많은 나라들이 법률상 18세로 설정하고 있다.

결혼 연령을 남성 18세, 여성 16세로 제정한 것은 당시의 나이 계산 방법이 생년월일 기준의 달력상의 나이였기 때문이다. 극단적인 예를 들자면, 12월 말에 출산하면 출생 시에 한 살, 이듬해 1월부터 두 살이 되기 때문에 실제로는 생후 한 달밖에 되지 않은 아기가 달력 나이로는 두 살이 되는 경우가 있었다. 그런 이유로 15세가 아니라 16세로 규정한 것이다.

전후(戰後), 연령에 관한 법률이 개정되기까지 달력 나이로는 16세, 만 나이로 15세에 결혼하는 사람

외국에서는 성적 학대로 인한 여아의 생식기 외상 사례가 적지 않다. 미국에서는 4~7세 여아의 피해 사례가 가장 많다고 보고되었다. 육체적으로 성인 남성과 성행위가 가능한 연령을 6세 8개월로 추정하는 데이터가 있지만 어디까지나 의학적인 이론일 뿐이다. 신체적으로 출산은 불가능하다. 여러 의미에서 여아와의 성행위는 용인될 수 없다.

Memo:

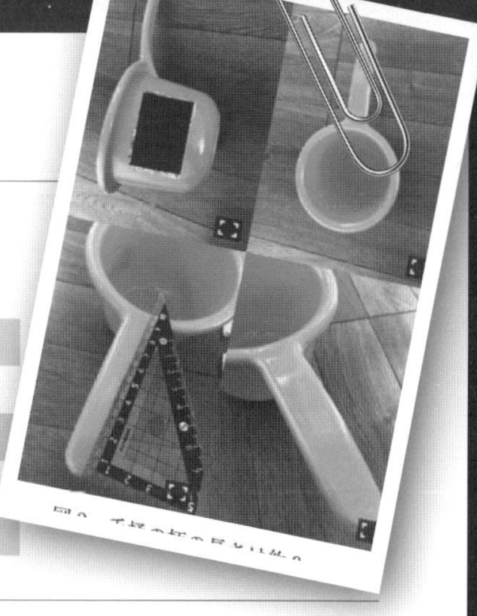

3세 여아의 처녀성을 빼앗은 목욕 바가지. 캐릭터가 그려진 부분이 검게 칠해져 있다.

(『일본 소아과학회지』 120권 제11호 참조)

손상 시기	2016년 7월 7일 18시 30분경
원인 대상물	길이 9㎝, 지름 18㎜의 어린이용 목욕 바가지의 손잡이
연령	3세 8개월
체중	14㎏
신장	96㎝

이 많았다. '고추잠자리'라는 일본 동요 가사 중에 '열다섯 누나는 시집을 가고'라는 대목이 있는 것은 그런 이유에서였다.

즉, 여성은 성교 가능 연령과 출산 가능 연령 그리고 성교 동의 연령에 상당한 차이가 있다. 성교 가능 연령과 출산 가능 연령의 차이는 인간이라는 호모 사피엔스 종만이 가진 특수한 문제로 다른 포유류는 성교 가능 연령과 출산 가능 연령이 일치한다. 이것은 인간 태아의 머리가 다른 포유류보다 큰 것이 요인이다. 인간은 모든 포유류 중에서도 가장 난산을 하는 동물로 출산의 위험성 역시 가장 큰 동물이다. 신체의 크기가 최대 상태가 되지 않으면 출산이 어려운 것은 인간만이 가진 난제이다.

반대로 쥐목의 경우는 이른 시기에 출산을 경험하지 않으면 난산이 되는, 인간과는 반대의 위험성을 안고 있다. 모르모트의 1세는 인간의 30세 정도에 해당하며 암컷 모르모트가 번식이 가능해지는 것은 4~5개월 정도이다. 9개월이면 이미 고령 출산이다. 9개월 정도까지 초산을 경험하지 않으면 골반이 유착되어 벌어지지 않기 때문에 난산이 되고 인간 나이 30대 정도에는 더 이상 자연 분만이 어려운 상태가 된다. 1년 이상 기르다 번식시키면 높은 확률로 어미와 새끼 모두 죽게 된다….

애완용 쥐를 기르는 사람은 번식시키지 않고 나이를 먹게 두면 출산 위험성이 높아져 번식할 수 없게 된다. 그러므로 1년 이상 사육한 생쥐, 레트, 모르모트 같은 개체는 암수를 함께 두면 안 된다.

다시 인간의 이야기로 돌아가면, 세계적으로 문제가 되고 있는 것이 출산 가능 연령 미만의 산모이다. 자연 분만으로 출산하려고 하면 모자가 동시에 목숨을 잃을 가능성이 높고, 출산한다고 해도 조직이 좌멸해 질에 천공이 생기는 심각한 상황이 발생할 수 있기 때문에 의료 수준이 낙후된 나라에서는 제왕절개밖에 방법이 없다.

그럼 피임만 하면 7세 여아라도 성행위가 가능한 것일까? 100% 완벽한 피임은 없으므로 순수하게 의학적인 관점으로 보더라도 7세 여아와 성행위를 해서는 안 된다는 것이 결론이다.

의학적으로도 여아와 성행위를 하면 체포해야 한다고 생각하는 것이 타당할 것이다.

KARTE No. 028

빗자루를 타고 하늘을 날면 안 된다!

마법 소녀의 직업병

마법 소녀물에 등장하는 여주인공들은 가랑이의 고통을 참아가며 빗자루를 타는 것인지도 모른다. 마법 소녀들의 안전과 건강을 지키는 방법에 대해 고찰해보자.

'마녀 배달부 키키', '마법 전사 프리큐어', '요술 공주 샐리' 등으로 익숙한 빗자루를 타고 하늘을 나는 마법 소녀들. 이것은 소아 의학적 관점으로 볼 때 매우 위험한 행위이다.

'마녀 배달부 키키'에서는 13세 소녀가 가늘고 긴 빗자루에 걸터앉아 장시간 하늘을 날아다닌다. 가느다란 막대 하나에 모든 체중을 싣고 앉아 있는 상태는 아무리 짧은 시간이라도 위험한 행동이다. 아무것도 하지 않고 1시간 정도 앉아 있기만 해도 심각한 외음부 외상을 초래할 수 있다.

여성의 회음부에는 신경과 혈관이 다수 분포되어 있기 때문에 빗자루와 치골 사이에 압박이 가해진 상태가 일정 시간 계속되면 외음부 피하 혈관이 끊어질 수 있는데 그것이 동맥일 경우에는 다량의 출혈이 발생하게 된다. 다행히 외음부 외상은 피한다 해도 소아 외음염이 될 가능성이 높고 보라색으로 부어오르는 등 삶이 질이 대폭 저하한다.

의학계에서는 '안장 외상(Saddle trauma)'으로 알려진 증상이다. 성기가 충분히 발달하지 않은 여아에게서 발생하는 증례가 많으며 성숙한 성인의 발생 비율은 낮아진다.

傷害が発生した自転車とサドル（右の２枚）

일본 소아과학회 어린이 생활환경 개선위원회

'Injury Alert(외상 주의 속보) No.15 자전거 안장에 의한 외음부 외상'

5세 여아가 상해를 입은 자전거와 안장의 사진. 학회에서 발표된 자료이다.

Memo:

참고 자료·사진 출전 등 ● 일본 소아과학회 어린이 생활환경 개선위원회 「Injury Alert(외상 주의 속보) No.15 자전거 안장에 의한 외음부 외상」
https://www.jpeds.or.jp/uploads/files/injuryalert/0015.pdf

마법 소녀의 직업병
가느다란 빗자루에 걸터앉아 장시간 날아다니는 마법 소녀들의 부상을 피하기 위해 우레탄을 감는 등의 보호 대책이 필요하다. 마법 소녀들을 보호하려면 산업의의 권고에 따른 직장 환경의 개선이 필수일 것이다.

자전거로 인한 안장 외상

다시 현실 세계로 돌아가자. 안장 외상이란 이름 그대로 자전거 안장으로 인해 발생하는 외음부 외상이다. 특히, 로드레이서 같은 경기용 자전거 등은 안장이 극한의 상태로 소형·경량·경질화되어 있기 때문에 건강에 매우 좋지 않다. 여성 경기 인구의 증가와 함께 이런 외상의 발생율도 계속 늘고 있다.

일본에서도 5세 여아가 자전거로 인해 입원할 정도의 심각한 안장 외상을 입은 증례가 보고되었다. 부모들은 특히 주의해야 할 것이다.

여담이지만, 소아 의학적 관점에서 볼 때 어린이용 자전거를 구입할 때는 다음의 다섯 가지 항목에 주의해야 한다. 어린 딸을 둔 부모는 반드시 참고하기 바란다.

1. 안장의 재질이 딱딱하지 않고 부드러운 것을 고른다.
2. 외음부 앞쪽이 닿는 안장부가 튀어나와 있지 않은 것을 고른다.
3. 안장의 전후 방향의 각도가 지면에 대해 평행한 것을 고른다.
4. 안장 앞쪽의 좌우 방향의 폭이 충분히 넓은 것으로 고른다.
5. 자녀의 신장보다 자전거가 너무 크지 않은 것을 고른다.

금방 클 것이라는 생각에 아이 몸보다 더 큰 자전거를 구입하지 말고 양발이 지면에 온전히 닿는 크기를 선택하기 바란다. 122쪽의 사진은 5세 여아가 입원까지 하게 된 원인을 제공한 자전거와 안장의 모습이다. 학회에서 발표된 사진으로, 의사가 여아의 건강에 최악의 결함품이라고 단죄했다.

빗자루로 인한 안장 외상

다시 마법 소녀 이야기로 돌아가자. 빗자루를 타고 하늘을 나는 마법 소녀들 대부분은 가랑이의 고

●「Perineal Injury in Males What is perineal injury in males?」 안장 외상 관련 사진 National Institute of Diabetes and Digestive and Kidney Diseases
https://www.niddk.nih.gov/health-information/urologic-diseases/perineal-injury-males

통을 참으며 날고 있을 것으로 생각된다. 계속 참으면 염증이 악화되어 소아 외음염으로 발전해 소변을 볼 때마다 아파서 울게 될지도 모른다. 어쩌면 외음부 출혈로 생리 때도 아닌데 생리대를 하고 고통을 참으며 날아다니는 마법 소녀가 있을 가능성도….

항생물질이나 항염증제 등을 투여하는 치료는 가능하지만 빗자루를 타고 하늘을 나는 일을 그만두지 않는 한 완치는 어렵다. 또 10대 초반의 나이라면 '가랑이가 아프다'거나 '성기가 붓고 피가 난다'는 말은 부끄러워서 꺼내지도 못할 것이다. 또 성인이 된 선배는 '어른이 되면 낫는다', '나도 견습생 시절부터 참았다', '근성이 부족하다' 같은 말로 괴롭힐지도 모른다.

작중에서는 키키가 날 수 없게 된 이유를 분명히 밝히지 않았지만 심각한 안장 외상이라는 직업병을 견딜 수 없게 되었을…가능성도 있지 않을까.

마법 소녀들을 구할 수 있는 건 산업의뿐

그렇다면 마법 소녀들을 고용한 배달 업체에서는 배달원의 안전과 건강을 지키고 직업병을 예방하기 위해 어떤 조치를 취할 수 있을까. 간단한 해결 방법으로는 배달 업체라면 당연히 상비하고 있을 우레탄 등을 빗자루에 감아 지름을 10㎝ 이상이 되도록 만들면 된다.

이런 간단한 조치만으로도 소녀들을 고통에서 해방시킬 수 있는 것이다. 그러나 마법 소녀들이 아무리 자신의 고통을 직장 상사나 선배에게 호소해봤자 어른이 되면 낫는다, 근성이 부족하다, 싫으면 관두라는 식의 괴롭힘을 당할 가능성이 있다. 안장 외상이라는 의학적인 개념을 알고 있으며 소녀들의 호소를 듣고 그 원인이 지나치게 가는 빗자루에 있다는 것을 특정해 노동 안전 위생법 제13조를 바탕으로 사업자에게 빗자루에 우레탄을 감도록 '권고'할 수 있는 것은 산업의뿐이다. 그리고 사업자는 산업의의 권고를 존중해야 한다.

그런데 키키는 개인 사업자가 아닌가?

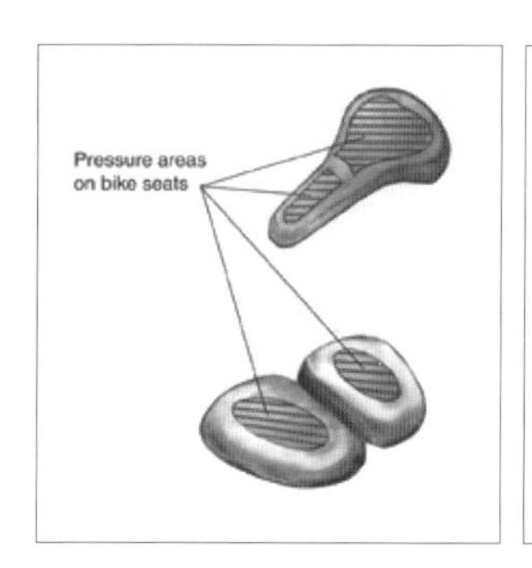

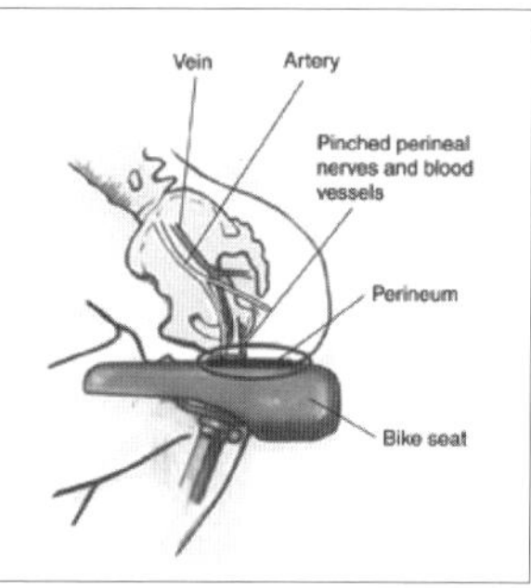

안장 외상
미국의 연구 기관 NIDDK의 보고. 자전거 안장과 같이 작고 좁은 물건에 올라타면 일반적인 의자에 앉는 것보다 회음부의 혈관과 신경이 압박된다. 그로 인해 다양한 장애가 발생할 위험성을 시사한다.

Memo:
●「Perineal tear」 회음부 열상 사진 https://en.wikipedia.org/wiki/perineal_tear

그럼 어떻게 해야 할까, 보통 마녀들이 살아가는 세계라면 그들만의 건강 보험 조합이나 노동조합이 있을 것이나. 마녀 소합(길드)에 산업의를 소개 받아 직업병 예방과 개선에 대해 상담한다. 조합은 회보 등에 산업의로부터의 권고를 게재해 계몽 활동을 펼침으로써 소녀들을 안장 외상으로부터 보호하는… 것이 이상적이다.

진지한 이야기로 돌아가면, 환자를 직접 치료하는 것만이 의학은 아니다. 질병이나 부상을 당하지 않도록 예방하는 것도 의학의 중요한 역할로, 그중에는 직업병 예방을 위해 기재나 작업 절차의 개선 등을 권고하는 산업의라는 직업도 있다. 직업병 예방은 산업의의 중요한 소임이며, 산업 의학은 많은 환자를 구하는 훌륭한 의학 분야 중 하나이다.

다른 의사에게는 없는, 산업의만이 가진 특수한 능력이 앞서 말한 '권고(recommendation)'이다. 산업의는 사업자에게 '업무상의 이런 부분 때문에 병에 걸리거나 부상을 당하는 사람이 있다. 의사의 말대로 개선하라'는 의견을 낼 수 있다. 다만, 어디까지나 '권고'일 뿐 '명령'은 아니다. 사업자는 산업의의 권고를 존중해야 한다고 법률에 쓰여 있지만 '존중'이라는 것은 무시해도 상관없는, 무시해도 처벌받지 않는다.

산업의가 'A는 잔업 시간 초과로 빈사 상태이니 휴가를 주어야 한다'고 권고해도 사업자가 무시하고 일을 시켜도 처벌받지 않는 것이다. 산업의의 권고는 A가 과로사하거나 극단적 선택을 하는 경우, 재판에서 증거로 쓰이는 정도일 것이다.

아쉽게도 일본에서 산업의의 존재는 사업자 입장에서는 법률상의 의무이기 때문에 하는 수 없이 내고 있는 세금처럼 여겨진다. 의사의 입장에서도 기업에서 돈을 받으며 편하게 일하는 아르바이트 정도로 인식하는 경향이 있다. 환자 측에서는 우울증에 걸린 사원을 휴직 또는 퇴직시키거나 잔업 초과 사원과의 면담에서 '당신은 월 80시간 이상 잔업을 하고 있지만 건강상에 문제가 없으니 괜찮다'며 가혹한 노동을 용인하는 블랙 기업의 편도 많은 듯하다. 진지하게 직업병을 없애고자 업무 내용이나 기재에까지 관여하는 의사는 거의 없다고 보는 것이 맞을 것이다.

현실은 각박하지만 누군가 '현실의 산업의가 이세계(異世界)로 환생해 마법 소녀 길드의 전속 의사가 된다면' 같은 희망적인 이야기를 써주지 않겠는가?

> 의사의 기술로 얼마든지 해결할 수 있으리라 생각했는데 치료 마법으로 부상이나 질병까지 고치는 판타지 세계에서는 아무런 도움도 되지 않았다. 망연자실해 있을 때 가랑이 통증을 호소하는 마법 소녀를 만나 빗자루에 담요를 감도록 알려주었더니 온 나라의 마법 소녀들에게 퍼져 마법 소녀 길드의 대표가 조언을 구하기 위해 나를 찾아왔다. 마법을 쓸 수 없는 내가 산업 의학 지식으로 드워프 장인의 직장 환경을 개선하자 부상자나 병자가 나오지 않게 되어 큰 감사를 받았다. 그 후, 여러 길드에서 조언을 구해와 평판이 높아졌다. 각 길드의 생산성이 극적으로 향상되어 길드 수입이 크게 늘었다. 국고가 윤택해지자 왕궁의 부름을 받게 되었다. 하지만 환자가 크게 줄면서 치료 마법사들이 잇따라 설 곳을 잃었다. 결국 그들은 환자를 만들기 위해 헛소문을 퍼뜨리고 급기야 내 목숨까지 위협하게 되는데….

분명 아직 누구도 시도하지 않은 새로운 장르일 것이다. 누구든 도전해보기 바란다.

●「Pediatric genitourinary injuries in the United States from 2002 to 2010」 미국의 소아성 비뇨생식기 장애 NCBI
https://www.ncbi.nlm.nih.gov/pubmed/23174237

KARTE No. 029

비처녀는 죄악? 역사와 종교의 이면

세계의 괴상한 처녀충들

여성의 처녀성에 지나치게 집착해 성경험이 있는 여성을 멸시하는 이른바 '처녀충'은 전 세계에 존재한다. 일본의 일부 오타쿠들만이 아니다. 더 중증인 경우도 많다….

'처녀가 아니면 범죄', '처녀라는 증거를 대라'고 주장하는 중증 처녀충들이 전 세계에 넘쳐나고 있다. 그런 처녀충들을 위한 '처녀 검사'가 세계 각지에서 이루어지고 있으며 '처녀 증명서'까지 발행될 정도이다. 처녀충들에 의한 인권 침해가 심각해지자 UN 인권이사회, UN 여성 기구, 세계 보건기구(WHO) 등의 공적 기관이 처녀 검사를 금지하는 성명을 내고 미국이나 캐나다 등에서는 의학 윤리 단체가 '처녀 증명서'를 발행하는 의사를 처분한다고 경고했다.

처녀충이라고 하면 일본 오타쿠들의 악습처럼 생각되지만, 기독교나 이슬람교 신자 중에도 중증 처녀충들이 많다. 서양에서도 처녀 검사가 이루어지고 있으며 검사를 의뢰하는 것은 남편이나 연인이 아니라 자기 딸이 비(非)처녀가 될까봐 걱정하는 부모라고 한다. 딸에게 남자 친구가 생기거나 하면 곧장 병원으로 데려가 처녀 검사를 시키는 이상한 부모가 실제로 존재한다. 매주 딸에게 처녀 검사를 시키는 아버지도 있는 지경이라 아동 학대 혐의로 의사의 신고를 받고 아동 상담소가 나서기도 하고 의회에서 법률로 금지할 수 있을지를 진지하게 검토하기도 했다고 한다. 이 정도면 딸이 아니라 아버지를 정신과에 데려가는 편이 나을 듯하다.

남성뿐 아니라 여성 중에도 처녀충이 많다. 기독교에서는 성모 마리아의 처녀 회임이 유명하기 때문일 것이다. 미국에서 실시된 조사에서는 200명 중 1명의 여성이 처녀가 임신하는 것은 모순이라고 대답했다는 논문이 화제가 되었다. 『BMJ』라는 세계적으로도 권위 있는 의학 잡지에 게재된 논문의 통계에 의한 것으로 신뢰성이 매우 높은 자료이다. 실제로는 성행위에 대한 자각이 없는 상태에서 임신한 것이 아닐까 하는 생각이 들지만 말이다. 다이쇼 시대 일본에서도 비슷한 사건이 있었으니….

의학적인 처녀 판정법?

처녀인지 아닌지를 확실히 판단할 수 있는 의학적 근거가 있는 검사는 존재하지 않는다. 이른바 '처녀막'의 형태는 개인차가 매우 크고 처녀성을 잃었을 때의 고통이나 감각도 개인차가 크기 때문에 의학 통계학적 형태론을 바탕으로 처녀막이 손상되었는지를 진단하는 것은 어렵다. 개중에는 처녀막 강인

Memo:

참고 자료·사진 출전 등 ●「Like a virgin(mother): analysis of data from a longitudinal, US population representative sample survey」
https://www.bmj.com/content/347/bmj.f7102 여성의 0.5%(45명)만이 처녀 회임이 가능하다고 대답한 조사 결과를 실은 논문

CERTIFIED VIRGIN
http://certifiedvirgin.com/

처녀성에 집착하는 것은 일본의 일부 오타쿠들만이 아니다. 서양의 종교나 사회적 관습과 결합해 더욱 중증이 되기도 한다. 21세기라고는 생각할 수 없을 정도의 심각한 인권 침해가 실재한다. 'CERTIFIED VIRGIN' 등의 사이트처럼, 1달러를 내면 처녀 증명서를 발행해주는 곳까지 있을 정도이다.

증이라는 성교를 해도 처녀막이 손상되지 않는 사람도 있기 때문에 산부인과 전문의라 할지라도 성교 경험의 유무를 정확히 진단하는 것은 불가능할 것이다. 그런 이유로 일본에서 처녀 증명서를 발행해주는 정상적인 산부인과는 존재하지 않는다. 반대로 그런 곳이 있다면 수상한 의사라고 판단할 수 있다.

다만, 처녀충 남자친구가 끈질기게 떼를 쓰면 처녀라는 자기 신고를 바탕으로 증명서를 써주는 친절한 의사도 있을지 모른다. 그러므로 처녀 증명서가 꼭 필요한 여성은 산부인과에 상담해보기 바란다. 반드시 써준다는 보장은 없으며 보험이 적용되지 않으므로 비용도 비싸겠지만….

세계적으로 처녀 검사를 칭하는 이른바 '투 핑거 테스트(Two-finger test)'라고 불리는 방법이 있는데 이것은 산부인과 매뉴얼에도 실려 있는 기본적인 질부 내진 방법이다. 즉, 처녀인지 아닌지를 판정할 수 있는 가이드라인은 존재하지 않는다. 검사한 의사의 손끝의 감각과 외관만으로 처녀 여부를 판단하는 진단인 것이다.

또 일본을 포함한 세계 각국에서 '처녀막 재건 수술(Hymenorrhaphy)'이 이루어지고 있다. 이 수술은 여성의 성기 일부를 봉합해 질에 이물이 삽입되었을 때 출혈이 발생하기 쉬운 장소를 인위적으로 만들어내는 것이다. 수술 후 성행위를 하면 고통과 함께 출혈이 발생하기 때문에 처녀로 돌아간 느낌이 들 수도 있다. 무슨 의미가 있을지는 전혀 다른 문제일 것이다.

● Iraq Ministry of Health Medical Legal Institute 이라크 보건성 의료법무기관

영국에 실재한 최악의 처녀충

과거 영국 교회법에는 '국왕과 황태자의 결혼 상대는 처녀가 아니면 안 된다'는 법률이 있었다. 이 법률에는 엄격한 전례가 있었는데, 영국 최악의 처녀충이자 영국 교회의 최고 지도자였던 캔터베리 대주교 코즈모 랭이 독신으로 국왕에 즉위한 에드워드 8세(1894~1972년)의 교제 상대였던 월리스라는 여성이 비처녀라는 것을 끈질기게 문제 삼으면서 영국에서의 결혼은 불가능하다고 주장했다.

한 나라의 왕이니 그런 처녀충은 잘라버리고 법률을 바꾸면 될 것 아니냐고 생각하기 쉽지만 영국 국왕에게는 인사권은 물론 법률을 바꿀 권한도 없기 때문에 교회의 권위를 등에 업은 처녀충에게 속수무책으로 휘둘릴 뿐이었다. 결국 에드워드 8세는 국왕직을 내려놓기로 결심하고 재위 325일 만에 퇴위. 월리스와 결혼해 평민으로서 행복한 삶을 살았다고 한다.

이 법률은 21세기 찰스 황태자의 재혼 당시에도 문제가 되었지만 랭 대주교 같은 처녀충이 없었기 때문에 무사히 폐지되었으며 찰스 황태자도 카밀라 씨와 결혼할 수 있었다. 축하할 일이다.

처녀충들의 소굴·인도네시아 군의 실태

인도네시아에서는 아직도 처녀충들이 군부를 지배하고 있다. 여성 군인이나 경관 등은 모두 처녀여야 한다는 규정이 있으며 입대 시 반드시 처녀 검사를 실시해 성 경험이 있으면 입대할 수 없다. 결혼하면 제대한다.

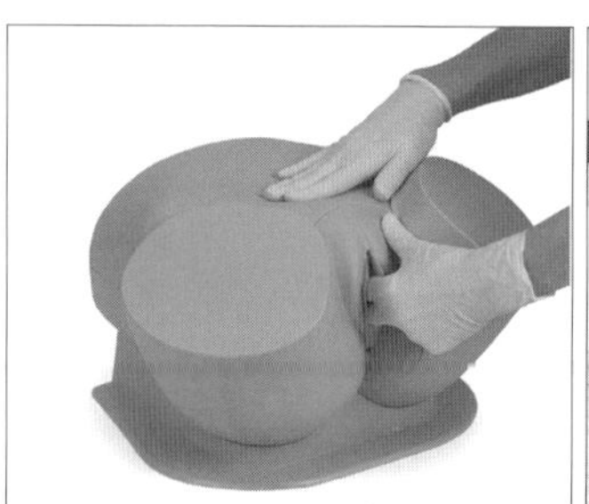

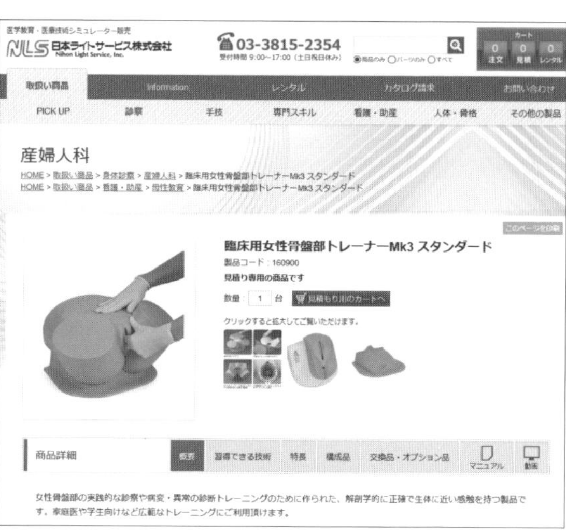

외국의 처녀 검사 '투 핑거 테스트'의 이미지

의대생용 연습 모형인 '임상용 여성 골반부 트레이너 Mk3 스탠더드'를 소개한 사이트. 외국의 처녀 검사는 이 사진과 같이 손가락 2개를 넣어 검진하는 방법(질부 내진)이 이용된다고 한다.

일본 라이트 서비스
https://www.medical-sim.jp/

Memo:

최근에는 군 장교의 결혼 상대까지 처녀 검사의 대상이 되면서 비처녀와 결혼하면 승진도 하지 못한다고 한다. 미망인과의 결혼을 진지하게 생각하던 군 장교가 출세를 포기하고 결혼해야 할지를 고민하다 모스크의 성직자를 찾아가 상담했다고 한다. 성직자는 '미망인과 결혼하는 그는 훌륭한 선인이다. 그런 선인의 출세를 막는 것은 악행이다'라는 파트와(종교령)를 내는 보기 드문 일까지 있었다고 한다.

인도네시아 군부는 그야말로 처녀충들의 소굴이다.

아프가니스탄과 이집트의 비처녀 죄

지금도 아프가니스탄에는 미혼의 비처녀에 대해 3개월 이하의 징역형에 처하는 법률이 있다. 비처녀로 의심이 되는 여성은 경찰에 체포되어 처녀 검사를 받고 비처녀로 판정되면 투옥된다. 2018년 10월에 실시된 조사에서는 190명의 여성이 비처녀 죄로 복역했다고 한다.

게다가 '비처녀에게는 무슨 짓을 하든 OK'라고 생각한 모자란 남성들이 복역 중인 여성들을 실질적인 성노예로 만든 일이 발각되었다. 의회에서는 비처녀 죄 폐지를 제의할 예정이었으나 정부가 거의 붕괴된 상태라 법이 개정될 조짐은 보이지 않는다.

이집트에서도 경찰에 붙잡혀 처녀 검사를 받고 비처녀로 판정되면 매춘죄로 투옥된다. 1년 이하의 징역을 선고받는 여성이 속출하면서 실질적인 비처녀 죄로 사회문제화 되었다.

비처녀는 반값

이슬람 사회에서는 결혼할 때 남성은 반드시 신부에게 결혼 계약금인 마흐르를 지불해야 한다고 법에 명문화되어 있으며 정해진 금액을 치르지 않으면 결혼할 수 없다. 이 금액에는 그 지역에서의 사회 통념상의 시세가 있으며 양가 친족들이 모여 회의를 통해 정하는 것이 보통이다. 이 금액을 정할 때 중요한 포인트가 되는 것이 처녀성으로 비처녀이면 반값으로도 OK라는 사회 통념이 있다.

그러나 이슬람교의 성전 '코란' 어디에도 비처녀는 반값이라는 내용은 쓰여 있지 않다. 또 교조인 예언자 모하메드 역시 비처녀와 결혼했는데 비처녀 아내들이 반값이었다거나 처녀인 아내가 2배였다거나 하는 전승이나 증거도 전혀 남아 있지 않다.

이슬람법에는 '모든 아내를 평등이 대하라'고 쓰여 있으며 '비처녀는 반값'이라는 법적 근거나 신의 계시는 존재하지 않는다. 어디까지나 사회 통념으로 종교적 근거도 전무하지만 처녀충들이 멋대로 신의 가르침인 것처럼 믿고 있는 것이다….

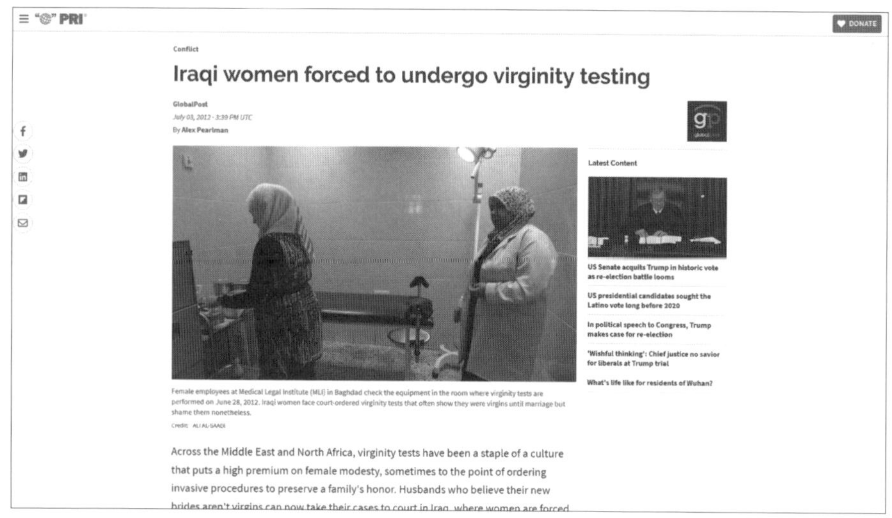

PRI DONATE

Conflict

Iraqi women forced to undergo virginity testing

GlobalPost
July 03, 2012 - 3:39 PM UTC
By Alex Pearlman

Female employees at Medical Legal Institute (MLI) in Baghdad check the equipment in the room where virginity tests are performed on June 28, 2012. Iraqi women face court-ordered virginity tests that often show they were virgins until marriage but shame them nonetheless.
Credit: ALI AL-SAADI

Across the Middle East and North Africa, virginity tests have been a staple of a culture that puts a high premium on female modesty, sometimes to the point of ordering invasive procedures to preserve a family's honor. Husbands who believe their new brides aren't virgins can now take their cases to court in Iraq, where women are forced

Latest Content

US Senate acquits Trump in historic vote as re-election battle looms

US presidential candidates sought the Latino vote long before 2020

In political speech to Congress, Trump makes case for re-election

'Wishful thinking': Chief justice no savior for liberals at Trump trial

What's life like for residents of Wuhan?

바그다드의 처녀 검사실

이라크의 수도 바그다드에서 2012년에 실시된 처녀 검사 모습. 이라크의 여성들이 강제로 처녀 검사를 당하고 있다는 내용의 기사이다. [PRI] https://www.pri.org/stories/2012-07-03/iraqi-women-forced-undergo-virginity-testing

독재자가 만든 처녀 증명 기관

중동의 메소포타미아 지방 부근의 중증 처녀충들은 처녀가 아니면 죽여도 된다, 비처녀를 죽이는 것은 명예로운 행위…라고 주장하며 '명예 살인'을 일삼아 전 세계의 비난을 받고 있다. 무죄 추정의 원칙조차 무시하고 '비처녀로 의심'되기만 해도 살인을 저지르는 극악무도한 이들 때문에 골치를 썩던 당시 이라크의 사담 후세인 대통령은 보건성에 의료법무기관이라는 부국을 설립했다. 이 조직은 후세인 정권이 붕괴한 지금도 존속되고 있다.

이곳은 비처녀로 의심되는 경우 재판소의 명령에 따라 의사가 처녀 여부를 검사하는 공적 기관이다. 그리고 공적인 처녀 증명서를 발행한다. 어떻게 된 일인지 초야 이후에도 초야를 치르기 전에 처녀였다는 것을 의학적으로 증명해주는 듯한데 어떤 진단 기준으로 판단하는지는 의문이다.

이렇게까지 해도 불평하는 처녀충들은 공포의 독재자 사담 후세인이 용서치 않을 것이다! 비처녀라도 여성을 살해한다면 살인죄로 처형할 것이다! 명예 살인 같은 궤변은 용서치 않는다! 이처럼 엄혹한 나라였지만 후세인 대통령이 죽은 후에는 정치 체제가 붕괴해 바그다드 이외의 의료법무기관은 기능하지 않는다. 독재자의 비호를 잃은 지금의 '공적 처녀 증명서'의 효력은 무력하다.

악의 축으로 불린 독재자보다 먼저 그런 처녀충들을 말살했어야 한다는 생각이 든다.

Memo:

KARTE No. 030

이상 성욕·현자 타임·절륜남…

성욕과 호르몬의 관계

억누를 수 없는 충동으로 자위를 계속하는 이상 성욕. 성욕이 해소된 뒤 급격히 냉정해지는 현자 타임. 이런 것들은 모두 호르몬 때문이다. 성욕은 호르몬에 지배되는 것일까?!

인간 남성에게는 성욕을 억제하는 '프로락틴'이라는 호르몬이 있다. 중도의 우울증 환자에게 처방되는 비정형 항정신병약 '아리피프라졸'의 부작용 중 하나로, 이상 성욕을 일으켜 자위를 멈출 수 없게 되거나 성적 도착이 발병하는 증례가 보고되었다. 그런 이유로 2016년 미국의 식품의약품국(FDA)은 충동 제어에 관한 부작용을 경고했으나 일본에는 그런 경고가 추가되어 있지 않다. 이 약에는 그 밖에도 다양한 위험성이 지적되는데 폭음폭식, 낭비, 이상 성욕, 도박 의존, 타인에 대한 가해 행위…등을 초래할 가능성이 있다는 것이다. 일반적인 우울증 약이 듣지 않는 환자를 대상으로 처방되는 강력한 약이기 때문에 아무래도 강한 부작용이 있으며 성욕 이외에도 다양한 방면으로 폭주할 수 있으므로 신중히 투여할 필요가 있다. 당연히 약국에서는 살 수 없는 의사의 처방이 필요한 약으로 극약으로 지정되어 있다.

사실 이 아리피프라졸의 작용 기전은 분명히 알려져 있지 않다. 이상 성욕이 일어나는 이유 역시 분명치 않으며 약제성 저프로락틴 혈증이 원인이라는 설이 있다. 미국의 조사에서 복용자의 44%가 저프

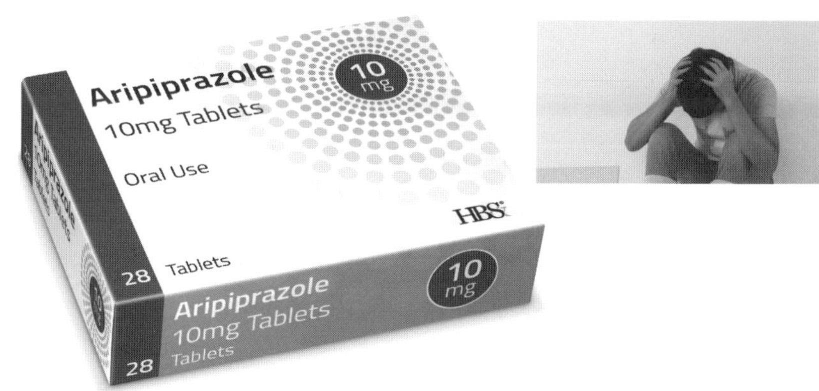

아리피프라졸

비정형 항정신병약의 하나로, 중도의 우울증 환자에게 처방된다. 강한 약이기 때문에 부작용도 크다. 성욕을 억제하는 호르몬 양을 저하시켜 이상 성욕을 초래할 위험성이 보고되었다. 자위를 멈추지 못하는 부작용도….

참고 문헌·사진 출전 등	●「Hypersexuality associated with aripiprazole: a new case and review of the literature」 https://www.ncbi.nlm.nih.gov/pubmed/25293487 이상 성욕을 일으킨 복용자가 약의 복용을 중단하자 증상이 멈추었다는 근거로 제시된 논문.

로락틴 혈증으로 진단되었으며 일본에서 유통되는 약에 첨부된 문서에도 내분비계 부작용으로 프로락틴 저하를 명시했다. 일본에서 이루어진 임상 시험에서는 10.9%의 피험자에게서 프로락틴 저하 부작용이 나타났다.

프로락틴은 여성의 임신부터 수유에 이르는 긴 기간에 걸쳐 중요한 역할을 하는 호르몬이기 때문에 여성 의학 분야에서는 상당히 심도 깊은 연구가 진행되었지만 남성의 경우는 충분히 연구되지 않았다. 인간의 호르몬 체계는 무척 복잡해서 시상하부에서 프로락틴 방출 호르몬(PRF)이 나오면 그것을 포착한 하수체 전엽에서 프로락틴이 분비된다. 그런데 동시에 하수체 전엽에서 대량의 도파민을 포착하면 프로락틴은 분비되지 않는다. 즉 '호르몬을 방출하라고 명령하는 호르몬'과 '호르몬을 방출하지 말라고 명령하는 호르몬'이 동시에 분비되어 더 많은 쪽이 이김으로써 프로락틴 방출량이 결정되는 것이다.

아리피프라졸에는 도파민 자극을 조절하는 성질이 있는데 사람에 따라서는 성욕을 억제하는 프로락틴의 양이 부족한 경우가 있다. 즉, 충동 제어 불능에 빠져 폭주하는 것은 이 호르몬이 부족한 탓이라는 것이다.

현자 타임의 실태는 호르몬의 농도

실제 남성 호르몬 연구가인 비뇨기과 전문의가 자신을 포함한 7명을 대상으로 왼팔로는 채혈을 통해 호르몬 농도를 실시간으로 측정하고 오른팔로는 자위를 하는 실험을 실시했다. 이 논문이 실리기만 하면 이그 노벨상도 노릴 수 있을 텐데 지금의 일본에서는 어려울 듯하다.

실험 결과, 사정 후 현자 타임이 찾아오면 성욕을 억제하는 프로락틴의 혈중 농도가 상승했다. 고환에서 분비되는 남성 호르몬 테스토스테론의 농도는 사정 때까지 계속 상승하다 사정 후 급격히 하강한다는 것이 판명되었다. 현자 타임의 정체는 성욕을 활발하게 만드는 호르몬의 농도 저하와 성욕을 억제하는 호르몬의 농도 상승이 동시에 일어나는 내분비 대사에 의한 현상인 것이다.

참고로, 사정 후 프로락틴이 분비되지 않는 사람은 몇 번이고 사정이 가능한 이른바 '절륜남'이 된다. 하지만 이것은 단순한 내분비 질환이다.

'브로모크립틴'이라는 프로락틴 분비 억제약이 있다. 원래는 고프로락틴 혈증이 원인으로 배란이 멈춰 불임이 된 여성에게 처방하는 여성 전용 약제이지만 남성에게 처방하면 정력절륜해질지도 모른다. 하지만 성욕 이외에도 다양한 방면으로 폭주할 수 있으니 추천하진 않는다. 시도해볼 생각도 하지 않기 바란다(웃음).

프로락틴의 작용은 남녀가 완전히 다르다. 기본적으로 혈중 프로락틴 농도의 평균치는 여성이 높고 남성은 낮다. 133쪽의 그래프를 보면 남성은 10~12 정도를 높은 수치로 보지만 여성의 경우는 평균치로 본다. 그러므로 여성에게서 프로락틴 저하가 일어나는 것은 일단 불가능하다. 폭주하는 것은 남성 특유의 부작용인 것이다.

Memo:
● 현자 타임 검증 Dr. 고바@남성 호르몬 연구가(@KobaKobauro)
https://twitter.com/hougane99/status/1137641226482487296

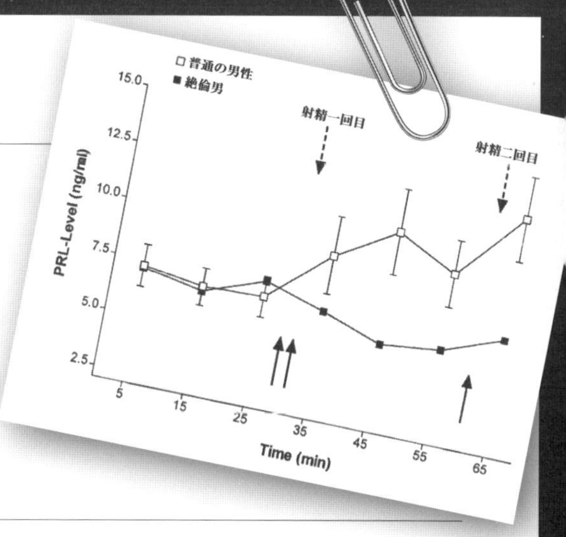

일반 남성과 절륜남의 혈중 프로락틴 농도의 변화
아래 논문에 게재된 그래프에 저자의 코멘트를 덧붙였다. 자위를 통한 오르가즘이 30분 후 그리고 60분 후에 유발되었다. 증례가 된 피험체는 최초의 자위 이후 두 번의 오르가즘을 경험했다.

「Absence of orgasm-induced prolactin secretion in a healthy multi-orgasmic male subject (절륜남의 오르가즘 유발 프로락틴 분비가 결여되었음을 보여주는 증례)」
https://www.nature.com/articles/3900823

반대로 여성은 프로락틴 농도가 지나치게 높아지는 일이 빈번하기 때문에 이를 낮추는 약이 존재한다. 여성 특유의 고프로락틴 혈증의 증상으로는 모성이 과잉해져 자녀 이외의 존재에 대해 적대적인 행동을 취하는 등 공격성이 강해지는 듯하다. 남편에게도 공격성을 드러내는 경우가 있다. 아내의 히스테리가 심한 경우 고프로락틴 혈증을 의심해볼 수 있다.

강한 성욕을 지닌 영웅의 정체는…

예부터 '영웅호색(英雄好色)'이라는 말이 있지만 실은 단순한 내분비 질환자일 가능성이 있다. 영웅으로 추앙받는 남성이 강한 성욕뿐 아니라 폭음폭식, 낭비, 도박 그리고 타인에 대한 가해 행위 등을 즐기는 성향이 있다는 것은 칭기즈 칸 같은 역대 영웅들을 보면 일목요연하다. 영웅에게는 현자 타임이 없었는지도 모른다.

그러므로 이상 성욕이나 성적 도착과 같은 증상이 나타나는 경우는 정신과뿐 아니라 내분비 내과를 찾아가 보는 것도 좋을 것이다. 현대 의학계는 고도로 전문화된 전문 바보들이 많다보니 정신과 의사가 정신 질환과 내분비 질환자를 구별하기가 쉽지 않을 것이다. 특히, 중장년 남성의 경우 갱년기 장애로 남성 호르몬이 분비되지 않아 우울증에 걸리는 유형도 있다. 이 경우는 정신과가 아니라 내분비 내과에서 호르몬을 보충하지 않으면 낫지 않는다.

인간의 정신은 생각보다 호르몬에 크게 영향을 받으며 호르몬 이상으로 정신 이상이 되는 경우도 매우 많다. 호르몬 질환은 약으로 고칠 수 있는 경우가 많으므로 원인만 알면 정신적 문제도 의외로 간단히 고칠 수 있을지 모른다.

KARTE No. 031

남자의 급소라고 불리는 이유?

고환 해부학 강좌

예부터 남성 최대의 급소라고 불리며 크게 다치면 목숨을 잃을 수도 있다는 말까지 있는 고환. 의학적으로는 사실이 아니지만 고통이 따르는 것은 분명하다. 그 이유와 약점 극복 가능성을 고찰해보자.

결론부터 말하자면, 고환은 인간의 급소가 아니다.

간혹 고환에 중상을 입고 구급 운송되는 환자가 있다. 실제 고환의 손상이 너무 심해 절제할 수밖에 없던 증례도 있지만 그 정도 중상에도 사망은커녕 퇴원 후 아무런 장애도 없이 정상적인 생활을 하는 경우도 있다. 생식 능력의 상실을 제외하면 고환이 없어도 음경만 무사하면 성행위 자체는 가능하다.

역사적으로도 '궁형', '거열형'이라고 불리는 형벌이 존재하며, 고환을 절제한 환관이 평범히 활약하며 장수했다고도 한다. 가축의 거세도 오래 전부터 이루어져 왔다.

최근에는 성전환 수술로 고환을 절제하는 사람도 있지만 특별한 후유증이 보고된 일은 없다. 고환에는 지혈이 힘든 출혈을 일으키는 굵은 혈관도, 손상되면 생명 유지나 운동 능력에 지장을 초래하는 신경 조직도 없다. 적절히 처치하면, 절제하는 것은 크게 어렵지 않다는 말이다. 인간 이외의 동물도 마찬가지로 고환이 없어도 삶의 질이 낮아지는 경우는 거의 없다.

그럼 왜 고환이 급소라고 불리는 것일까?

고환 공격으로 상대에게 치명상을 입힐 수는 없지만 행동 불능에 빠지게 할 수 있기 때문이다. 목숨을 걸고 싸우는 전투 중 행동 불능에 빠진다는 것은 곧 죽음을 의미하기 때문이다. 이처럼 상대를 행동 불능에 빠트리는 힘을 영어로는 '저지력(Stopping power)'이라고 한다. 즉, 고환 공격은 살상력은 없을지라도 매그넘 탄환을 맞은 정도의 충격을 줄 수 있다는 것….

고환의 실태 해설

뼈나 피하지방이 없고 얇은 근막으로만 둘러싸인 고환은 지극히 무방비한 상태이지만 그 구조는 의외로 강고하며 인간의 신체 중 가장 튼튼한 피부를 가지고 있어 타격을 받아도 쉽게 손상되지 않는다.

■육양막

보통 피부 밑에는 지방이 있지만 고환에는 지방이 없는 대신 이 평활근 섬유층이 있다. 고환 피부

Memo:

참고 문헌·사진 출전 등 ●「만성 음낭통(chronic orchialgia)의 치료」 https://www.ncbi.nlm.nih.gov/pmc/articles/PMC3126083/

●「급성 음낭증 진료 가이드라인」「비관혈적 치료(용수적 치료)」 http://www.urol.or.jp/info/guideline/data/09_acute_scrotum_2014.pdf

남성의 급소라고 불리는 고환은 크게 다쳐도 목숨을 잃을 일은 없다. 하지만 성기 대퇴 신경, 정소 신경, 장골 서혜 신경이라는 3대 신경이 지나기 때문에 공격을 받으면 엄청난 고통이 따른다. 그러므로 여성에게 있어 고환 공격은 매우 유효한 방법이다…털썩 하고 주저앉게 만들 수 있다.

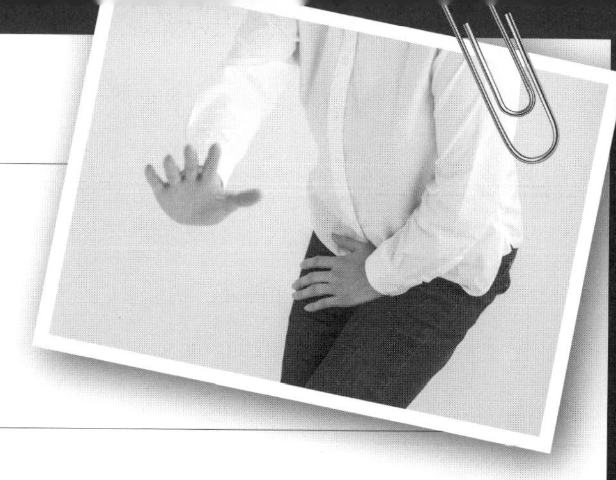

를 수축시키는 작용을 하며 방열을 조절한다. 고환에 주름이 있는 것은 이런 이유 때문이며 수축되었을 때는 이 근육이 긴장한 상태이다.

■정소 거근

고환을 위쪽으로 당기는 기능을 한다. 복근과 연결된 횡문근이기 때문에 마음대로 움직일 수 있다. 나 역시 스스로 고환을 올리거나 내리는 것이 가능하지만 안 되는 사람도 있는 듯하다. 이런 동작은 이 근육이 긴장함으로써 일어나는 현상이다.

■정소 초막

벽측판과 장측판의 두 조직이 결합해 이루어진 조직으로 림프액을 분비한다. 지나치게 분비되면 '음낭 수종'이라는 병이 되어 고환이 비대해진다. 의학이 발달하지 않았던 시대에는 이야기 소재가 될 만큼 비대해진 사례도 많았다. 현대에도 의료가 낙후된 지역에서 고환의 무게가 60㎏가 넘는, 그야말로 체중의 절반가량이 고환인 믿어지지 않는 환자가 발견되기도 했다.

일본 화가 가쓰시카 호쿠사이가 그린 '대낭'이라는 그림처럼 치료하지 않고 방치하면 진짜 그렇게 된다. 그럼에도 죽기는커녕 무거운 고환 탓에 힘든 것 말고는 큰 고통도 없어 호쿠사이의 그림처럼 고환을 짊어지고 다닐 수 있다고 한다. 이 그림은 의학지 등에서 밴크로프트사상충이라는 기생충이 원인인 것으로 소개되는 일이 많은데 그 경우는 음경까지 거대해진다. 길이 58㎝, 둘레 50.5㎝라는 그야말로 '대물'이 되어버린 증례가 있으며 근대 일본에도 실례가 있다.

■정소

정자를 만드는 고환의 중핵이라고 할 수 있는 부위로, 남성 호르몬을 분비하는 역할도 한다. 일부라도 정상이면 정자를 생산할 수 있으므로 손상되거나 약간 다치는 정도는 크게 문제가 되지 않는다.

■정소상체

길이 6~7m의 가느다란 관으로 정자를 성숙시키는 기능을 한다고 알려져 있다. 참고로, 고환에 직접 정자를 채취할 때는 정소가 아닌 이곳에 주사바늘을 찔러 채취한다.

■정관

정자를 운반하는 관으로, 약 30~40㎝에 이르는 긴 관을 거쳐 전립선을 지나 음경으로 연결된다. 사정하기까지 정자를 휴면 상태로 대기시키는 장소이기도 하며 고환과 음경은 직결되어 있지 않다.

■초상돌기 흔적

성별이 분화하기 전 태아 상태에서는 후에 정소가 난소로 바뀌는 기관이 난소 위치에 있으며 성별이 남성으로 결정되면 주머니 모양의 음낭이 생긴다. 태어나기 두 달 정도 전에 고환의 내용물이 될 장기가 내려와 음낭에 들어가면 고환이 완성된다. 그때 통과한 구멍이 막힌 흔적. 간혹 생후에도 고환이 완전히 음낭에까지 내려오지 않은 '정류 정소'라는 이상이 있다. 저절로 내려와 낫는 경우와 외과 수술이 필요한 경우가 있다. 이 구멍은 생후 1년 정도면 막히기 때문에 만화에서처럼 고환을 몸속에 숨겨 방어하는 것은 의학적으로 불가능하다.

대낭
고환이 비대해 두 사람이 짊어지고 있는 모습을 그렸다(『호쿠사이 만화』 제12편 참조).

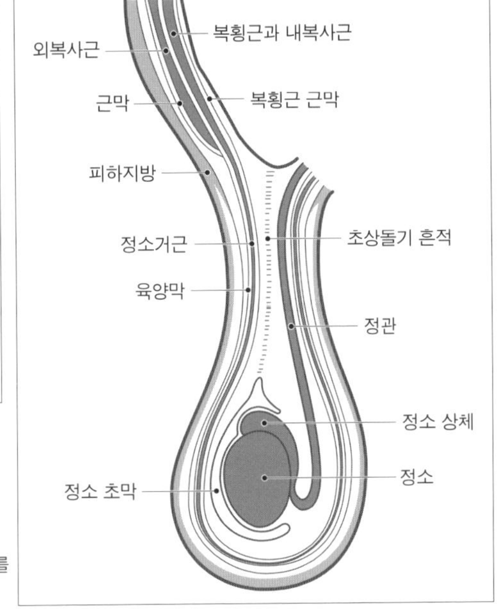

고환 해부도
『Rauber Kopsch Anatomy』를 바탕으로 저자가 작성.

Memo:
●「음모음낭 상피병의 증례 보고」
https://www.jstage.jst.go.jp/article/tmh1973/2/1/2_1_59/_pdf/-char/ja

고환 공격이 고통스러운 이유?

고환에는 성기 대퇴 신경, 정소 신경, 장골 서혜 신경이라는 3대 신경이 지나고 있다. 왜 그렇게 많은 신경이 필요하며 무슨 역할을 하는지 궁금할 것이다. 이들 신경은 여성의 경우 자궁이나 난소에 관련한 중요한 역할을 한다. 인간이 모체 안에서 성별이 분화할 때 여성의 경우 자궁이나 난소에 배치되는 신경이 남성은 고환에 모이는 발생학적 사정에 의한 것으로, 솔직히 말해 고환을 움직이거나 수축하는 것뿐인 크게 중요하지 않은 신경으로 외과 수술로 절단해도 큰 문제는 없다.

고환을 가격 당했을 때의 고통을 해부학적으로 여성의 육체로 바꿔 생각하면, 난소를 가격 당한 정도의 고통이지만 난소를 가격하는 것은 물리적으로 불가능하기 때문에 남성의 고통을 여성이 체감하는 것은 불가능하다. 고환을 가격 당하면 고환의 3대 신경이 극심한 통증을 느끼고 그 통증이 복강의 신경절을 자극해 구역질 또는 구토를 일으켜 미주 신경이나 교감 신경 등의 구심 신경로를 통해 중핵 신경계로 전달되면서 혈압 저하, 빈맥 등의 충격 증상이 나타난다.

즉, 고환 신경에 강한 자극이 가해지면 생명 유지에 관련한 중요한 신경계에 과도한 자극이 전달되어 생체 내부의 항상성이 현저한 오류를 일으키면서 흔히 '까무러친다'고 표현하는 상태에 빠진다. 심각한 충격 증상이 나타나지만 인간은 생체 내부의 항상성이 흐트러지면 바로 안정된 상태로 돌아가려는 힘이 작용하기 때문에 1시간 정도 지나면 회복된다. 고환을 가격 당했을 때 느껴지는 극심한 고통은 고환 따위에 불필요한 신경이 배치된 인체 설계상의 결함에서 비롯된 것이다.

정당방위 성립? 낭심 가격의 합법성

이제 고환 가격이 고통에 비해 경증에 그친다는 것을 알았을 것이다. 그 말은 곧, 여성이 남성으로부터 폭력 피해를 당했을 때 낭심 차기라는 반격은 지극히 합법성이 높은 공격이라는 것을 의미한다.

정당방위가 성립하려면 '반격 행위는 침해 행위의 강도에 상응하는 정도여야 한다'는 법률상의 원칙이 있다. 예컨대 '따귀를 맞고 칼로 찌르는' 행위는 정당방위가 성립하지 않는다. 하지만 '따귀를 맞고 낭심을 걷어차는' 경우 병원에서 진단되는 부상의 정도는 수 시간에서 하루 정도 안정을 취하면 저절로 낫는 수준이다. 남성 측에서는 따귀와 비교도 되지 않을 만큼 극심한 고통을 겪었지만 의학적으로는 경증으로 판단되는 것이다. 그러므로 법적으로는 '따귀'에 대한 '낭심 차기' 행위는 정당 행위로 인정될 가능성이 높다는 것을 의미한다. 상대의 가해 행위가 강간이나 강제 외설인 경우에는 고환이 으스러져 수술이 필요한 정도로 가격 당해도 정당방위가 성립할 가능성이 높다고 할 수 있다.

그러므로 남성으로부터 폭력 피해를 당했을 때는 칼이나 둔기가 아닌 고환을 가격하는 것이 최고의 방법이다.

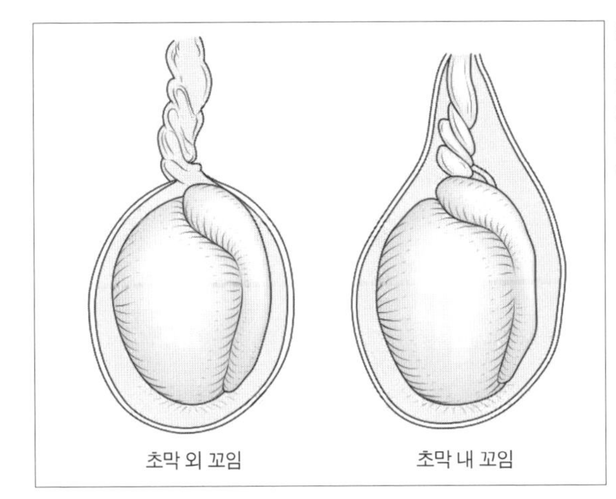

정소 꼬임증
고환 내용물이 뒤틀리면 엄청난 고통이 따른다. 혈류가 멎어 정소가 괴사할 위험성도 있다. 비뇨기과 전문의가 손으로 고환을 쥐고 비틀어 원래대로 되돌리는 방법으로 치료한다.
(「급성 음낭증 진료 가이드라인」 참조)

낭심 공격의 궁극기?

고환을 가격당해 사망에 이르는 일이 전혀 없는 것은 아니다. 외상에 의해 발병하는 예는 많지 않지만 고환의 내용물이 뒤틀리는 '정소 꼬임증'의 경우 상당한 고통이 따른다. 고환을 가격당한 후 2시간 이상 경과해도 고통이 줄어들지 않는 경우는 이를 의심할 수 있으니 병원에 가보기 바란다.

고환 내용물이 뒤틀렸을 때는 비뇨기과 전문의가 손으로 고환을 쥐고 비틀어 원래대로 되돌리는 방법으로 치료한다. 굉장히 고통스럽다고 하는데 성공하면 즉각 고통이 사라지고 완전히 낫지만 잘 되지 않으면 수술하는 방법뿐이다. 고환을 쥐고 비틀어 되돌린다니 만화에나 등장할 것 같지만 진짜 의사가 사용하는 '급성 음낭증 진료 가이드라인'에 '비관혈적 치료(용수적 치료)'로 실려 있는 정식 표준 치료이다.

그 말은 비뇨기과 전문의 정도의 기술이 있으면 고환을 쥐고 비틀어버리는 필살 권법도 가능하지 않을까? 만화에서 이런 필살기가 등장해도 재미있을 것 같다. 일반적인 낭심 공격보다 극심한 고통에 수일간 몸부림치다 결국 고환이 썩어 죽음을 맞는…궁극의 기술. 당연히 이런 기술을 쓸 정도의 달인이라면 치료도 가능할 것이다. '고통에서 해방되고 싶다면 머리를 조아리고 용서를 빌어라' 같은 장면도 있을 법하다.

실제 미국에서는 13세 소년이 풋볼 경기 중 낭심을 가격 당해 이런 상태가 되어 집중 치료실에서 21일이나 입원한 증례가 있다. 고환 공격으로 목숨을 잃는다면 고환이 으스러져서가 아니라 고환 내용물이 꼬인 탓일 것이다.

Memo: ●「충격 및 전신성 염증 반응 증후군을 초래하는 정소 외상: 증례 보고」
미국에서 13세 소년이 풋볼 경기 중 낭심을 가격 당해 전신성 염증 반응 증후군으로 집중 치료실에 들어갔다는 증례 보고
https://www.ncbi.nlm.nih.gov/pmc/articles/PMC2438311

무적 고환을 손에 넣는 방법

이대로는 남성이 일방적으로 불리하기 때문에 의학적으로 낭심 공격의 약점을 극복할 수 있는 방법이 없을지 생각해보았다. 다만, 고환을 절제하는 것만은 불임과 호르몬 균형을 고려해 피하고 싶다.

정류 정소로 인해 선천적으로 음낭에 고환이 들어있지 않은 사람이 있다. 자녀를 가질 수 없을 뿐 아무런 처치를 하지 않아도 생명에는 지장이 없기 때문에 의료가 낙후된 지역이나 오랜 옛날에는 더러 있었다. 당연히 그런 사람은 낭심 공격을 당해도 전혀 피해가 없다.

결론은 수술로 신경을 절단해 고통을 느끼지 않도록 만들면 된다. 고환의 3대 신경은 정삭이라는 3중 구조의 막으로 이루어진 관을 통해 척수로 연결된다. 신경과 함께 정자가 흐르는 정관, 동맥, 정맥도 이 관을 통과하는 고환과 몸을 잇는 주요 통로이다. 흔히 '정관 수술'이라고 불리는 불임 수술은 이 정삭 안에 있는 정관을 절단해 정자의 흐름을 막는 것인데, 같은 방법으로 신경을 절단하면 고환에 어떤 공격이 가해져도 아무런 느낌이 없는 무적 고환이 될 수 있다.

세상에는 아무것도 하지 않고, 특별한 이상도 없는데 고환을 가격당한 것과 같은 고통이 계속되는 '만성 음낭통'이라는 병이 실재한다. 이 병의 치료법으로 '현미경하 정삭제신경술'이라는 고환의 신경을 절단하는 수술이 존재한다. 1978년 처음 시행된 이후로 환자에게 큰 문제가 발생했다는 보고가 없으니 안전하다. 일본에서는 비보험 진료에 해당하지만 2시간 남짓한 수술과 2박 3일의 입원 기간이면 치료가 가능하기 때문에 큰돈이 드는 것은 아니다. 데이쿄 대학병원 비뇨기과에서 수술한 사례가 있다.

신경을 절단해도 호르몬 균형에 의해 조정되는 정자의 제조에는 영향이 없기 때문에 성적 기능은 잃지 않는다. 이 방법으로 낭심 공격의 약점조차 무력화한 무적이 될 수 있다. 다만, 고환이 비틀리는 경우 치료하지 않으면 괴사해 목숨을 잃을 수 있으므로 공격당한 후에는 주의 깊게 관찰할 필요가 있다.

무의미한 약점은 의학의 힘으로 없애면 된다.

만성 음낭통에 대한 현미경하 정삭제신경술
고환에 만성적인 고통이 있는 경우, 과거에는 절제하기도 했으나 지금은 주변 신경을 절단함으로써 해결할 수 있다고 한다.

데이쿄 대학병원 비뇨기과 남성병학 진료
https://male-urology.jp/chronic_tespain/

KARTE No. 032

오랜 미스터리를 밝히는 단면 묘사의 진실

프로젝트 SEX의 도전자들

성교 중 자궁의 움직임에 관한 연구는 레오나르도 다 빈치가 살았던 시대부터 500년 넘게 계속되어왔다. 의료 기기의 발달로 마침내 그 실체가 밝혀졌다!

1493년 레오나르도 다 빈치는 성교 중인 인체의 단면을 그렸다. 1820년경에는 가쓰시카 호쿠사이가 촉수물을 그리는 등 이런 단면 묘사는 오래 전부터 존재했다.

하지만 그런 단면도는 모두 추측을 바탕으로 그린 것일 뿐 실제 자궁의 운동을 관찰한 것은 아니었다. 의학적 추론이라고 보기 어려운 미신을 믿어온 것이다.

그런 단면 묘사의 진실을 밝히고자 많은 의학자들이 도전했다. 미국의 성 과학 연구자 로버트 라투 디킨슨(Robert Latou Dickinson) 박사는 5,200장에 이르는 단면 묘사를 그렸다. 하지만 그의 저서 『눈으로 보는 인체 섹스 해부학(Atlas of Human Sex Anatomy)』은 기독교 단체의 압력으로 발행이 금지되었다. 외설적인 문서 등의 유통을 제한하는 악명 높은 컴스톡 법에 의해 1873년부터 반세기가 넘는 세월 동안 단면 묘사는 단속의 대상으로 3,600명의 사람들이 체포되었다.

이렇게 에로는 죽음을 맞았다…고 생각했을 때 한 명의 변태가 등장했다. 성 과학자이자 동물학자인

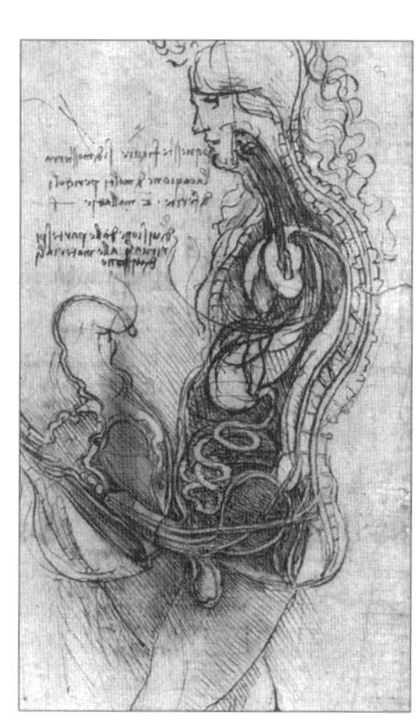

Coition of a Hemisected Man and Woman
1493년 레오나르도 다 빈치가 그린 현존하는 세계에서 가장 오래된 성교 중 인체의 단면을 묘사한 그림. 영국 왕립컬렉션 소상.

눈으로 보는 인체 섹스 해부학
(Atlas of Human Sex Anatomy)
R.L. 디킨슨 저.

Memo:
참고 문헌·사진 출전 등 ●「Coition of a Hemisected Man and Woman」
https://ja.wikipedia.org/wiki/%E3%83%95%E3%82%A1%E3%82%A4%E3%83%AB:Coition_of_a_Hemisected_Man_and_Woman.jpg

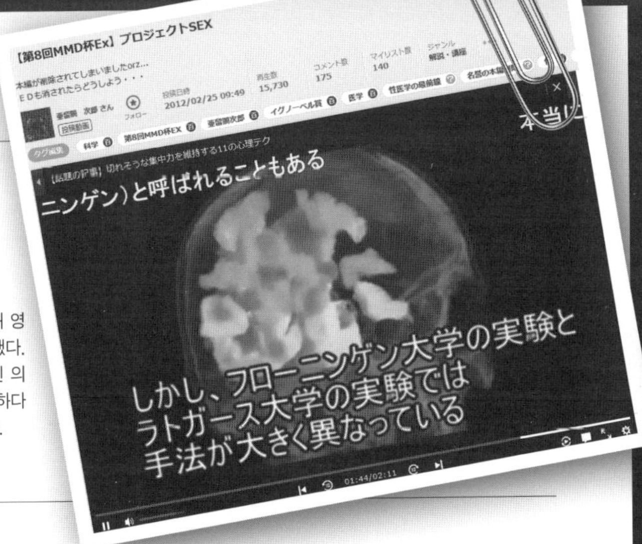

【제8회 MMD배 Ex】
프로젝트 SEX
https://www.nicovideo.jp/watch/sm17071021

사흘간 재생횟수 10만 회를 넘기고 닷새째 영상이 삭제당한 '프로젝트 SEX'를 재현했다. 2000년도 이그 노벨상을 수상한 본격적인 의학 논문을 바탕으로 한 연구 영상을 삭제하다니 의학에 대한 탄압이라고밖에 할 수 없다.

알프레드 킨제이(Alfred Charles Kinsey)였다. 킨제이 박사는 양성애자이자 마조히스트였으며 난교 애호가이기도 했다. 심지어 곤충의 교미에도 욕정을 느끼는 확고한 변태로 특히 혹벌을 좋아했다고 한다. 그는 인디애나 대학교에 성 연구소를 설립했다. 그가 발표한 「킨제이 보고서」는 지금도 성 의학 자료로서 다양한 의미에서 큰 영향력을 가지고 있다.

단면 묘사의 가장 큰 난제는 질이나 자궁 등 내장의 움직임을 관찰하기 어려운 점이었다. 그 난제에 도전한 연구자들을 소개한다.

■1960년대 미국 필라델피아에서 섹스 머신 개발

마스터즈 W.H. 의사와 존슨 V.E. 박사가 유리로 만든 투명한 인공 성기를 사용해 삽입 상태의 질과 자궁을 관찰하기 위한 섹스 머신을 개발했다. 질이 젖으면 자궁 용적이 50~100%나 변화하며 자궁이 펌프처럼 정액을 빨아들인다고 발표했다.

■1955년 일본 도쿄 대학 강당에서 SEX 실연

여성 의사이자 참의원 의원인 야마모토 스기는 35세에 의학 박사 학위를 받은 천재. 교과서로 사용하기 위해 자신의 성기 사진을 수정 없이 실은 의학서를 출간했다. 앞서 이야기한 디킨슨 박사의 저작을 비롯한 성 의학 관련 서적에 의학 박사 및 참의원 의원으로 추천글을 썼다. 의대 강당에서 성행위 관련 강의를 해 대학에서 해고된 후 국회의원에 입후보해 당선되었다. 일본의 남성 간호사 문제를 개선했다. 이런 위인이 널리 알려지지 않은 것은 의학회의 흑역사이기 때문일까?

■1982년 미국 러트거즈 대학교의 성교 중 CT 촬영

당시의 CT 촬영 기술로는 움직이는 내장을 촬영할 수 없어 실패로 끝났다.

● 흐로닝언 대학교 https://ja.wikipedia.org/?curid=720005

1993:Siemens MAGNETOM Vision(1.5T) 발매

- 지멘스사 제품 초전도 1.5T 장치.
- CP(Circular Polarization)형 배열 코일, Turbo SE(Spin Echo), Single Shot EPI(Echo Planar Imaging), 스펙트로 스코피 기능 등을 탑재했다.

MAGNETOM Vision 1.5T
(지멘스사) 1993년 발매. 흐로닝언 대학교의 성교 촬영에 사용된 MRI('MRI 진단장치 상세 연표' 참조)

MRI

JIRA

MRI診断装置　詳細年表

西暦	月	できごと
1946年	–	Felix Bloch、Edward Purcell NMR現象を発見
1973年	–	[illegible]
1973年	–	Lauterbur NMRの画像化に成功
1974年	–	NMRによるマウス画像撮影
1978年	–	NMRによる初の人体画像撮影
1979年	–	[illegible]
1979年	–	東芝：NMR-CT基礎研究開始
1980年	–	NMR-CTの臨床応用開始
1981年	–	[illegible]
1981年	–	[illegible]
1981年	–	[illegible]
1981年	–	[illegible]
1982年	–	FONAR QED-80α（0.05T 永久磁石）[illegible]
1982年	–	[illegible]
1982年	–	[illegible]
1983年	–	[illegible]
1983年	–	日立：0.15T常電導MRI（G-10）発売
1983年	–	[illegible]
1983年	–	[illegible]
1983年	–	BRUKER BNT-1000J (0.15T 常電導) [illegible]
1983年	–	旭化成 MARK-J (0.15T 常電導) [illegible]
1983年	–	Picker 0.3T 超電導 千葉大に据え付け
1984年	–	[illegible]
1984年	–	[illegible]
1984年	–	島津：0.2T 常電導MRI（SMT-20）発売

■1992년 아르헨티나 라플라타 대학교의 성교 중 초음파 촬영

라일리 박사가 여성의 항문에 초음파 탐지기를 삽입해 자궁의 움직임을 관찰했다. 이때 자궁의 운동이 확인되지 않으면서 성교로 자궁이 수축한다는 설을 부정했다.

의료기기의 발달로 다양한 촬영이 시도되었다. 그리고 이제부터가 이번 장의 핵심. 성교 중 MRI 촬영에 도전한 남성들의 기록이다.

4명의 의학자들에 의한 프로젝트 SEX

1991년 4명의 의학자가 진실을 밝히기 위해 네덜란드 흐로닝언 대학교에 모였다. 펙 반 안델 생리학 박사, 빌리브로드 바이마르 슐츠 산부인과 조교수, 이다 사벨리스 인류학 박사, 에두아르트 모야르트 방사선과 의사. 이들에 의해 '프로젝트 SEX'가 시작되었다.

하지만 이 프로젝트에는 난제가 잇따랐다. 처음 맞닥뜨린 문제는 피험자를 확보하는 일이었다. TV 과학 프로그램을 통해 모집하거나 신문에 광고를 내기도 하고 대학교 게시판에 벽보를 붙이며 간신히 한 쌍의 부부가 협력하기로 했다. 1991년의 어느 토요일, 세계 최초의 성교 중 MRI 촬영이 시도되었다. 하지만 당시 사용된 필립스사의 MRI는 피험자가 움직이면 촬영이 잘 되지 않아 노이즈가 많은 열화된 영상밖에 얻지 못했다.

그로부터 5년 후인 1996년에 신형 MRI가 도입되었다. 지멘스사의 'MAGNETOM Vision 1.5T'였다.

Memo:
- 일본 영상의료 시스템 공업회 「MRI 진단장치 상세 연표」 http://www.jira-net.or.jp/vm/chronology_mri_01.html

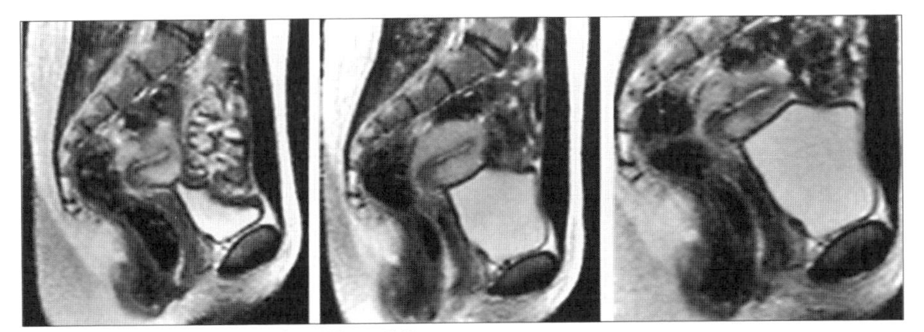

'성교 중 남녀의 성기 및 여성의 성적 흥분시의 MRI 영상'
네덜란드의 4명의 의학 박사가 성교 중 자궁의 움직임 등을 연구해 영국의 의학지 『BMJ』에 논문을 투고했다. 위 사진은 성교 중의 MRI 영상이다. 왼쪽은 안정 시, 중앙은 절정 직전, 오른쪽은 절정 후의 모습. 이 논문은 2000년 이그 노벨상 의학상을 수상했다.

심장 박동도 실시간으로 촬영할 수 있는 신형기기라면 어떤 움직임에도 촬영이 가능할 것이라고 기대했다. 세 쌍의 커플을 확보해 촬영을 시작했다. 하지만 성교 중 촬영이 익숙지 않았기 때문에 발기가 되지 않거나 절정에 이르지 못하는 등 절정 시 자궁의 움직임에 대한 중요한 관찰 결과는 얻지 못했다.

2년 후인 1998년 네덜란드에서도 비아그라를 이용할 수 있게 되었다. 이것으로 발기가 되지 않는 문제는 해결되었기 때문에 다시 네 쌍의 커플과 여성 세 명이 참여한 성교 중 촬영을 시도했다. 하지만 여성 피험자들이 좀처럼 절정에 이르지 못하는 사태가. 그런 와중에 단 한 명만이 자위기구를 이용해 절정에 이르는 데 성공했다. 무명 포르노 배우였던 마리 윈저라는 여성이었다. 그녀는 공연외설죄로 100시간의 사회봉사 명령을 받았으나 이 실험에 참여하면 하루에 100시간 분량의 사회봉사를 대신하게 해준다는 말을 듣고 실험에 응했던 것이다.

그녀라면 이런 특이한 상황에서도 절정에 이를 수 있을 것…이라는 마지막 희망을 걸고 운명의 SEX가 시작되었다. 그리고 마침내 그녀가 절정에 이르렀을 때, 자궁은 움직이지 않았다! 절정에 이르면 자궁이 움직인다는 것은 미신이었다는 사실이 밝혀진 것이다. 500년에 걸친 단면 묘사의 실태가 밝혀지는 순간이었다.

4명의 의학자는 이 사실을 세상에 알리기 위해 논문을 집필하고 영국의 의학지 『BMJ』에 투고했다. 그리고 2000년 이그 노벨상 의학상을 수상했다.

참고로, 나는 이 검증을 다시 한 번 확인하기 위해 4억 2천만 엔(약 42억 원)을 들여 지멘스사의 MRI를 구입했다. 하지만 니코니코 동화의 '제8회 MMD배'에 투고한 '프로젝트 SEX'의 동영상이 운영진에 의해 삭제된 충격으로 의욕을 잃은 나머지 내가 운영하는 병원에서 일반 환자를 대상으로 사용하고 있다.

● 이그 노벨상을 수상한 논문「Magnetic resonance imaging of mate and frmale genitals during coitus and female sexual arousal」
http://www.bmj.com/content/319/7225/1596

KARTE No.033

나치 독일의 인체 실험에서 시작되었다…

도핑의 명과 암

일반적인 운동으로는 도달할 수 없는 근육질 몸을 얻을 수 있는 도핑. 하지만 부작용과 위험성이 높아 악마와의 거래나 다름없다고 알려져 있는데…그 원점은 나치 독일이었다.

'테스토스테론'은 1931년 대량의 남성 소변에서 분리된 남성 호르몬의 일종. 1935년 스위스의 화학자 레오폴트 루지치카(Leopold Ruzicka)에 의해 합성되어 의약품으로 이용되었다. 그는 1939년 노벨 화학상을 수상했다.

1935년 5월 테스토스테론이 근육을 증대시켜 골격을 발달시키는 인체 강화 호르몬이라는 것이 발견된 후 2년 후인 1937년 독일에서는 인간에게 테스토스테론을 주사하는 인체 실험이 시작되었다. 그 후 제2차 세계대전에 돌입한 나치 독일이 수많은 인체 실험에 손을 댄 것은 많은 사람들이 알고 있을 것이다.

전후, 인체 실험 자료는 모두 미국에 압수되어 어떤 실험이 이루어졌었는지는 공개되지 않았다. 일설에 따르면, 병사에게 투여해 강화 인간을 만들었다고도 하는데 진위 여부는 밝혀지지 않았다. 약물 강화 병사가 특별한 성과를 거두지는 못했던 듯하다….

레오폴트 루지치카 (1887~1976년)

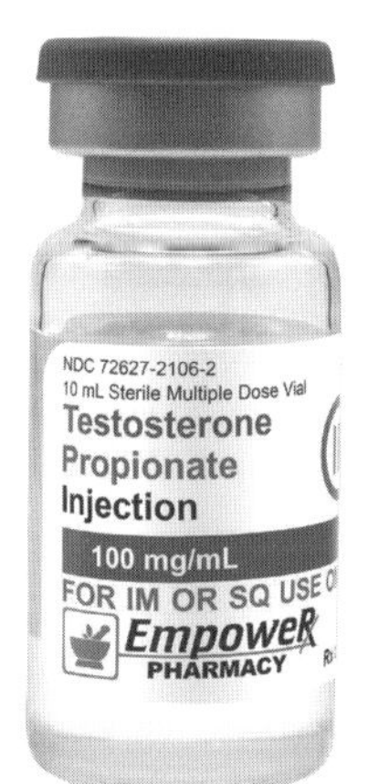

테스토스테론
1935년 스위스의 화학자 레오폴트 루지치카가 남성 호르몬의 일종인 테스토스테론 합성에 성공했다. 근육을 강화할 수 있다는 것이 밝혀지자 나치 독일에서는 병사들에게 투여하는 인체 실험을 했다고 한다. 그 자료는 전후 미국으로 넘어가 기밀로 남게 되었다….

Memo:
참고 문헌·사진 출전 등 ●존 보슬리 지글러 「Alchetron」 https://alchetron.com/John-Bosley-Ziegler#-

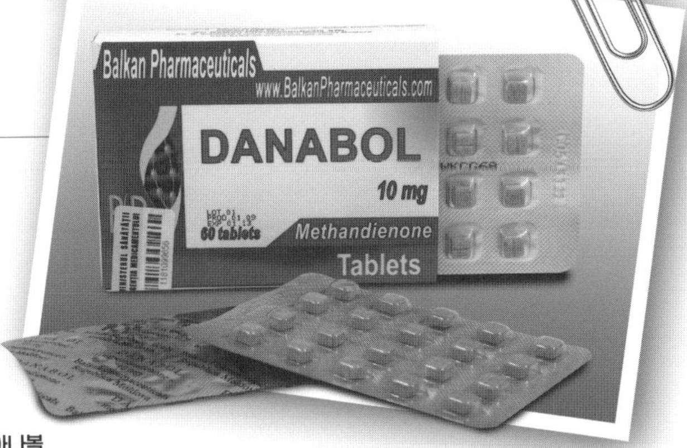

디아나볼

지글러는 미국에서 제조되는 아나볼릭 스테로이드 '디아나볼(Dianabol)'에 근육 강장 작용이 있다는 것을 발견. 1960년 로마 올림픽 역도 팀에 투여함으로써 큰 성과를 거두었다. 그 영향으로 미국 사회에 도핑이 유행했으나 심각한 부작용이 있다는 사실이 밝혀졌다. 훗날 그는 도핑에 관여한 것을 후회했다고 한다.

아돌프 히틀러의 주치의 테오도어 모렐은 히틀러에게 빈번히 테스토스테론을 주사했다고도 증언했다. 히틀러가 도핑을 하고 있었던 것이다.

미국 도핑의 아버지

동서 냉전이 한창일 때 미국의 최우선 과제는 소련을 앞서는 것이었다. 그런 이유로 테스토스테론보다 부작용이 적고 강력한 근육 강화 약물의 연구가 이루어졌다.

존 보슬리 지글러(John Bosley Ziegler, 1920~1983)는 의대 재학 중 제2차 세계대전이 시작되어 졸업 후 인턴으로 근무하던 병원이 해병대 야전병원이 되면서 누구보다 힘든 연수의 생활을 하게 된 인물이다. 미 해병대의 군의관으로 태평양 방면에서 종군해 격전지에서 일본군의 공격으로 중상을 입고 장기 입원했던 경험을 바탕으로 전후 중상환자들의 회복 치료에 힘쓰며 부상병들의 사회 복귀에 공헌했다.

그 후, 의사를 계속하며 역도 선수로 활동하기도 하고 책도 집필했다. 선수들에게 의학적인 훈련을 도입한 초기 의사 중 한 명으로, 올림픽 역도 선수이자 프로 보디빌더인 존 그리멕의 주치의를 맡기도 했다.

지글러는 도핑 검사가 없던 시절 Ciba사(지금의 노바티스사)의 지원을 받아 전후 미국이 몰수한 나치 독일의 테스토스테론 관련 인체 실험 연구 자료를 볼 수 있는 기회를 얻었다. 나치 독일의 강화 병사를 만드는 인체 실험 자료를 본 그는 근육 강화 약물을 찾기 시작했다. 그리고 1958년 Ciba사가 제조하던 남성 호르몬의 일종인 아나볼릭 스테로이드 '디아나볼(Dianabol)'에 근육 증강 작용이 있다는 것을 발견했다.

지글러는 이 디아나볼을 1960년 로마 올림픽 역도 팀에 투여했다. 그 결과, 금메달 1개, 은메달 3개를 획득하는 쾌거를 달성했다.

1960년 로마 올림픽 미국 역도 팀의 성적	
금	56kg급 찰스 빈치
은	62kg급 아이작 버거
은	77kg급 토미 코노(일본계 미국인)
은	105kg급 제임스 브래드포드

올림픽에서 도핑 검사가 실시된 것은 1968년부터였기 때문에 로마 올림픽 당시에는 무슨 약물이든 사용할 수 있었다. 덴마크의 사이클 선수 크누드 에네마르크 옌센은 도핑(흥분제) 실패로 사고를 일으켜 경기 중 사망했다. 도핑에 의한 사망 사고가 일어날 만큼 당시에는 도핑이 심각했던 것이다.

다시 돌아가면, 역도 팀의 쾌거로 디아나볼은 큰 인기를 끌었다. 마초이즘이 전성기를 구가한 동서 냉전 시대였던 만큼 남성다움을 중시하는 사상이 미국 사회를 지배하고 있었다.

누구나 만화에 나오는 슈퍼맨 같은 육체를 갈망하던 시대에 등장한 것이 불행을 가속화시켰다. 그 결과, 추천 용량의 수배가 넘는 디아나볼을 복용하고 간이나 심장 질환으로 사망하는 사람들이 발생했다. 그것을 안 지글러는 선수들을 대상으로 한 실험을 단념하게 된다….

1975년 국제 올림픽 위원회가 디아나볼을 금지 약물로 지정하면서 공식 경기에서는 사용할 수 없게 되었다. 이후 엄격한 도핑 검사가 이루어졌지만 디아나볼을 사용하면 누구나 근육질 몸을 가질 수 있었

다이너마이트 키드 (1958~2018년)

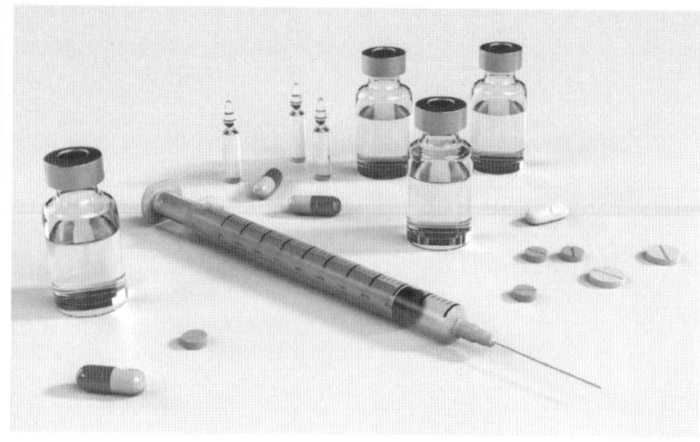

근육질 프로 레슬러

일본에서도 크게 활약한 다이너마이트 키드는 테스토스테론을 비롯한 도핑에 손을 댔다고 알려진다. 현역 시절에는 만화 주인공 같은 근육질 몸매를 자랑했지만 심장 비대 등으로 몸이 망가져 만년에는 휠체어 생활을 했다. 향년 60세.

Memo:
● 레오폴트 루지치카, 다이너마이트 키드 사진「Wikipedia」

기 때문에 스포츠 선수뿐 아니라 도핑 검사와는 무관한 일반인들까지 디아나볼을 남용하게 되었다.

헐크 호건이나 다이너마이트 키드 등 근육질로 유명한 프로 레슬러들도 사용했다. 안타깝게도 다이너마이트 키드는 지나친 도핑으로 건강을 해쳐 만년에는 휠체어 생활을 하다 60세에 세상을 떠났다.

지금도 디아나볼은 일반에 판매되고 있다. 일본에서도 위법 약물이 아니기 때문에 인터넷을 통해 손쉽게 구입할 수 있다. 하지만 인간의 몸은 전체적인 균형이 잘 이루어졌을 때 가장 건강하다. 근육만 비대한 상태는 건강하지 않은 이상 상태인 것이다. 비대한 근육은 다량의 혈액 공급을 필요로 해 심장 기능에 부담을 준다. 그 결과, 심장 질환을 일으켜 목숨을 잃는 것이다. 나치 독일의 인체 실험으로 시작되어 동서 냉전의 도핑 경쟁 속에서 완성된 강화 인간을 만드는 마법의 약은 그야말로 악마와의 거래였다.

도핑은 몸의 전체적인 균형을 유지하면서 투약해야 하는 만큼 상당한 의학 지식이 필요하다. 단순히 디아나볼만 계속 복용하면 몸의 균형이 무너진다. 부작용 중 하나인 무기력증은 외부로부터의 과잉 섭취로 내분비계의 중추인 시상하부에서 체내의 호르몬이 과잉한 상태라고 인식해 하수체 전엽에 호르몬 분비 명령을 멈추기 때문에 정소에서 남성 호르몬이 분비되지 않기 때문이다.

신체의 호르몬 균형을 원래대로 되돌리려면 남자라도 배란 장애로 인한 불임 치료제 '클로미펜(선택적 에스트로겐 수용체 조절약)'를 복용해야 한다. 도핑에 의해 무너진 호르몬 밸런스를 조절하기 위해 또 다시 약을 복용하는 것이다.

또 경구 섭취용 디아나볼은 체내 분해를 늦추는 17α 알킬레이트 가공이 되어 있기 때문에 간에 부담을 준다. 장기 복용하면 간 경변이나 간암 등 치명적인 질환의 발병률이 격증한다. 이를 막기 위해 간장을 보호하는 '실리마린'을 겸용하는 것을 추천한다.

이런 식으로 세 종류의 약을 동시에 복용하면 괜찮을 것으로 생각하겠지만 실제로는 '디아나볼 ○○㎎을 섭취하고 ○○시간 후 클로미펜 ○○㎎을 섭취한다…'는 식으로 분량의 가감 및 계산이 필요하기 때문에 일반인은 어렵다고 볼 수 있다. 그런 탓에 대부분 과잉 섭취로 인한 간이나 심장 질환으로 목숨을 잃는 사람이 끊이지 않는 것이다. 참고로, 2000년대 K-1에서 활약한 밥 샙은 워싱턴 대학에서 약학을 전공한 약학의 프로이다.

이러한 점에서 비보험 진료로 도핑 외래 같은 것을 시작하면 큰돈을 벌 수 있을 것 같은 생각이 든다. 물론, 프로 운동선수는 안 되겠지만 근육질 몸매를 원하는 일반인을 대상으로 의사가 제대로 관리해 사용하게 하면 위험성은 충분히 억제할 수 있을 것이다. 인터넷 쇼핑몰 등에서 판매되는 진위 여부도 불분명한 약보다는 의사가 엄선한 도핑약이 절대적으로 안전하다.

근육이 모든 것을 해결해준다면 악마와의 거래도 나쁘지 않을지도?(웃음)

KARTE No.034

비정상적 식욕과 성욕을 가진 당신에게…

전무후무한 수술의 가격

인육을 먹어보고 싶다거나 팔다리가 없는 여성을 안아보고 싶다…같은 비정상적인 욕망을 이룰 수 있다면, 어떤 방법이 있고 비용은 얼마나 들까? 의학적으로 계산해보았다.

일본의 의료 제도는 '진료 보수'가 책정되어 있기 때문에 수술 종류에 따라 점수와 비용을 계산할 수 있다. 흔히 '수술비'라고 하는 것은 기술비, 수혈비, 약제비, 수술용 의료기기, 특정 보건의료 재료비… 등이 합산된다. 기술비는 12개 분야로 나뉘며 계산이 무척 복잡하다. 그런 이유로 앞으로 이야기할 진료 보수는 대략적인 점수라는 것을 양해하기 바란다.※

인육을 먹어보고 싶은 경우

일본의 재판 역사상 유일한 식인죄 재판이 '히카리 고케 사건'이다. 제2차 세계대전 중, 홋카이도의 극지에서 난파된 배의 선장이 사망한 19세 선원의 인육을 먹고 살아남은 사건이다. 일본 형법에는 식인에 관한 규정이 없기 때문에 사체 손괴 사건으로 처리되었다.

이 사건에서는 사체를 먹었기 때문에 범죄가 된 것인데 건강한 인간의 살을 잘라 먹는 경우, 자신의 신체 일부라면 위법이 아니게 된다. 자신의 신체 일부를 타인에게 먹이는 것도 법적 규제는 없다. 과거 인육을 먹는 이벤트를 개최한 사람이 있었는데 소방법 위반 등을 갖다 붙였지만 결국 불기소 처분되었다. 인육을 먹어도 처벌할 법률이 없기 때문이다.

인체의 일부가 잘린 경우, 그 잘린 부위의 소유권은 누구에게 있을까? 살아있는 인체에서 분리된 부분은 원귀속자의 소유권이 인정된다고 보는 것이 통설이다. 즉, 자신의 신체 일부를 잘라냈다면 그것은 자신의 소유물이라는 말이다. 이것이 동산이라면 양도나 매매도 가능하지만 일반적인 병원의 견해는 수술로 절제한 조직은 폐기 처리하는 것이 묵시적인 승낙이라고 보고 있다. 최근에는 수술 동의서에 '수술로 절제한 조직은 폐기 처리한다'고 쓰여 있는 경우도 있다. 의사에게 확실히 말해두지 않으면 임의로 처분될 수 있으니 잘라낸 신체 일부를 먹고 싶다면 사전에 충분한 논의가 필요할 것이다.

그럼 이제 자신의 신체 일부를 잘라낼 경우 소요되는 비용을 시뮬레이션 해보자. 원래는 건강한 신체 일부를 잘라내는 것은 인정되지 않지만 팔다리를 가늘게 만들기 위한 미용 성형 명목이라면…. 어디까지나 참고일 뿐이지만 인육 100g을 잘라내는 경우 자른 후 봉합하는 데만 보험이 적용된다는 가정

Memo:
※정확한 숫자를 알려면 의료기관에 문의해야 하지만 민폐가 될 수 있으니 문의는 삼가도록 하자. 참고로, 내게 그런 의뢰가 들어온다면 블랙잭처럼 대충 엄청난 금액을 청구할 것이다.

팔다리 절단에는 진료 보수가 자세히 정해져 있어 비용에 차이가 있다. 잘라낸 팔다리를 접합하는 '절단 사지 재접합술'도 있다. 진료 보수는 144,680점으로 자를 때의 6배 이상. 여성의 팔다리를 절단한 후 다시 접합하면 양팔, 양다리 절단에 972,800엔(약 972만 원) + 재접합에 5,787,200엔(약 5,787만 원)으로 총 6,760,000엔(약 6,760만 원)이 든다. 입원비와 기타 경비까지 생각하면 보험이 적용된다 해도 1천 만 엔(약 1억 원) 정도가 필요하다. 비보험 진료라면 몇 배가 더 들지 가늠조차 할 수 없다….

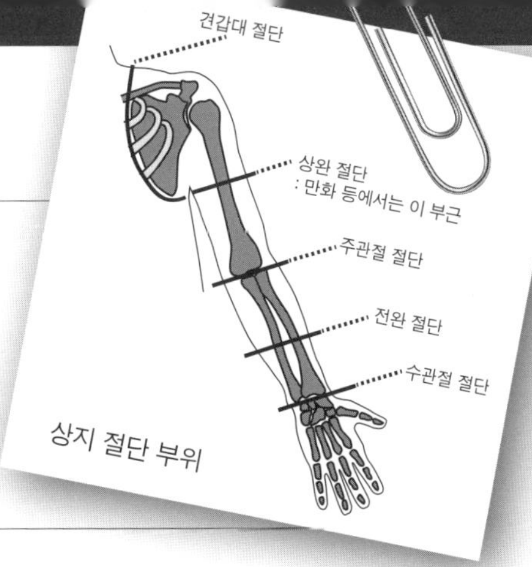

상지 절단 부위

하에 1점당 10엔으로 계산해도 51,900엔(약 51만원)이 든다. 당연히 보험은 적용되지 않을 테니 그 비용은 그 수배에 이를 것이다. 여기에 마취, 항생제, 붕대 등의 별도의 처치가 필요하다.

항목	요금
1. 피부 절개술로 15㎝ 정도 잘라낸다	8,200엔
2. 근절제술로 근육 일부를 잘라낸다	36,900엔
3. 근육 부위의 창상 처리	16,800엔
4. 잘라낸 후 봉합	43,600엔
합계	105,500엔

생살을 벗겨내는 요금은 면적으로 계산한다		
	25㎠ 미만	14,900엔
	25㎠ 이상 100㎠ 미만	43,700엔
	100㎠ 이상 200㎠ 미만	96,100엔
	200㎠ 이상	136,400엔

팔다리가 없는 여성을 안아보고 싶은 경우

엽기 만화 등에서 볼 수 있는 팔다리가 없는 여성을 안아보고 싶은 경우 필요한 비용도 계산해볼 수 있다. 사지 절단술의 경우, 팔을 자르는 것을 '상지 절단', 다리를 자르는 것은 '대퇴 절단'이라고 한다. 진료 보수는 팔다리 한쪽당 243,200엔(약 243만 원)이 들기 때문에 팔다리를 모두 절단하려면 4배인 972,800엔(약 972만 원)이 소요된다. 또 사지 절단이라도 팔이 약간 남아있는 경우와 어깨부터 완전히 절단하는 경우는 진료 보수에 차이가 있다. 팔다리를 완전히 절단하려면 '견갑대 절단'을 하게 될 것이다. 견갑대 절단술의 경우는 한쪽당 365,000엔(약 365만 원)으로 꽤 높은 편이다.

여기서 앞의 사례가 떠오르는데, 잘라낸 팔다리가 신체의 일부가 아닌 단순한 물건이 되려면 생체(生體)가 아니어야 한다. 즉, 나중에 되돌린다는 전제로 잘라낸 팔다리를 냉장고 같은 데 넣어두는 경우, 그 팔다리는 다시 몸통에 접합할 수 있는 생체로 간주되기 때문에 먹으면 상해죄로 처벌될 가능성이 있다. 실제 기계로 절단된 사람의 손가락을 가져가 절도가 아닌 상해죄로 처벌받은 사례가 있다. 손가락을 다시 접합할 수 있는 가능성이 있는 동안은 물건이 아니라 살아있는 인간의 일부로 판단해, 손가락을 가져간 행위를 손가락 절단과 동등한 상해로 본 것이다. 그러므로 냉장고에 넣은 타인의 팔다리는 마음대로 먹으면 안 된다. 정 먹고 싶다면 반드시 사전 동의를 구하기 바란다.

KARTE No. 035

대변을 검사하면 다 나온다!

식인귀 식별법

사가와 잇세이나 한니발 렉터 같은 위험한 식인귀를 식별하는 방법이 있다. 일반적인 의학 검사인 '검변' 즉, 대변을 검사하면 알 수 있다.

인육을 먹으면 '변 잠혈 양성'이 나온다. 진짜 병에 걸려 양성이 나오는 사람은 6~7% 정도이기 때문에 정확도는 높다고 할 수 있다. 인간의 혈액에만 반응하는 '인간 헤모글로빈'에 대한 특이 항체를 이용해 검사하기 때문에 자라의 피를 마시거나 설익은 비프스테이크를 먹는다고 오진되지 않는다.

참고로, 가열 조리해도 헤모글로빈 등의 단백질이 열 변성되는 것일 뿐 헴 자체의 구조는 파괴되지 않으므로 조리에 이용되는 범위의 온도로는 거의 영향이 없다. 피를 완전히 뺄 수도 없을뿐더러 근육 안에 포함된 미오글로빈의 헴도 검출되기 때문에 인간의 근육 부위를 먹는 한 검사에서 양성이 나올 것이다. 실제 가열 조리한 돼지고기나 생선도 특이성이 없는 검사 키트를 이용한 검사에서는 양성 반응이 나온다.

일반적인 검사에서는 대변 안에 인간의 혈액이 들어있는지 여부를 '양성' 또는 '음성'으로만 판정하지만 인육을 수백 g 혹은 수 ㎏ 단위로 먹는 경우는 사정이 다르다. 프랑스 경찰이 사가와 잇세이를 체포한 직후 대변을 모두 채취해 변 잠혈을 검사했다면 재판에 증거로 제출할 수 있었을 것이다. 아마 정량치 1,000ng/㎖ 이상의 높은 양성 반응이 나왔을 것이다. 이 정도 수치는 대장암 환자에게서도 좀처럼 나오지 않기 때문에 인육 섭취를 의심할 만한 충분한 근거가 된다.

하지만 재판에서 인육을 먹은 증거로 검변 검사 결과가 제출된 사례는 없다. 사가와 잇세이 사건 때도 프랑스 경찰이 심신 상실로 무죄가 된 용의자의 인육 섭취 증거를 공개하지 않았기 때문에 사가와 잇세이의 대변이 증거로 쓰였는지 혹은 검사를 받았는지조차 전혀 알려져 있지 않다.

이상의 내용은 어디까지나 이론상 그럴 것이라는 이야기이지 실제 인육을 먹여 실험한 사례는 존재하지 않는다.

식인귀 식별 방법

만약 '식인 검변 키트' 같은 것을 만든다면 특이성이 높고 감도를 낮게 설정하면 식인귀와 병자를 높은 확률로 식별할 수 있을 것이다. 특이성이 높으면 인간 이외의 혈액에 반응하기 어렵다는 것을 의미

Memo:

인육 섭취 여부는 대장암 검사 키트로 알아볼 수 있다. 아무런 증상도 없는데 변 잠혈 반응에서 양성이 나왔다면…. 섭취한 인육이 소화기관에서 완전히 배설되고 나면 양성 반응은 나오지 않는다. 그러므로 지금 사가와 잇세이를 검사한대도 음성이 나올 것이다.

『카니발—38년째를 맞은 파리 인육 사건의 진실』
http://caniba-movie.com/

하며, 감도가 낮으면 경도의 질병으로 검출되는 미량의 혈액에서는 반응하지 않는다는 것을 의미한다. 일반 검사에서 특이성을 높이면 감도가 낮아져 병변을 놓치기 쉽고, 감도를 높이면 특이성이 낮아져 위양성 반응이 나오기 쉽다. 즉, 기술적으로는 가장 쉽게 만들 수 있는 검사 키트이다.

감도가 낮은 검사에서 질병으로 인해 양성이 나온다면, 소화기관이 심하게 망가져 피를 토한다거나 대변이 검게 변하거나 항문에서 피가 날 것이다. 이런 증상이 없다면 식인을 의심할 수 있다.

또 가족이 인육을 먹고 있다는 의심이 들 경우, 개인적으로 알아보는 방법도 있다. Amazon 등의 쇼핑 사이트에서 판매되는 '대장암 검사 키트'를 구입해 의심되는 가족의 대변을 검사해보면 된다.

소화된 대변에서도 다른 동물의 혈액과 오인되지 않고 미량의 인간의 혈액을 검출할 수 있는 특이 항체(단일 클론 항체)를 발명한 게오르게스 J. F. 쾰러와 세사르 밀스테인은 1984년 노벨 의학상을 수상했다. 특이성이 없는 검사 키트를 이용한 검사는 가열 조리한 돼지고기나 생선으로도 양성 반응이 나오기 때문에 이 기술이 실용화되기 이전에는 검변 3일 전부터 식사 제한을 해야 했다.

원래 목적은 당연히 식인을 식별하는 검사가 아니라 인플루엔자부터 병원성 대장균 0157에 이르기까지 다종다양한 특정 바이러스, 세균, 특정 세포에만 반응하는 검사약으로 전 세계 의학계에서 활약하고 있다. 그 놀라운 능력과 뛰어난 범용성으로 식인귀 식별 검사에도 사용할 수 있다는 말이다.

또한 변 잠혈 검사에서 양성이 나오면 다음과 같은 다양한 질병을 의심할 수 있다. 일반적인 건강검진에서도 실시되고 있다. 인육을 먹지 않는데도 양성 반응이 나왔다면 매우 위험한 상태일 수 있으니 최대한 빨리 정밀 검사를 받아보기를 권한다.

식도	정맥암, 식도궤양, 식도암
위	위궤양, 위암, 출혈성 위염
십이지장	궤양
소장	궤양, 크론병, 육종
대장	대장암, 폴립, 궤양성 대장염, 크론병, 게실염
항문	치핵, 치루

KARTE No. 036

'장기 이식 사업'의 새로운 시장

장기 매매의 최신 사정 전편

각국의 장기 이식 관련 최신 사정을 전편·중편·후편의 3부로 구성해 정리해보았다. 먼저 인도와 중국에 관해 다룬다. 법률이 정비되었다고는 하지만 미심쩍은 부분도 적지 않다….

졸저 『세계 정복 매뉴얼』에서도 다룬 바 있듯, 장기 매매 시장에서 가장 활발히 거래되는 장기는 신장이다. 누구나 2개씩 가지고 있고 하나가 없어도 사는 데 큰 지장이 없어 팔려는 사람도 많고 이를 원하는 신장병 환자는 전 세계적으로 굉장히 많기 때문이다. 인공 투석이 필요한 질병으로 고통 받고 있을 때와 신장 이식을 받고 회복된 후의 삶의 질 향상이 현저하기 때문에 환자들은 모두 이식을 원한다.

이식 수술 실적이 늘면서 관련 연구가 발달하고 이식 성공률도 높아졌으며 이식 후의 위험성도 줄었다. 싸게 사서 비싸게 팔 수 있고, 어느 정도 설비가 갖춰진 큰 병원에서만 이식이 가능하기 때문에 시장 독점률도 높은 편이다. 계속해서 새로운 환자가 생기기 때문에 고객이 끊길 염려도 없다.

중요한 것은 현재의 장기 매매 조직은 합법적인 조직으로 위법 행위는 하고 있지 않다는 것이다.

인도의 장기 매매

인도의 신장 매매 조직으로 '인도 장기이식학회(ISOT)'가 있다. 인도의 법률을 준수하는, 인도의 의사법에 근거한 의사 면허를 소유한 합법 조직이다.

소설이나 영화 따위에서는 터무니없이 비싼 금액이 오고가지만 현실의 장기 가격은 그렇게까지 비

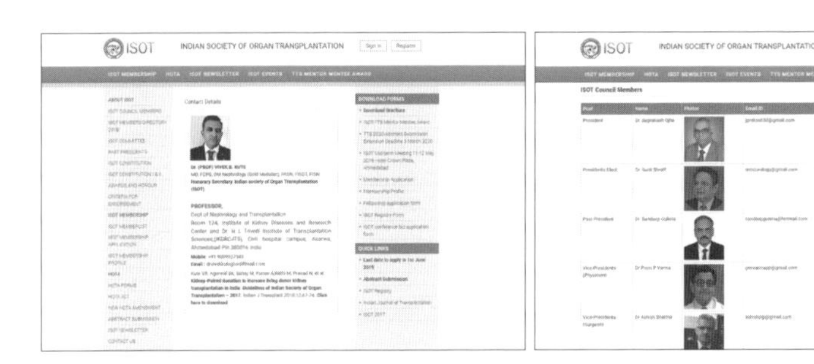

인도 장기이식학회

(ISOT: Indian society of Organ Transplantation)

https://isot.co.in/

신장 매매를 관리하는 합법적인 조직. 평의회를 구성하는 회원은 의사들이다.

Memo:

참고 문헌·사진 출전 등 ●신화 통신 http://www.xinhuanet.com//local/2017-01/22/c_1120361652.htm

장기 운송용 우선 탑승구의 정식 표시는 '인체기관 녹색통도'이다. 녹색 화살표에 표시된 '특수 여객, 인체기관 운송 통도'라는 문구는 베이징 TV가 날조한 것으로 여겨진다. 인터넷을 통해 그 영상을 캡처한 화면이 확산되었을 것이다. 이 영상이 찍힌 '우루무치 디워푸 국제공항'은 외국인도 자유롭게 드나드는 공항이다. 진짜였다면 SNS 등에 엄청난 수의 사진이 게시되었을 텐데 3종류 정도가 있을 뿐이다….

인체기관 녹색통도
(사진/신화 통신)

싸지 않다. 파는 사람의 평균 연 수입의 3배 정도가 시세이다. 인도에서는 아직도 아내를 맞을 때 지참금을 지불하는 사회 관습이 남아 있는데 같은 카스트 계급일 때 결혼 비용은 자신의 연 수입과 비슷한 정도가 시세라고 한다.

인도의 빈곤층은 가처분 소득이 적기 때문에 연 수입에 상당하는 금액을 저축하는 것은 굉장히 어렵다. 카스트 제도로 소득 격차가 큰 인도에서는 부유층의 월 소득이 빈곤층의 연 소득의 수배에 달하는 경우도 드물지 않다. 그러다보니 자신의 신장을 팔아서 결혼을 하거나 아내의 신장까지 팔면 돈을 2배나 더 벌 수 있다는 이유로 장기 매매가 연금술처럼 성행하고 있다. 심한 경우, 자녀의 장기까지 팔기도 한다고….

인도에서는 신장 매매가 흔하다보니 장기를 판 사람을 추적 조사하거나 부부가 장기를 판 이후 어떻게 살고 있는지 호별 조사를 하는 등의 통계 및 연구가 버젓이 이루어지며 논문으로 나오고 있다. 그리고 그런 연구 성과가 장기 이식 기술을 더욱 발전시켜 매매를 활성화시키는 것이다.

언론 매체 등에서 찾아가면 금방 장기를 판 사람을 만날 수 있을 것이다. '저 집이 여유가 있는 건 부부가 신장을 팔았기 때문'이라는 소문이 주변에 파다하기 때문이다.

중국의 장기 매매

중국의 장기 매매는 최근 10년 새 격변하고 있다. 중국에서는 2007년 외국인에 대한 장기 이식을 금지하는 법률이 제정되면서 2008년 대규모 적발로 장기 브로커들이 섬멸 당했다. 하지만 실상은 장기 매매 조직을 중국 공산당 지도하의 단일 조직으로 구성하고 그 이외의 조직을 모두 와해한 것이었다. 그러한 국가 공인 조직으로 2014년 중국 인간장기 제공 이식위원회(중국 인체기관 기증 이식위원회)가 설립되

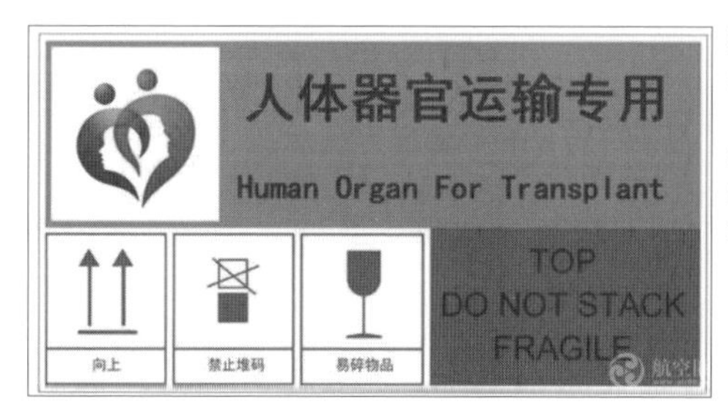

장기 수송 중임을 나타내는 마크
(사진/신화 통신)

2016년 제정된 마크. 국가 보건가족 계획위원회의 공안부와 중국 민간 항공국 등의 연명으로 공식 규격화되었다.

었다. 중국 전역의 기증자 정보를 관리하는 네트워크의 존재도 공식적으로 인정하고 있다.

그 후, 중국 전역에 걸친 대규모 장기 수송 네트워크가 구축되었다. 2016년 4월 29일 국가 보건 가족 계획위원회의 공안부, 운수성, 중국 민간 항공국, 중국 철도 공사, 중국 적십자사의 연명으로 장기 수송 관련 법령이 공포되어 장기 수송 중을 나타내는 마크도 공식 규격화되었다.

2016년 5월에는 중국 전역의 비행장에 장기 수송용 특별 배려 매뉴얼이 완성되었다. 중국 국내에서는 장기 수송용 교통망을 '녹색통도'라고 부르며, 장기 수송 전용 탑승구는 '인체기관 녹색통도'라고 표기한다. 이 탑승구는 일반 탑승구로 사용되다 장기 수송이 있는 경우에만 표시되기 때문에 일반인이 볼 기회는 많지 않다. 또 장기 수송 중을 나타내는 정부 공인 마크를 부착한 경우 보안 검사를 거치지 않고 '인체기관 녹색통도'를 통해 바로 탑승할 수 있다.

그런데 위구르 자치구의 공항에서 찍혔다고 하는 장기 수송 전용 마크 사진이 있다. '특수 여객, 인체 기관 운송 통도'라고 쓰여 있으며 옆에는 위구르어가 병기된 녹색 화살표 마크이다. 당의 지도 요령에는 존재하지 않는 마크이다. 대충 만들어 인쇄한 것을 바닥에 테이프로 붙인 듯한 조잡한 마크이다. 언제, 누가, 어디서 촬영한 것인지 조사했더니 2016년 5월 베이징 TV에서 방영된 방송을 캡처한 사진이었다. 실제 방영된 화면과 비교하자 촬영 각도부터 바닥의 모양, 반사된 전등까지 완전히 일치했다.

베이징 TV는 일본에서도 화제가 되었던 골판지 만두를 창작한 날조로 유명한 방송사이다. 자기들이 인쇄한 종이를 바닥에 붙여놓고 촬영하는 것도 굉장히 악질적인 일이지만 그곳이 진짜 공항인지조차 의심스럽다. 방송국 복도일 가능성도 있는 것이다. 주변의 모습이 찍힌 영상이 하나도 없었기 때문이다.

다시 말하지만, 이식용 장기를 운반하기 위한 전용 탑승구는 실재하며 법령으로도 공포되어 있다. 법령상의 정식 표기는 '인체기관 녹색 통도'로 '특수 여객, 인체 기관 운송 통도'가 아니다. 또 영어 병기는 있지만 위구르어를 병기하는 규칙은 존재하지 않는다.

즉, 위의 사진은 중국 전역에 걸친 장기 수송 관련 법령이 공포되었을 당시 아직 정식 표시가 없었기 때문에 방송국에서 자작한 마크라는 것이다.

베이징 TV는 중국 공산당의 국영 방송이 전신인 친정부 언론이다. 물론, 반정부 언론 매체 같은 곳이 있었다면 바로 전원 체포당했겠지만. 아무렇지 않게 정부의 위신을 떨어뜨리는 방송을 내보내는 지나치게 자유로운 체제가 이상하기 짝이 없다. 일본처럼 스폰서를 얻기 위한 시청률이 필요했던 것일까?

Memo:

KARTE No.037

세계 최대의 장기 이식 조직과 장기 시세

장기 매매의 최신 사정 중편

장기 매매에는 막대한 비용이 든다는 이미지가 있는데 실제로는 어느 정도일까? 합법적인 이식 조직 등록비와 진료 보수 등을 바탕으로 다양하게 시뮬레이션해보았다.

중국에서 일부 종교의 신자나 위구르인이 장기 이식에 희생된다는 이야기가 있는데 솔직히 신빙성이 떨어지는 부분이 있다. 물론, 전부를 부정하는 것은 아니다.

먼저 의문이 드는 것은 장기 이식 대국인 중국의 실적 건수를 볼 때 위구르로부터의 수송 건수가 너무 적다는 점이다. 1,000건 정도밖에 되지 않는다. 모수가 10만 건 이상이므로 1% 정도이다. 13억 이상의 중국 인구 중 신장 위구르 자치구의 총인구는 2,500만 명으로 1/50에도 미치지 않는 인구 희박 지역이다. 한족을 제외하면, 그 밖의 소수 민족도 포함한 위구르인의 총인구는 1,500만 명 정도로, 일본 면적의 약 4.5배나 되는 교통망이 부실한 지역에서 기증자를 구하는 것은 지나치게 비효율적이다.

장기 브로커가 돈을 벌려면 인구 밀집 지대에서 찾는 편이 효율적이지 않을까? 인구 희박 지역에서 기증자를 찾는 것은 아무리 생각해도 무리가 있다.

또 위구르인을 장기 이식에 이용하는 데는 치명적인 문제가 있다. 위구르인이 사는 대도시에서 신장 적출이 가능한 수준의 외과 수술실을 갖춘 병원이 있는 곳은 카슈가르뿐이다. 카슈가르 공항에서 비행기로 장기를 수송하는 데 얼마나 걸리는지 조사했더니 베이징 공항까지 4시간 30분, 그것도 주 4편밖에 운항하지 않았다.

적출한 장기를 이상적인 조건으로 이식 가능한 수송 시간은 3시간 이하가 한계이다. 즉, 항공기로 2시간 이내 거리가 아니면 상품으로서의 가치가 떨어지는 것이다. 비행기 탑승구에서 줄 서는 시간조차 아끼기 위해 특별대우 조치를 받는데 위구르 같은 벽지에서 비싼 수송료를 내고 선도가 떨어지는 장기를 가져와봤자 의사에게 혼만 날 것이다.

요컨대, 적대자를 악마화해 자신들의 정당성을 어필하기 위한 도구로 악용하고 있는 것이 아닐까 생각된다. 그리고 그들의 호소에 전 세계의 이목이 집중되면서 실제 도시 지역 등에서 장기 매매를 위해 사람을 해치는 다수의 장기 브로커들의 존재가 드러나지 않게 되는 병폐가 생기는 것이다.

합법적인 국제 장기 매매 조직

공익 법인으로 활약하는 세계 최대 규모의 장기 이식 조직이 있다. 'DTI Community'라는 조직이다. 번듯한 홈페이지도 있지만 대부분의 정보는 보안상의 이유로 공개되어 있지 않다. 회원 등록을 하려면 신분증이나 여권 사본을 제출해야 한다. 회원 등록 시 기증자 또는 수령자를 선택하게 되어 있는데 수령자로 등록하면 기부금 청구서를 받게 된다. 내 경우는 118만 엔(약 1,180만 원)을 지불했다.

이 조직은 중국, 아프리카, 중동, 구미 등 세계 각지에서 공익 법인의 인가를 받았으며 일본의 재무대신이 지정한 기부금 공제 대상이기 때문에 세금 공제를 받을 수 있다. 매매를 희망하는 경우, 이식 코디네이터에게 연락이 올 것이다. 그때 기부금 명목의 장기 대금을 지불하게 된다.

이런 합법적 장기 브로커의 등장으로 영세한 불법 장기 브로커들이 섬멸되었다. 발견하는 즉시 경찰에 신고만 하면 알아서 처리해주니 대형 독점 조직의 지위는 더욱 굳건해진다. 합법 장기 브로커는 설비가 잘 갖춰진 대형 병원이나 유능한 의사와 면밀히 연대해 이식을 진행하기 때문에 고객이 안심하고 구매할 수 있다. 점점 더 큰돈을 벌어들인다…. 이런 선순환의 연쇄로 장기 사업은 계속 발전하고 있다. 2019년 7월 시점에 이식 실적은 10만 건을 돌파했다고 한다.

이런 국제 네트워크가 필요해진 배경에는 심장 이식이나 생체간 이식과 같이 적합 조건이 까다로운 장기를 이식하는 경우, 기증자를 찾는 것이 어려운 점이 있다. 확률적으로는 기증자의 모수가 1천 만 명이 넘지 않으면 안전한 적합자를 찾을 수 없다. 여전히 면역 억제 위험성이 크다보니 기증자의 적합률이 높을수록 면역 억제 위험성이 줄어 이식 후의 삶의 질이 향상된다. 즉, 고가의 상품은 지구 규모의 네트워크가 아니면 찾을 수 없다는 말이다.

장기 전매?!

장기 이식에 관한 수상한 일본어 홈페이지를 발견했는데 어쩌면 전매를 하는 곳이 아닌지 의심된다. DTI Community는 수령자의 가족도 대상이 된다. 즉, 친족이라고 주장해 중국에 데려가면 장기를 살 수 있을지도…?

현지에서는 서툰 중국어를 핑계로 자세한 사항은 얼마든지 속일 수 있을 것이다. 신장의 경우, 10일간 함께 지내다 중국으로 가면 되므로 장기 전매…도 가능할 것이다.

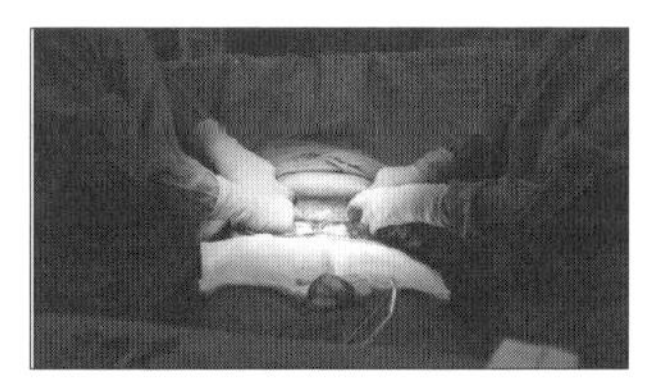

일본인의 금전 감각으로 따져보면 연소득이 200만 엔인 사람이 자신의 신장 하나를 연소득이 2,000만 엔인 사람에게 600만 엔에 판다고 볼 수 있다. 그 둘 사이에는 장기 브로커나 수술하는 의사 등이 존재하고 비교적 큰 금액이 오가기 때문에 사업이 성립한다. 그러다보면 마수가 뻗치기도….

Memo:

DTI Community **https://www.dticommunity.org/**
세계 각국에서 공익 법인 인가를 받은 세계 최대의 합법적 장기 이식 조직. 의사도 회원으로 활동하며 이식 외과 전문의나 신장 전문의도 양성하고 있다.

 일본인의 금전 감각으로 따져보면…

장기 매매로 얼마나 벌 수 있을지, 구체적으로 일본인의 금전 감각으로 따져보기로 한다. 파는 쪽은 연소득 200만 엔(약 2,000만 원) 이하의 저소득층이 자신의 신장을 연소득의 3배인 600만 엔에 파는 식이다. 사는 쪽은 연소득 2,000만 엔(약 2억 원) 이상의 고소득층이 자신의 연소득에 상당하는 2,000만 엔 정도를 지불한다고 보면 된다. 일본에서 연소득 2,000만 엔이라고 하면 신문이나 TV 등의 대형 언론사 임원, 중견급 이상의 의사, 변호사, 외자계 금융인, 자영농 등을 생각할 수 있다.

보험 진료인 신장 이식은 신장 적출술이 187,600엔(약 187만 원), 생체 신장 이식술이 628,200엔(약 628만 원)으로 저렴한 편이다. 보험 진료 보수가 1점당 10엔인 것에 대해 비보험 진료는 1점당 50엔이기 때문에 비보험 진료라면 10배 가까이 차이가 난다는 계산. 이 정도면 의사도 만족할 것이다. 단순 계산하면, 보수 2,000만 엔-신장 구입비 600만 엔-의사비 700만 엔 = 700만 엔(약 7,000만 원)의 이익이 남는다. 고객이 이식 후 퇴원해 돌아가기까지의 평균 일수는 열흘 정도이므로 최소 월소득 2,000만 엔은 보장이 될 것이다. 장기 브로커는 연소득 3억 엔(약 30억 원) 이상도 이상할 것 없는 직업인 것이다.

이식 수술에는 최소 4명의 의사와 간호사 3명이 필요하고 도구, 약, 병실, 수술 후 관리 등의 제경비가 200만 엔 정도라고 하면 의사는 1회당 100만 엔짜리 수술을 한다는 계산이니 비슷하게 큰돈을 번다고 볼 수 있다. 간호사도 1회당 30만 엔이나 받으면 쉽게 그만두지는 못할 것이다. 수술 시간은 4시간 남짓이므로 하루에 2회 수술도 가능하다. 이상은 이해하기 쉽게 해설하기 위해 현재 일본의 금전 감각으로 환산한 숫자를 대입해본 것으로 실제 중국의 경우 신장 이식은 36만 위안(약 7,000만 원), 랑게르한스 섬 이식은 120만 위안(약 2억 3,000만 원) 정도라고 한다. 일본이 중국과 같은 장기 이식 대국이 된다면 대강 이 정도 가격으로 거래가 이루어질 것이라는 것이니 창작물 등에 참고하기 바란다.

연소득이 200만 엔이든 2,000만 엔이든 똑같은 인간이다. 인간의 생명은 평등하기 때문에 연소득이 10배 이상 차이나는 사람간의 경제 격차로 인해 수요와 공급의 균형이 이루어지고 매매가 성립한다. 같은 물건도 다른 장소에 가져가면 가격이 완전히 달라지듯 경제 활동의 기본에 충실한 것이다.

KARTE No.038

당뇨병이 완치되는 마법의 이식법이 있다?!

장기 매매의 최신 사정 후편

당뇨병이라고 하면 식사 제한과 평생 인슐린 주사를 맞아야 하는 질병이라고 알고 있다. 그런 당뇨병이 주사 한 번이면 완치되는 신기술이 개발되었다. 과학은 그야말로 모든 것을 해결한다.

내 아내는 중국인인데 큰 병에 걸려 수술할 것을 걱정해 장기 매매 조직의 수령자로 회원 등록을 해 주었다. 하지만 내 병은 장기 이식을 해도 낫지 않는다고 해야 할까, 이식도 소용없는 병이라 등록할 필요는 없었는데 말이다. 위를 절제했다고 해서 타인의 위를 이식하는 경우, 거부 반응 등의 단점이 더 커서 오히려 사망의 원인이 될 수 있다.

그 장기 매매 조직으로부터 신상품에 대한 소식 '어떤 당뇨병이든 주사 한 대면 완치되는 약'이 있다는 메일을 받았다. 의학적 근거나 치료 실적 등을 물어보았더니 제대로 된 약이었다. 지금까지는 죽을 때까지 인슐린 주사를 맞으며 식사 제한 등의 삶의 질 저하를 참고 견딜 수밖에 없었는데 그야말로 마법의 치료약이 실용화된 것이다.

그런데 그 마법의 약을 만들려면 살아있는 인간의 췌장이 필요하다. 당뇨병 환자 한 사람을 치료하려면 건강한 한 사람의 생명을 희생시켜야 한다. 신장과 달리 췌장은 한 개뿐이며 떼어내면 죽는다.

일본에서도 이미 췌장섬(랑게르한스섬) 이식에 의한 당뇨병 치료가 시작되었는데 현재 일본 국내에서 이루어지는 췌장 이식은 뇌사 기증자가 제공한 췌장을 이용한다. 공급량이 압도적으로 적기 때문에 치료를 받을 수 있는 것은 말기 당뇨병 환자로만 제한된다. 이런 기준이라면 이미 신장이나 간장까지 크게 악화된 정도가 아니면 대상자가 될 수 없다.

당연한 이야기이지만, 환자의 신장과 간장 기능이 정상적인 편이 이식 성공률이 높다. 극단적인 공급 부족과 과다한 수요로 인해 균형이 무너진 결과, 이것 말고는 방법이 없는 말기 환자만이 받을 수 있는 치료가 된 것이다.

이 마법 같은 치료의 장점은 실패해도 인슐린 치료를 계속하면 현상 유지가 가능하기 때문에 고객이 사망할 위험성이 매우 낮다는 점이다. 실패해도 얼마든지 재도전할 수 있으므로 돈만 있으면 성공할 때까지 계속 할 수 있다. 사업적으로는 꽤 좋은 상품이라고 할 수 있다.

게다가 주사 한 대만 맞으면 되기 때문에 치료 중이나 치료 후 환자의 고통이 매우 적고 고객 만족도도 높은 편이다. 의사의 수고도 신장 이식보다 훨씬 적은 만큼 더 큰 수익을 낼 수 있다. 다만, 한 번 할 때마다 누군가가 목숨을 잃는 것이니 기증자를 찾는 이식 코디네이터가 고생이 많을 것이다.

'살아있는 인간의 내장을 떼어내 으깬 후 배에 주사하면 병이 낫는다.'

Memo:

'췌장섬 이식 프로젝트' 일본 국립국제의료연구센터
https://www.ncgm.go.jp/080/suitou.html

기증자에게 제공받은 췌장에서 인슐린을 만드는 세포인 췌장섬(랑게르한스섬)을 추출. 캡슐화해 당뇨병 환자의 간장에 주입한다. 췌장섬이 간장에 생착해 인슐린을 분비하면 당뇨병이 완치된다. 그야말로 꿈의 치료법이라고 할 수 있다.

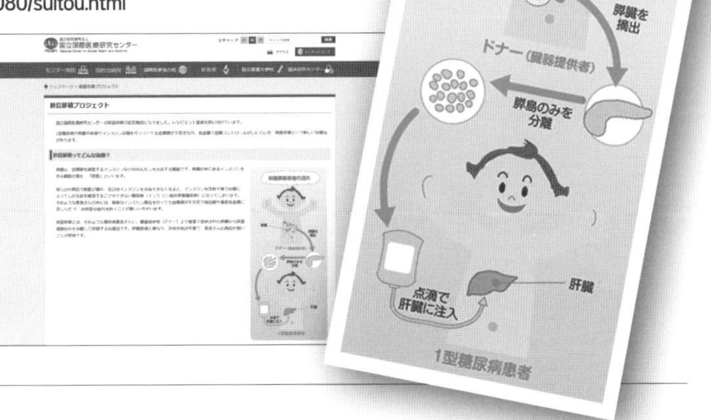

이런 방법을, 반세기 전의 의사가 들었다면 '어느 미개 부족의 주술인가?'라고 말했을 것이다. 지나치게 발달한 의학은 주술과 구별할 수 없는 것이다.

당뇨병은 마이크로캡슐이 든 주사로 완치

그럼 구체적인 방법을 살펴보자. '마이크로캡슐화 랑게르한스섬 이식법'이라는 방법이다. 먼저 기증자에게서 떼어낸 췌장에서 랑게르한스섬만을 분리 추출한다. 이 작은 세포덩어리를 특수한 마이크로캡슐에 주입해 간장에 직접 주사하는 것이다. 400㎛ 이하의 마이크로캡슐은 특수한 생체 고분자로 이루어져 있어 인슐린, 당, 산소, 그 밖의 영양물질은 캡슐을 자유롭게 투과하지만 면역에 관계된 항체나 T세포는 통과하지 못하는 구조이다. 즉, 이식한 장기가 면역 거부 반응을 일으킬 일이 없어 면역 억제제가 필요 없다. 또 장기 이식 시 고려해야 할 기증자의 혈액형이나 HLA형의 일치 여부를 전혀 신경 쓰지 않아도 된다는 것이다.

이 마이크로캡슐은 배에 바늘을 찔러 넣어 간장에 연결된 굵은 혈관에 직접 주입해 간장에 정착시킨다. 주사 한 대만 맞으면 당뇨병이 완치되고 그 후로도 특별한 약이나 치료가 필요 없다. 건강한 몸으로 천수를 누릴 수 있다. 혹 문제가 생긴대도 또 한 번 주사를 맞으면 된다.

게다가 어떤 이식용 장기보다 오래 보존할 수 있다. 전기세와 약품비가 들기는 하지만 대단한 비용은 아니다. 1명당 100만 개나 되는 300㎛ 정도의 작은 세포를 400㎛ 이하의 마이크로캡슐에 주입한 것이기 때문에 대용 혈액에 넣고 '인공 심폐' 등으로 불리는 체외 순환장치로 산소와 영양을 공급하면

참고 자료 · 사진 출전 등	●일본 국립국제의료센터 https://www.ncgm.go.jp/index.html
	●「Nature」 https://www.nature.com ●「Wikipedia」 외

꽤 오랜 기간 보존이 가능하다. 사용 기한은 채취 가공 후 21일까지라고 한다. 다른 장기가 24시간을 넘기지 못하고 시간이 경과할수록 품질이 저하하는 신선 제품인 것에 비하면 생선회와 통조림 정도의 차이가 있다. 타인의 생명을 희생해야 한다는 점만 제외하면 완벽한 꿈의 치료법인 것이다.

친절한 장기 브로커

장기 매매라고 하면 만화나 영화에서 고통스럽게 신체를 훼손하는 상년 따위를 떠올리기 쉽지만 장기 브로커의 입장에서는 의식이 있는 상태로 비명을 지르거나 몸부림치는 기증자는 다루기 어렵기 때문에 마취로 의식불명 상태로 만든 후 장기를 추출하는 것이 당연하다. 마취시키는 편이 수술하는 의사도 편하고 비싸게 팔리는 양질의 장기를 얻을 수 있다. 마지막에는 마취제를 대량 주입해 안락사 시키는 것이 기증자나 의사 모두에게 가장 편한 방법이므로 기증자에게 무의미한 고통은 주지 않는다. 기증자에게 고통을 주는 것은 장기 브로커에게는 아무 이익도 없을뿐더러 불필요한 수고가 늘 뿐이다.

장기를 팔 때는 굉장히 신사적이고 부드럽게 대응할 것이다. 물론, 가짜 웃음을 연기한 것이겠지만. 죽음을 전제로 장기를 팔 때는 고통 없이 끝내줄 것이니 안심하기 바란다. 사망 진단서를 알아서 잘 만들어줄 것이므로 보험을 들었다면 사망 보험금도 받을 수 있다. 장기 브로커의 입장에서도 증거 인멸을 위해 서둘러 화장하기를 원하기 때문에 장의사도 준비해줄 것이다. '인정을 베풀면 반드시 자신에게 돌아온다'는 말처럼 장기 브로커도 장기를 팔고 세상을 떠난 사람의 유족이 행복해지는 편이 좋다.

그 편이 괜한 소문으로 사업에 지장이 생기는 것보다 나은 데다 누군가 '나도 가족을 위해 장기를 팔고 죽겠다'며 찾아오거나 '돈을 갚을 방법은 목숨 밖에 없다'며 궁지에 몰린 사람이 연락을 해올지 모른다.

혹은 은둔형 외톨이 자녀를 둔 노부모가 장기 브로커에게 의뢰할 가능성도. 마취 주사를 놓고 구급차로 이송해 응급 수술로 장기를 적출한 후 사망 진단서를 써서 장의사에게 전달하고 화장해버리면 완전 범죄이다.

이상적인 미래를 꿈꾸며

이 정도까지 이식 기술이 발달해 실적이 쌓였다면 나머지는 인조 랑게르한스섬을 마이크로캡슐화한 인공 췌장만 개발되면 모든 게 해결된다. 누구의 생명도 빼앗지 않는 인조 랑게르한스섬을 만든다면 전 세계 당뇨병 환자를 구한 천재 과학자로서 명예와 권위를 얻는 것은 물론 노벨상 수상은 따 놓은 당상인 데다 평생 특허료를 받으며 놀고먹을 수 있을 것이다. 제약회사도 큰돈을 벌게 될 테니 연구자들에게는 연구비를 아낌없이 투입하기를 바란다. 지금 있는 환자들이 전부 낫는다 해도 매일 새로운 환자가 대량으로 생길 테니 수요는 영원이 계속될 것이다. 게다가 종래의 인슐린 요법에 비하면 조금 비싸더라

Memo:

s, to provide social media features and to analyse our traffic. We also share information about your use of our site
You can manage your preferences in 'Manage Cookies'.

nature

Article | Published: 25 January 2017

Interspecies organogenesis generates autologous functional islets

Tomoyuki Yamaguchi, Hideyuki Sato, Megumi Kato-Itoh, Teppei Goto, Hiromasa Hara, Makoto Sanbo, Naoaki Mizuno, Toshihiro Kobayashi, Ayaka Yanagida, Ayumi Umino, Yasunori Ota, Sanae Hamanaka, Hideki Masaki, Sheikh Tamir Rashid, Masumi Hirabayashi & Hiromitsu Nakauchi

Nature **542**, 191–196(2017) | Cite this article

4918 Accesses | **92** Citations | **1135** Altmetric | Metrics

Nature vol.542(191～196쪽)
https://www.nature.com/articles/nature21070

일본 연구자들이 발표한 쥐를 이용한 인공 췌장의 연구 논문. 일본의 의료는 외국보다 한 세대 가량 뒤쳐져 있다고 한다. 특히 이식 분야에서는 지체가 현저하다. 그런 상황에도 '마이크로캡슐화 랑게르한스섬 이식법'이나 그에 관한 연구가 계속 진행되고 있다. 부디 성과가 있길 기대하는 바이다.

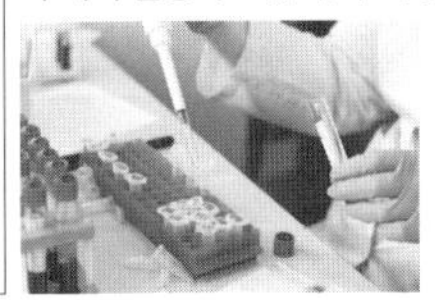

도 불평 없이 구매할 것이다.

일본과 중국 이외의 나라에서는 인슐린 가격이 이상할 정도로 비싸다. 정확히 말하면, 일본과 중국이 세계적으로 볼 때 유독 저렴한 것이지만 말이다. 과거 한 천재 연구자가 타임 슬립해 활약한 덕분이다(자세한 내용은 25쪽 참조). 또 일본에서는 한 번 정해진 약가는 어지간한 사정이 없는 한 가격을 올릴 수 없다. 제2차 세계대전 중 가격 파괴가 원인으로 아직까지 가격을 올리지 못하고 있다. 중국도 공산당이 가격을 통제하기 때문에 저렴하다. 1955년 무렵 당의 정치 방책으로 결정된 사항이기 때문에 바꿀 수 없다. 다만, 최근에는 노보 노디스크사의 중국 공장에서 생산된 제품이 유통되자 부자들이 이 고급 약을 사고 있다고 한다.

인슐린이 가장 비싼 미국에서는 가격이 일본의 15배 이상에 달한다. 그러니 당뇨병이 한 번에 낫는다고 하면 연소득의 수배가 되더라도 구입할 것이다. 보험을 들었다면 자기 부담 비용을 줄일 수 있기 때문에 생애 임금에 필적하는 가격에도 팔릴지 모른다.

국가적으로도 당뇨병 환자에게 의료비를 계속 지출하는 것보다 비싼 약이라도 한 번에 완치되어 사회 활동을 하는 편이 도움이 될 것이다. 기업의 입장에서도 유급 휴가 일주일 정도로 완치되는 편이 노동력을 착취하기 더 편리할 것이다.

실은 이미 동물의 체내에서 인간에 이식하기 위한 랑게르한스섬을 만드는 연구가 진행되고 있다(『Nature』 vol.542, P191～196). 마이크로캡슐화 랑게르한스섬 이식법의 이점은 면역 체계의 공격을 피할 수 있는 점이기 때문에 극단적인 경우, 인간의 장기가 아니어도 이식이 가능하다. 인간보다 훨씬 작은 쥐 수십 마리라도 상관없다.

복수의 연구 기관이 인공 췌장의 연구에 착수하고 있으므로 실용화될 가능성은 충분하다. 당뇨병 환자들은 인슐린 치료를 받으며 최대한 오래 버티길 바란다. 머지않은 미래에 완치 가능한 마법의 약이 등장할지 모른다. 누구도 불행해지지 않고 모두가 행복해질 수 있는 최선의 가능성이 눈앞에 있는 것이다.

과학은 많은 이들의 희생을 토대로 발전해왔다. 하루 빨리 불법적인 장기 매매가 정규 의료에 의해 추방되어 사라질 날을 기대한다.

진료비는 어떻게 정해질까?

'진료 보수'에 관한 이야기

일본의 의료 제도에서 의료 행위의 가격은 모두 '진료 보수(보험 점수)'로 결정된다. 건강보험증을 제출했을 때 받을 수 있는 의료는 일률적으로 보험 점수 1점당 10엔(약 100원)이다. 병원에서 받는 진료명세서에는 구체적인 항목명과 보험 점수가 쓰여 있으니 확인해보기 바란다.

예를 들어, 감기로 병원에서 진료를 받고 약을 처방받는 경우 발생하는 보험 점수는 다음과 같다.

●초진료…288점/재진료…73점

의사가 받는 기본요금으로, 간단한 문진과 청진기를 대보거나 입안을 들여다보는 등의 요금이 여기에 포함된다. 두 번째(재진)부터는 조금 더 저렴해진다.

●처방전료…68점

진찰 결과, 감기라는 진단을 받고 약을 처방받는 경우에는 '처방전료'가 발생한다.

이런 식으로 총 350점(초진의 경우)의 보험 점수가 산정된다. 보험증을 제출하면 1점당 10엔으로 계산해 청구 금액은 3,560엔이 된다. 그 중 환자가 부담하는 비용은 30%. 즉, 병원에 내는 돈은 1,000엔 남짓이다. 약값은 별도이다.

참고로, 진찰 시간의 길이는 점수에 반영되지 않는다. 환자의 말에 귀기울여주는 친절한 의사는 귀중한 존재이지만 병원 경영의 관점에서 위의 금액 같은 경우 3분 이내로 처리하지 않으면 적자인 것이다.

보험 점수 '1점당 10엔'은 어디까지나 건강보험이 적용되는 의료에 한해서이다. 첨단 의료나 미용 성형과 같은 비보험 진료의 경우는 의사가 자유롭게 가격을 정할 수 있다(자기 부담률은 10%). 예상치 못한 금액 청구에 놀라는 일이 없도록 사전에 잘 확인하자.

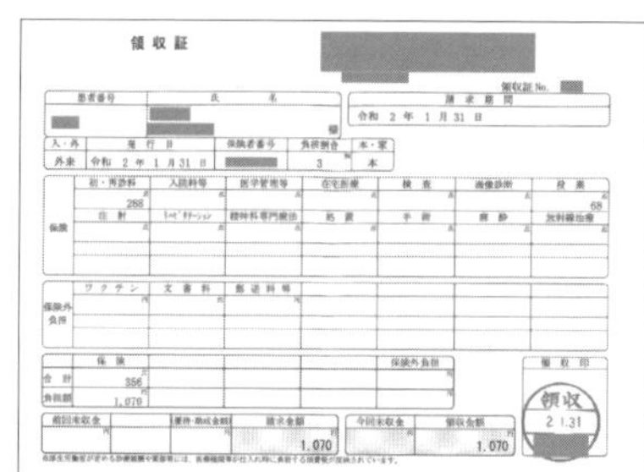
領 収 証

令和 2 年 1 月 31 日

보험 점수의 예(2020년 3월 시점)					
A000	초진료	288점	E200	CT 촬영	1,020점
A001	재진료	73점	E202	MRI 촬영	1,620점
C000	왕진료	720점	F400	처방전료	68점
D000	소변 검사	26점	G001	정맥 주사	32점
D007	혈액 검사	112점	G004	점적 주사	98점
D283	지능 검사	450점	J045	인공호흡	242점
D284	인격 검사	450점	J046	심장 마사지	250점
			J047	카운터 쇼크	3,500점

보험 점수는 『진료 보수 점수 조견표』나 '시로본넷'(https://shirobon.net/) 사이트에서 확인할 수 있다.

세계의 희귀병·난치병

[KARTE No.039-044]

KARTE No. 039

약도 지나치면 독이 된다

드럼통 맥주로 철분 과다!

원인을 모르는 희귀병으로 사람이 사망하는 경우도 많다. 그런 희귀병의 원인을 밝혀내는 것은 매우 어렵기 때문에 원인을 모른 채 잇따라 사망하는 비극이 일어나기도 한다.

'철분을 충분히 섭취하자'며 무쇠 냄비로 조리하는 것을 권하거나 요리 중 의미를 알 수 없는 쇳조각을 넣기도 하는데 하나같이 무의미한 일로 그런다고 요리에 철분이 녹아나오거나 하지 않는다. 하지만 세상에는 진짜 철분이 풍부히 녹아나와 대량의 철분을 섭취할 수 있는 궁극의 식품이 있다. 바로 '드럼통 양조주'이다. 철제 용기라면 무엇이든 가능하며 커다란 무쇠 냄비 따위에 술의 원료를 넣고 한 달 정도 발효시키면 간단히 만들 수 있다. 단, 스테인리스나 테프론 가공이 된 용기는 철분이 녹아나오지 않으므로 적합지 않다.

발효 미생물의 작용으로 무쇠 냄비에서 철분이 녹아나와 1ℓ당 무려 40~80㎎의 흡수성이 좋은 철분이 함유된 술이 완성된다. 시판 영양 보충제를 가볍게 웃도는, 대량의 철분을 함유한 이런 식품은 세계적으로도 흔치 않다.

그리고 이 철분이 풍부한 술을 매일 마시면 수년 후 '과다 철증'으로 사망한다. 빈혈 치료에 사용되는 약품인 '구연산 제일철 나트륨 50㎎'의 금기 사항에 '과다 철증을 일으킬 수 있으니 철분이 부족하지 않은 사람은 사용하지 말 것'이라고 쓰여 있을 만큼 철분의 과다 섭취는 위험하다. 과다 철증은 아프리카 남부에 사는 반투 민족 사이에서 유행하면서 '반투 혈철증(Bantusiderosis)'이라는 병명으로도 불린다.

아프리카 희귀병의 정체

처음 질병으로 보고된 것은 1929년이었다. 영국의 아프리카 식민지에서 의문의 죽음을 맞는 사람이 속출하면서 신종 질병을 의심하게 되었다. 74명의 사체를 해부해 간장 조직을 병리 진단한 결과, 34명의 간에서 철 침착이 발견되면서 철분의 과다 섭취가 원인으로 사망했다는 것은 알게 되었지만 철분 과다 섭취가 일어난 원인에 대해서는 밝혀내지 못했다.

그 후, 수십 년이 흘렀지만 여전히 원인을 밝히지 못한 채 남아프리카에 사는 반투 민족 특유의 유전 질환을 의심해 철을 수송하는 단백질인 페로포틴에 관련된 SLC40A1 유전자를 조사했지만 이상은 발견하지 못했다. 토양의 철분 과잉 가능성을 의심해 지질 조사를 비롯해 작물이며 자생 식물의 철분 농

Memo:

드럼통에 양조한 맥주에는 다량의 철분이 녹아 있다. 스테인리스나 법랑 혹은 테프론 가공을 한 용기는 발효 미생물로 인한 철분 누출이 발생하지 않는다. 철분 누출은 발효가 활발한 동안에만 일어나기 때문에 완성된 술을 철로 된 용기에 담는 것은 문제가 되지 않는다.

도까지 조사했지만 여기서도 원인을 찾을 수 없었다. 결국 반세기 넘게 원인 불명인 상태였는데 최근의 조사 결과, 식민지를 지배한 유럽인들이 가져온 드럼통이 원인이었다는 사실이 판명되었다. 드럼통으로 양조한 철분이 과도하게 많이 함유된 수제 맥주를 마신 것이 원인이었던 것이다.

아프리카에서는 고대부터 각 부족마다 수제 맥주 생산이 활발했는데 과거에는 도기 항아리로 만들었기 때문에 문제가 없었다. 하지만 20세기 들어 유럽인이 가져온 드럼통을 사용해 술을 만들게 되면서 출현한 듯했다. 1ℓ당 40~80㎎, 간혹 100㎎이 넘는 것도 있었다고 한다. 이는 의료용 철분제를 매일 먹는 것이나 다름없는 수준의 섭취량이다.

 철분의 치사량과 완전 범죄

반투 혈철증은 1일 철분 섭취량이 약 100㎎을 넘는 경우에 발생하며, 매일 200㎎ 정도의 철분을 섭취해 체내의 철분의 축적량이 20g을 넘으면 심각한 간 기능 장애를 일으켜 사망에 이른다. 하루 50㎎의 철분이 체내에 축적되는 경우, 약 400일 정도면 치사량에 이르러 사망한다는 계산이다.

인간의 몸에는 철분이 과잉 축적되었을 때 몸 밖으로 배출하거나 흡수량을 줄이는 등의 구조가 없어 계속 축적되기만 한다. 이런 특성을 잘 이용하면 불상사를 가장할 수 있으므로 영화나 소설 등의 소재로 사용할 수 있을지도 모른다. 예를 들면….

식품 첨가물 중 영양 강화제로 유통되는 구연산 제일철나트륨. 하루에 철분 200㎎을 섭취하기 위해 필요한 구연산 제일철나트륨의 양은 1883.6㎎이므로, 하루 2g이면 충분하다. 수용성이기 때문에 어떤 요리에 넣어도 잘 녹고 흡수성도 뛰어나며 열을 가해도 파괴되지 않는다. 또 식품 첨가물로 허가된 물질이기 때문에 2g 정도 식품에 넣어도 위법은 아니다. 게다가 영양 강화 목적의 식품 첨가물로 사용하는 경우는 표시 의무가 면제되기 때문에 구연산 제일철나트륨을 넣었다는 것을 고지할 의무도 없다.

사법 해부를 해도 독극물은 검출되지 않는다. 간 조직을 병리 진단해 철 침착이 발견되지 않는 한 철분의 과다 섭취라는 것도 발각되지 않을 것이다. 말기가 될 때까지 자각 증상이 거의 없어 살아있는 동안 혈액 검사로 이상 수치가 나오지 않는 한 들킬 일은 없다. 설령 발각된다 해도 철분 과다 섭취로 목숨을 잃을 수 있다는 사실을 몰랐다고 잡아떼면 추궁은 어려울 것이다. 어디까지나 사고 실험일 뿐이므로 실행에 옮기는 일은 없기를 바란다(웃음).

KARTE No.040

현대병이라고 불리지만 고대에도 존재했다

알려지지 않은 우울증의 역사

한 통계에 따르면, 남성 10명 중 1명, 여성 5명 중 1명꼴로 우울증이 발병할 가능성이 있다고 한다. 스트레스 사회의 현대병이라는 이미지가 있지만 실은 오랜 옛날부터 존재했다.

현대병이라고 불리는 '우울증'이 언제부터 존재했는지 알아보았다. 명확한 병명으로 의학서에 등장해 치료법이 고안된 것은 약 1천 년 전. 페르시아의 의사 이븐 시나(Ibn Sīnā)가 아라비아어로 쓴 『의학정전』에 '알익티압'이라는 병명으로 등장한다. 이 책이 라틴어로 번역되면서 정신을 억누르는 질병이라는 의미의 'deprimere'가 되고 영어 'Clinical Depression'으로 번역된 것을 우리말로 옮긴 것이 '우울증'이 된 것이다.

정신병으로서 의학서에 등장한 것은 천 년 전이지만, 인간이 우울감을 느끼는 것은 1600년 전 이미 개념적으로 존재했으며 기독교에서는 8대 죄악 중 하나로 '우울(멜랑콜리아)'을 꼽았다. 현재는 7대 죄악 중 하나인 '나태'로 흡수 병합되었지만 인간이 우울감을 느끼는 것은 악마에게 현혹된 죄악의 하나로 인식되었다. 질병을 악마의 탓이라고 여겼던 4세기 이전부터 우울증 환자가 존재했던 것은 분명한 듯하다.

이처럼 고대부터 존재한 우울증이 '현대병'이라고 불리게 된 이유는 무엇일까?

그것은 근대 의학계에서 우울증이라는 병명이 1869년경 등장한 '신경쇠약'이라는 병명에 밀려나 마이너적인 존재로 전락했기 때문이다. 의사들은 진단서를 쓸 때 우울증(Clinical Depression)이라는 병명 대신 신경쇠약(Neurasthenia)을 주로 사용하게 되었다. 일본에도 메이지 시대에 서양식 정신의학이 도입되

Diagnostic and Statistical Manual of Mental Disorders
https://www.psychiatry.org/psychiatrists/practice/dsm

DSM-Ⅲ

『DSM』 시리즈는 미국 정신의학회가 간행한 각종 정신 장애의 분류와 기준을 제시하기 위한 매뉴얼. 1952년 『DSM-Ⅰ』을 시작으로 최신판인 2013년의 『DSM-5』가 나와 있다. 1980년 『DSM-Ⅲ』이 등장한 이후 일본의 정신의학계에서는 DSM 준거를 채택하고 있다.

Memo:

이슬람 세계를 대표하는 지식인 이븐 시나가 쓴 이슬람 의학의 집대성. 천 년 전에 쓰인 의학서이지만 정신병의 일종으로 우울증에 관한 기술이 있다. 즉, 우울증은 오래 전부터 있었던 질병인 것이다. 오른쪽은 영어로 번역된 현대판.

이븐 시나
(980~1037년)

The Canon of Medicine
Kazi Pubns Inc

면서 과거의 개념인 우울증을 버리고 최신 병명인 신경쇠약을 주로 사용하게 되었다.

오래된 문헌을 살펴보면, 나쓰메 소세키를 비롯한 많은 저명인들이 신경쇠약을 앓았다는 기록이 있다. 거기에는 시게노 기요타케처럼 16세 때 신경쇠약으로 육군 소년학교를 중퇴한 인물도 있는 등 전전(戰前)에는 질병으로 학교를 그만두는 주요 사유가 되기도 했다. 당시에도 우울증으로 학교를 그만두는 학생들이 있었던 것이다. 미국에서도 초대 국방장관인 제임스 포레스탈이 신경쇠약으로 입원 후 극단적 선택을 한 것처럼 신경쇠약으로 일을 그만두거나 스스로 목숨을 끊는 사람도 드물지 않았다.

1920년 독일의 정신과 의사 쿠르트 슈나이더(Kurt Schneider)가 '내인성 우울증'과 '반응성 우울증'이라는 개념을 제창한 이후 의학계에서 우울증을 재조명하게 되었다. 서양에서는 1930년대 무렵부터 신경쇠약보다 우울증이라는 병명이 진단서에 쓰이는 일이 늘었다. 하지만 일본의 정신의학 연구는 제2차 세계대전의 영향을 벗어나지 못하고 정체된 탓에 신경쇠약이라는 병명이 계속 사용되었다. 2005년 스모 선수 아사쇼류가 신경쇠약이라고 쓰인 진단서를 제출했을 만큼 최근까지도 사용되었다. 대체 얼마나 나이 많은 의사가 이런 진단서를 쓴 것일지 궁금했는데 나보다 2년 후배였다.

일본에서 우울증 환자가 크게 늘면서 본격적으로 맹위를 떨치게 된 것은 1980년 『DSM-III(정신장애의 진단과 통계 매뉴얼)』이 등장한 이후부터이다. 과거에는 존재하지 않았던 현대병이라고 불리게 된 것은 일본 정신의학 연구의 지체로 그 존재를 인지하지 못했기 때문이라는 결론을 내릴 수밖에 없다.

오늘날 신경쇠약은 '식별 불능형 신체 표현성 장애'로 불리며 우울증 증상의 어느 것에도 해당하지 않는 기타 정신병의 진단명으로만 사용되는 마이너적인 존재가 되었다. 이처럼 천 년의 세월이 지난 지금 우울증이 또 다시 각광받게 된 것이다.

참고로, 천 년 전에 쓰인 『의학정전』에 실린 우울증의 치료법은 진정 작용이 있는 약물의 투여, 행동요법, 음악요법, 심리 치료 등 현대와 거의 동일하다. 약제의 진보만 있을 뿐 기본적인 치료법은 천 년 전과 다를 바 없다. 현대 의학에서도 정신의 존재와 우울증의 원인 등을 전혀 밝혀내지 못했기 때문에 근본적인 부분에서는 전혀 진보하지 못한 것이다.

KARTE No.041

난치병에 걸린 애니메이션 캐릭터

로리 거유의 비극

커다란 가슴을 가진 어린 소녀라는 모순적인 존재인 '로리 거유'가 실재한다. 실은 호르몬 이상 분비로 인한 질환인 것이다. 이런 소녀들의 고통을 해결할 방법이 있을까?

'로리 거유'는 생후 6개월부터 16세가량의 어린 여성에게 발병하는 '유선 비대증'이라는 내분비 질환이다. 미숙한 몸에 지나치게 큰 가슴은 육체적으로 부담이 되기 때문에 의학적인 절제 수술이 필요하다.

가장 어린 나이에 발병한 사례는 생후 6개월 무렵부터 가슴이 부풀기 시작해 생후 23개월에는 지나치게 가슴이 커져 절제했다는 논문이 있다. 최대 12.5kg(체중의 24%)이나 되는 가슴을 절제한 초등학생의 사례도 있다. 체중의 1/4가 가슴이라니 컵 치수도 재기 어려울 듯하다. 이처럼 보육원, 유치원, 초등학생에 이르는 연령층에서 로리 거유는 극소수이지만 실재한다.

일본에서도 1993년 11세 때 초경을 시작한 이후 급격히 가슴이 커져 불과 8개월 만에 I컵이 넘어버려 가슴 무게만 약 5kg에 달한 소녀가 실재했다. 스스로 가슴을 지탱할 수 없을 정도가 되었기 때문에 외과 수술로 가슴 3.9kg을 절제했다. 이 소녀는 절제 수술 후에도 가슴이 계속 비대해지는 것을 막기 위해 '놀바덱스(타목시펜)'를 투여하는 호르몬 치료를 받았다. 유선 비대증은 여성 호르몬의 일종인 에스트로겐 과민증이 원인이기 때문에 항에스트로겐 작용약인 놀바덱스를 사용하면 거유화를 억제할 수 있다.

이 놀바덱스 정제는 본래 유방암 치료에 쓰이는 약으로 부작용이 심해 호르몬 요법에 사용하기에는 위험성이 상당히 높은 약이다. 흔히 '부작용이 적다'고 설명하는 것은 항암제 중에서는 비교적 부작용이 적은 약이라는 것이다. 12세가량의 소녀에게 이차 성장기를 지날 때까지 수년간 정기적으로 투여하게 되면 장기적인 위험성은 무시할 수 없는 수준이다. 계속 커지는 가슴을 정기적으로 절제하거나 발암 위험성을 비롯한 부작용이 강한 약을 계속 먹는 힘든 선택과 판단을 해야만 하는 무서운 질병인 것이다.

정기적으로 가슴을 절제한다니 로리콘뿐 아니라 가학성애자들까지 관심을 가질만한 이야기이지만 그렇게까지 하지 않으면 안 될 만큼 심신에 부담이 크다는 것이다. 참고로, 유럽에서는 호르몬 요법의 부작용 위험성이 너무 크기 때문에 가슴을 절제하는 외과적 처치만 시행한다. 사춘기 소녀가 계속해서 커지는 가슴을 참고 견디다 절제 수술의 고통까지 감수해야 하는 상황을 생각하면 표준 치료가 확립되지 않은 희소 질환인 만큼 어느 한 쪽이 옳다고 말하기는 어려울 듯하다. 놀바덱스를 처방한 의사가 '유방암만큼 위험한 병'이라고 판단했다면 그를 탓할 수는 없을 것이다.

현실 세계의 로리 거유가 얼마나 고통스러울지를 생각하자 더는 이차원의 로리 거유에 빠지기 힘들어졌다. 의사는 의학을 공부할수록 점점 빠질 만한 소재가 줄어든다. 간호사가 등장하는 AV에 빠지는

Memo:

참고 자료·사진 출전 등 ●European Journal of Pediatrics Volume 150, Issue 3, 155쪽.
유럽 소아과학회지 「Massive breast enlargenment in an infant girl with central nervous system dysfunction」

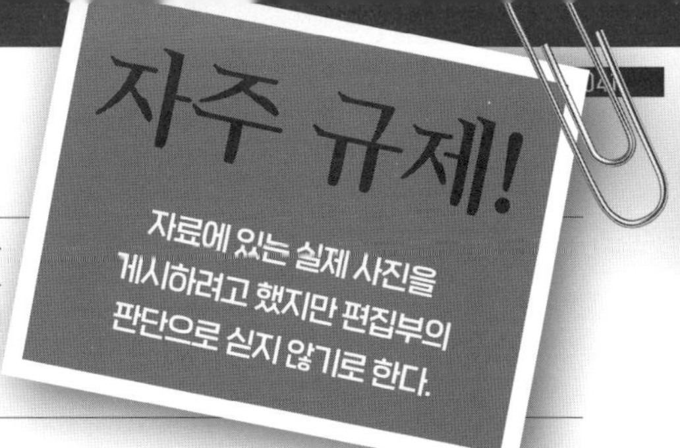

큰 가슴을 가진 어린 소녀는 '유선 비대증'이라는 희귀 질환을 앓는 환자이다. 여성 호르몬의 일종인 에스트로겐 과민증이 원인. 「European Journal of Pediatrics」에는 생후 6개월부터 가슴이 부풀기 시작해 생후 23개월에는 거유화되어 절제하기 직전의 상태가 보고되어있다.

사람은 가짜 의사 혹은 진짜 변태라는 말에 전적으로 동감한다.

인조 로리 거유의 가능성

로리 거유가 내분비 질환이라는 말은 곧, 에스트로겐 호르몬 주사를 맞으면 인위적으로 로리 거유를 만들어낼 수 있는 가능성이 높다는 것을 의미한다. 1세 유아의 증례가 있을 정도이니 이론상으로는 충분히 가능하다. 한 번 커진 가슴은 평생 가기 때문에 투약을 중단해도 원래대로 돌아가지 않는다.

'변태 권력자에 의해 강제로 호르몬 주사를 맞고 거유가 된 소녀' 같은 캐릭터로 설정하면 현실적으로 불가능하다는 반론도 차단할 수 있는 현실성 있는 작품이 될 것이다. 약을 투여하면 거유가 되기까지의 성장 속도가 빨라지기 때문에 정상적인 발육의 4배 정도 속도로 급성장해 반년에서 1년 정도면 거유가 된다. 신장 등 다른 부분의 성장은 그대로이기 때문에 소녀의 상태 그대로 가슴만 커지게 된다.

이차 성장기에 에스트로겐을 과다 투여하면 키가 크지 않는 작용이 있다. 어릴 때부터 호르몬 주사를 계속 맞으면 키가 작은 거유가 되는 데다 항노화 효과도 있기 때문에 '로리 거유&로리 할멈' 같은 이중 속성 캐릭터도 만들 수 있다.

에로 만화나 라이트 노벨의 소재로도 괜찮지 않을까? 내가 의학 감수를 맡아도 좋다. 한 가지 주의할 점은, 호르몬을 투여할 때 경구 약은 소화 과정에서 분해되므로 근육 주사여야 한다. 정맥 주사가 아니기 때문에 주사를 놓는 부위는 팔의 혈관이 아니라 둔부, 상완부, 대퇴부 등의 근육이 많은 부위이다. 1회 분량이 1cc 정도이기 때문에 주사기는 작은 바늘을 사용한 가늘고 짧은 것으로 묘사하면 된다. 백신 주사를 놓는 방법과 같으니 어린아이에게 백신 주사를 맞히는 사진 따위를 검색해보면 작화에 참고가 될 것이다.

반대로, 더 이상 가슴이 커지면 위험하다고 생각한 소녀가 놀바덱스 정제를 먹는다거나 가슴이 빈약한 여성이 거유가 되는 묘사도 가능하지만 거유화 억제약이기도 한 놀바덱스는 항암제이기 때문에 일반 약국은 물론 인터넷으로 구입하기에도 무리가 있다. 이미 커진 가슴이 작아지는 일은 없으므로 이런 설정은 피하는 편이 좋을 것이다.

어디까지나 이론상의 이야기이다. 나는 그런 인체 실험을 해본 적이 없다, 정말이다.

중추 신경계 기능 부전 유아의 증례 보고 https://www.ncbi.nlm.nih.gov/pubmed/2044582

KARTE No. 042

여긴 어디? 나는 누구? 심인성 질환

기억 상실의 원인과 치료법

'기억 상실'은 실재하는 정신병의 일종. 다만, 영화나 소설 등에 그려진 증상과는 다른 부분도 적지 않다. 기억 상실의 실체를 해설한다.

최근 작품 중에는 2017년 일본 NHK에서 방영된 아침 드라마 『히요코』에서 주인공 미네코의 실종된 아버지가 후에 미네코와 재회했을 때 기억 상실증에 걸려있었다는 설정이 있었다. 또 2017~2018년 방영된 『가면 라이더 빌드』의 주인공 기류 센토도 과거의 기억을 잃은 설정이었다.

현실에서 '기억 상실'은 매우 드문 질환으로 정신 의학회에서도 '발병 예가 가장 적은 질환'으로 보고한다. 일본의 경우에도 전국적으로 기억 상실증에 걸리는 사람은 한 해에 수십 명 정도이다. 그 중 자신의 신분조차 알 수 없게 되는 경우는 수 명에 불과하다. 기억 상실자의 남녀 비율은 2:1로 남자가 더 많고 기억을 상실한 환자의 90%는 3개월 이내에 회복된다. 발병 연령은 10대 후반부터 20대의 비교적 젊은 층이 많다고 한다.

기억 상실이란 '전반성 건망(Generalized Amnesia)'이라고 불리는 해리성 장애에서 비롯된 해리성 건망의 일종이다(계층 구조는 해리성 장애→해리성 건망→전반성 건망). 『DSM-5(정신 질환의 진단 · 통계 매뉴얼)』를 기준으로 의사가 진단하는 병명은 '해리성 건망'이다.

참고로, 일본에서 '전생활사 건망'이라는 명칭이 사용되기도 하는데 이것은 잘못된 것이다. 'Generalized'는 '전반성, 전신성, 광범성'을 뜻하며 '생활사'라는 의미는 없다. 논문에서 '전생활사 건망'을 뜻하는 경우는 'amnesia of personal history'라는 표현을 사용한다.

히요코 2017년 방영

(NHK 엔터프라이즈 패밀리 클럽 참조/YouTube)

가면 라이더 빌드 2017~2018년 방영

(TV 아사히 홈페이지 참조)

Memo:

기억 상실은 '전반성 건망'이라는 정신병의 일종. 정신병 진단 매뉴얼 『DSM-5』를 기준으로 진단한 병명은 '해리성 건망'이며 다섯 가지 유형으로 분류할 수 있다. 모든 기억을 잃는 '전반성 건망' 또는 특정 사람에 대한 기억을 잃는 '계통적 건망' 등이 있다.

기억 상실의 원인과 종류

현실 세계에서 기억 상실의 원인은 100% 심인성 질환이다. 머리를 얻어맞는 등의 외상에 의해 일어나지는 않는다. 만화 등에서는 머리를 얻어맞은 충격으로 기억을 잃고 또 한 번 강한 충격을 받아 기억이 되돌아오는 식의 표현이 많지만 실제로는 불가능하다. 앞서 이야기한 드라마 『히요코』의 주인공 아버지도 소매치기에게 머리를 얻어맞았다는 이야기가 나오는데 그것이 기억을 잃은 진짜 원인이 아닐 가능성이 있다.

현실에서 기억을 잃는 것은 어떤 상황에 놓인 사람일까? 간단히 말하자면 '자신의 모든 것을 흑역사로 만들어버리고 싶은 사람'이다. 그런 이유로 기억을 잃은 동안은 부정적인 요소가 사라져 밝은 상태였다가 기억이 돌아오면 '우울'해지는 경우가 많고 치료한 후에도 경과 관찰이 중요하다. '해리성 건망'은 크게 다섯 종류로 분류할 수 있으며 자신이 누구인지조차 알 수 없게 되는 것은 세 번째 '전반성 건망'뿐이다. 그 이외에는 자신이 누구인지는 기억한다.

1 한국성(限局性) 건망

기억하고 싶지 않을 만큼 싫은 일이 있었던 기간에 발생한 사건을 잊어버린다. 사고나 사건에 휘말린 경우, 그 사이에 일어난 일을 기억하지 못하거나 전쟁 체험 등을 완전히 기억에서 지워버리기도 한다. 질환이 아니더라도 종종 있는 일이지만….

2 선택적 건망

일어난 사건의 극히 일부만을 기억하지 못한다. 특정한 일부의 기억만 사라지는 유형으로 연인이 세상을 떠난 것은 기억하지만 연인에 대해 친구와 이야기를 나눈 것을 기억하지 못하거나 원한은 있는데 구체적으로 무슨 일 때문이었는지는 기억하지 못하는 일 등이 있다.

3 전반성 건망

'여긴 어디? 나는 누구?' 지금까지의 모든 기억을 잃어버린 상태. 일반적으로 '기억 상실'이라고 부르는 증상이다.

4 지속성 건망

특정 시점 이후의 일을 기억하지 못한다. '최근 수년 동안의 기억을 잃어버리는' 등의 사례로 큰일을 겪은 후의 기억이 모두 사라지는 증상. 시간이 경과한 것도 잊어버리기 때문에 실제 나이는 20세이지만 '자신이 17세'라고 생각한다거나 극단적인 경우에는 어린아이로 돌아가 버리는 일도 있다. 만화나 소설에서는 이런 유형의 기억 상실도 종종 등장한다.

5 계통적 건망

어느 특정 카테고리에 관한 기억만 잃어버린다. 특정 인물에 관한 기억인 경우가 많고 다른 사람은 기억하는데 싫어하는 사람이나 연인에 대한 기억만 잃어버리기도 한다. 기억을 잃은 당사자보다 잊힌 사람이 더 큰 충격을 받을 수 있다.

기억을 잃은 사람이 주변에 아는 사람이 아무도 없는 상황에서 발견되는 것은 소설이나 영화뿐 아니라 현실에서도 종종 일어나는 일이다. 마음 깊은 곳에 인생의 흑역사화를 바라는 소망이 있어서인지 기억을 잃은 사람들은 모두 어딘가로 도망친다. 이것을 의학용어로 '해리성 둔주(dissociative fugue)'라고 한다. 해리성 둔주와 전반성 건망이 동시에 일어나는 경우가 많고 오히려 기억 상실이 해리성 둔주의 증상이라고 보는 학자들도 있다('도망친 결과로서 기억을 잃어버린다'는 설).

원래 있던 곳에서 도망쳐, 기억을 떠올리게 하는 트리거가 될 수 있는 것이 전혀 없는 상황이 되면 기억 상실이 완성되는 것이다. 신분증과 같이 자신의 이름이나 경력을 알 수 있는 물건을 무의식적으로 버리기도 한다. 그런 이유로 기억 상실자가 발견되었을 때 단서가 될 만한 것을 전혀 가지고 있지 않은 경우가 많은 것이다.

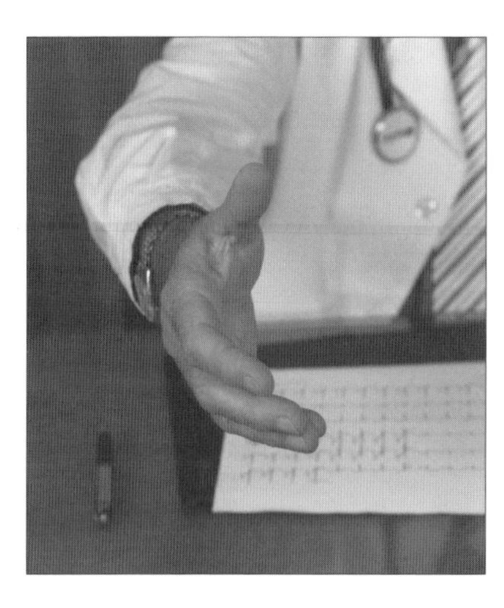

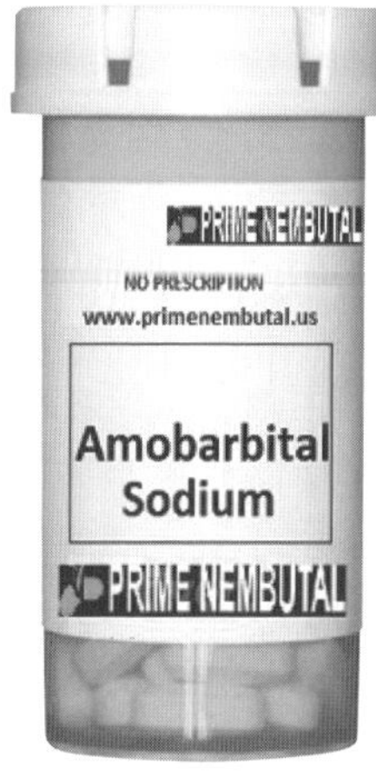

아모바비탈

기억 상실 치료에는 주로 '마취 면접(아미탈 면접)'이 이용된다. 최면 진정제인 '아미탈(아모바비탈)'을 주사해 심적 긴장이나 저항감을 약화시킨 편안한 상태에서 기억 상기 등을 촉진하는 치료법이다.

Memo:

여기에 해리성 동일성 장애까지 더해져 기억 상실 후 완전히 다른 인격을 갖게 되는 일도 드물지 않다. 일상생활이나 상식적인 대화가 가능하기 때문에 이상 행동이 개성의 범주에 속하는 정도라면 주변에서 원래의 인격을 알지 못하는 경우 질병을 눈치 채지 못할 수 있다. 그런 경우, 원래 기억이 돌아오면 기억 상실 기간의 기억이 사라지면서 기억 상실 중의 인격도 사라진다. 그런 탓에 그동안 돌봐주었던 주변 사람들로 하여금 '갑자기 다른 사람이 되었다'는 인상을 주기도 한다.

기억 상실의 치료와 회복 과정

기억 상실이 회복되는 과정을 의학적으로 분류하면 다음의 다섯 단계로 나눌 수 있다.

1 의식 장해기
'여긴 어디? 나는 누구?'의 시기. 의식 수준이 낮고 배회하거나 기묘한 행동을 하는 등의 의식 장해가 나타난다.

2 무지 수동기
활동성이 떨어지는 수동적인 태도가 두드러지며 주변에서 말하는 대로 움직인다. 생활사뿐 아니라 일반 지식에 장해가 있는 경우도 많고 비상식적인 행동을 보이기도 한다.

3 기억 회복기
점차적으로 일부 기억이 돌아오는 시기.

4 정서 안정기
원래 인격으로 돌아오면 기억 상실이었던 것을 흑역사화해 무관심을 나타내는 등 독자적인 태도를 취하는 경우가 있다. 기억을 잃어버린 동안에는 친하게 지냈더라도 이 시기가 되면 차갑게 돌변하기도 한다.

5 회복 후 우울기
모든 것을 부정적으로 생각하고 장래에 대해 절망하기도 한다. 간혹 자살이나 자살 시도를 한다. 기억을 되찾아도 우울증에 걸릴 가능성이 매우 높기 때문에 꾸준한 치료가 필요하다.

치료는 의사에게 맡기는 방법이 최선이다. 아마추어가 섣불리 고치려고 들면 해리성 장해의 온갖 증상을 일으켜 돌이킬 수 없는 지경이 될 수 있다. 기억을 찾아가는 여행 따위 당치도 않다. 강한 충격을 주면 낫는다는 것도 소설이나 영화 속 이야기일 뿐이다. 현실에서는 주로 '마취 면접(아미탈 면접)'이라는 치료법이 이용된다. 최면 진정제인 '아미탈(아모바비탈)'을 주사해 의식의 각성 수준을 낮추고 심적 긴장, 방어 기제, 저항감 약화, 기억 상기, 감정 해방을 촉진하는 치료법이다.

KARTE No. 043

사랑에 눈먼 사람을 위한…

상사병 치료법

누군가를 사랑하고 그 사람을 생각하는 것은 멋진 일이지만, 무슨 일이든 정도가 있는 법이다. 심리 상태가 불안정해지거나 심신에 이상이 생기는 경우도…. '상사병'이라는 '질병'의 실태를 해설한다.

예부터 일본에서는 어떤 명의나 영험한 온천에 몸을 담가도 고칠 수 없는 병이 '상사병'이라는 말이 있었다. 상사병은 고대부터 인류 공통의 정신병이었던 듯 기원전 360년경 철학자 플라톤은 '사랑은 심각한 정신 질환'이라고 했으며 소크라테스는 '사랑은 광기'라고 표현했다. 1020년 이슬람의 지식인 이븐 시나가 쓴 『의학정전』에도 상사병은 정신병으로 실려 있다. 그리고 오늘날 『DSM-5』의 진단 기준에 따르면, 상사병은 '강박성 장애'로 분류되며 「생화학적으로는 열렬한 사랑과 강박성 장애 질환을 구별할 수 없다는 발견에 대하여」라는 논문이 2000년도 이그 노벨상 화학상을 수상했다.※

상사병은 '불치의 병'이라고도 하는데 기원전 256년경 생리학의 창시자라고 알려진 그리스의 의사 에라시스트라토스(Erasistratos)는 18세 왕자가 앓던 상사병 치료에 성공했다. 그 치료법은 다름 아닌 간음. 즉, 사랑하는 여성을 이혼하게 해 왕자의 아내로 삼은 것이었다. 이는 의사의 진단을 근거로 간음이 이루어진 가장 오래된 사례로 알려져 있으며 고대 그리스 문학의 소재가 되기도 했다.

연모의 대상을 손에 넣는 것이 유일한 치료 방법이라는 것이다. 하지만 그러지 못할 경우에는 어떻게 될까. 상사병에는 다음과 같은 증상이 나타난다고 한다.

'예일·브라운 강박관념 척도(Y-BOCS)'

https://www.sciencedirect.com/topics/medicine-and-dentistry/yalebrown-obsessive-compulsive-scale

The Y BOCS has 10 items

1. time occupied by obsessive thoughts
   강박 관념이 지배하는 시간
2. interference due to obsessive thoughts
   강박 관념에 의한 간섭
3. distress associated with obsessive thoughts
   강박 관념에 관련한 고통
4. resistance against obsessions
   강박 관념에 대한 저항
5. degree of control over obsessive thoughts
   강박 관념에 대한 지배의 정도
6. time spent performing compulsive behaviors
   강박 행동에 소비되는 시간
7. interference due to compulsive behaviors
   강제적 행동에 의한 간섭
8. distress associated with compulsive behaviors
   강박 행동에 따르는 고통
9. resistance against compulsions
   강박 행위에 대한 저항
10. degree of control over compulsive behavior.
   강박 행동에 대한 제어의 정도

Each item is rated from 0 (no symptoms) to 4 (extreme symptoms). A score of 0?7 is considered nonclinical. Scores ranging between 8 and 15 are considered mild. Scores between 16 and 23 are considered moderate and scores between 24?31 and 32?40 are considered severe and extreme, respectively.

Memo:
※ 논문명은 「Alteration of the platelet serotonin transporter in romantic love」
사랑에 빠졌을 때의 혈소판 세로토닌 수송체의 변화

고작 연애 감정 혹은 상사병이라고 가볍게 치부하다 중증으로 발전할 우려가 있다. 불안정한 정신 상태가 계속된다면 강박성 장애라는 정신병을 의심해볼 수 있다. 178쪽의 '예일·브라운 강박관념 척도(Y-BOCS) 테스트' 결과 합계 24점 이상인 사람, 상대에 대한 생각을 도저히 떨칠 수 없는 사람은 심료 내과를 찾아 진료를 받아보기 바란다.

①기분이 이상하게 고양되는 조증 상태로 밤에도 잠을 이루지 못하고 지리멸렬한 언동이나 불이익을 서슴지 않는 행동을 한다.

②울증 상태가 되어 절망감, 무력감, 구토, 오열, 식욕 상실 또는 과식 등의 증상이 나타난다.

③심한 스트레스를 느끼고 고혈압, 복부 통증, 만성 경부 통증, 몸의 떨림, 침입 사고(思考), 대상에 대한 빈번한 플래시백 등을 일으킨다.

이 같은 상사병 증상이 장기간 계속되어 해소되지 않는 경우에는 충동 제어 장해를 일으켜 자신이나 타인에게 위해를 가하는 행위를 하기도…. 예컨대, 방화, 연모 대상에 대한 가해 행위, 동반 자살, 스토커 살인 사건 등으로 발전하거나 공격적 행동의 일종인 편집증으로 발전해 자기중심적 망상에 빠지는 유형도 있다. 실제 상대도 자신을 사랑한다고 믿어버리는 정신병적 망상에 사로잡힌 38세 남성이 15세 아이돌에게 구혼했다가 거절당하자 기획사를 제소해 패소했음에도 끈질기게 항소…하는 지옥도가 펼쳐지기도 한다.

고작 상사병 정도라고 가볍게 치부하지 말고 강박성 장애라는 정신병으로 치료를 받게 해야 한다. 치료가 필요한 수준인지 아닌지는 '예일·브라운 강박관념 척도(Yale-Brown Obsessive Compulsive Scale)' 줄여서 'Y-BOCS'라고 불리는 평가법을 이용해 측정한다. 당신이 상대를 얼마나 사랑하는지를 수치화할 수 있다.

 상사병에 효과적인 약과 치료법

테스트 내용은 178쪽에 정리했다. 합계 24점 이상인 경우는 투약을 포함한 의사의 치료가 필요하므로 최대한 빨리 심료 내과를 찾아 진찰을 받아보기 바란다. 보통 강박성 장애는 인지 행동요법이나 폭로 반응 방해법을 이용한다. 하지만 상사병의 경우, 이런 치료를 하려면 연모대상의 적극적인 협력이 필요하기 때문에 실제 이용되기는커녕 악화시킬 위험성이 더 크다는 문제가 있다.

24점 이상의 중증 상사병의 경우는 일단 약물 요법을 시도한다. 현재 일본에서 보험이 적용되는 처방약으로는 염산 파록세틴(상품명 '팍실 정'), 말레산 플루복사민(상품명 '플루복사민 말레산염 정'), 염산 설트랄린(상품명 '제이 졸로프트 정'), 염산 클로미프라민(상품명 '아나프라닐 정)' 등이 있다.

이런 약물로 효과가 없는 경우에는 일본에서는 미승인 약품인 플루옥세틴(상품명 '프로작')이 있다. 이것도 효과가 없다면 강박성 장애가 완전히 사라지는 효과가 있다고 연구된 특효약으로 환각 버섯의 성분인 실로시빈이 있다. 일본에서는 마약 및 향정신성 약물로 엄격히 규제되고 있는 약물로 의약품으로 처방받는 것은 불가능하지만 의학 연구에 사용하는 것은 가능하기 때문에 실험 명목으로는 사용할 수 있다.

하지만 규제가 엄격해 환자에게 사용하기는 극히 어렵고 취급하는 병원도 한정되어 있으며 제약 회사에 주문할 때도 엄격한 심사를 거쳐야 한다. 그런 이유로 1로트가 20㎎ 정제 50정으로 한 병에 1,500엔(약 1만 5천 원)이라는 고가의 약이 되어 1일 1회 1정 복용하면 약 30만 엔(약 300만 원)이 든다. 이런 고가의 약을 비보험 진료로 처방받는 것은 아무리 생각해도 실용적이지 않다. 1정에 약 30만 엔이나 하는 정규 의약품을 살 바에 체포 위험성을 무릅쓰고라도 불법 환각 버섯을 사는 편이 더 싼 모순 탓에 실로시빈의 규제를 재검토하라는 비판이 나오고 있다.

일본에서 보험이 적용되는 약

심각한 상사병으로 치료가 필요하다는 진단을 받은 경우, 일본에서는 다음과 같은 약을 처방받을 수 있다. 보험이 적용된다.

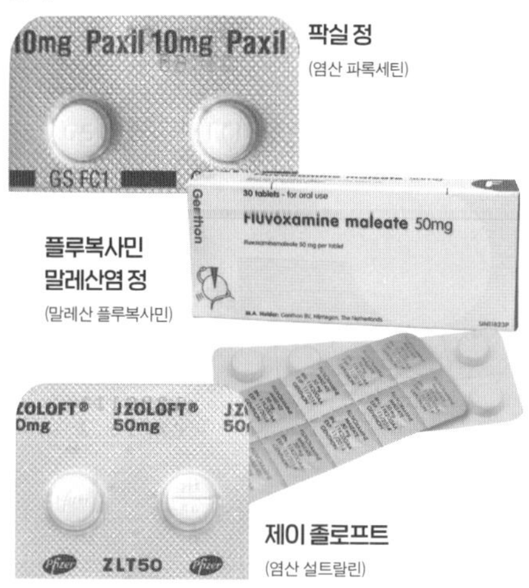

팍실 정
(염산 파록세틴)

플루복사민 말레산염 정
(말레산 플루복사민)

제이 졸로프트
(염산 설트랄린)

약효과 없다면 더 강한 약도…

보험이 적용되는 약으로 효과가 없는 경우, 다른 방법도 있다. 일본에서는 미승인 약인 '프로작' 흔히 항우울제로 사용된다. 또 환각 버섯의 성분인 실로시빈이 특효약으로 기대를 모으고 있다. 다만, 각종 비용을 계산하면 1정당 30만 엔이나 되기 때문에 아직 연구 단계이다.

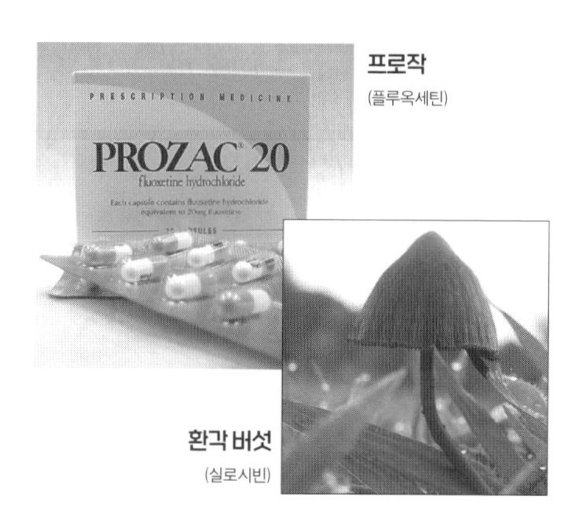

프로작
(플루옥세틴)

환각 버섯
(실로시빈)

Memo:

중증환자는 뇌를 직접 공략

이 정도 약물을 투여해도 효과가 없을 경우 최후의 수단은 뇌 심부 자극 요법이다. 심장 박동 조율기의 개발 및 판매로 유명한 메드트로닉사의 '악티바 PC'라는 뇌 심부 자극 요법장치를 뇌에 삽입하는 것이다.

2009년 2월 19일 미국 식품의약품국(FDA)의 승인을 받고 같은 해 7월 14일에는 EU에서도 승인을 받았다. 다만, 2018년 현재 일본에서는 파킨슨병으로 인한 운동 장애에만 보험이 적용되기 때문에 상사병 환자에 사용하려면 보험이 적용되지 않아 비용이 많이 든다. 구체적으로는 삽입하는 기기 본체의 가격이 172만 엔(약 1,720만 원), 삽입 수술비용이 K181에 해당하는 뇌 자극 장치 이식술 71,350점(713,500엔)으로 총 2,433,500엔(약 2,433만 원), 그 밖의 비용을 포함하면 300만 엔(약 3천만 원) 이상이 든다.

돈은 들지만 기원전부터 어떤 명의도 고칠 수 없다던 '상사병'을 21세기 최첨단 의학으로 치료할 수 있게 된 것이다. FDA의 치료 기준에는 Y-BOCS 30점 이상에 뇌 심부 자극 요법을 적용할 수 있으므로 극도의 상사병을 앓는 스토커에게는 뇌에 기계를 삽입하는 치료를 시도할 수 있다. 스토커 살인 사건이라는 최악의 결과를 초래하기 전에 적절한 치료가 가능하도록 일본에서도 보험 적용을 고려할 필요가 있다.

약물 치료가 효과가 없다면 뇌에 전기 자극을 주는 방법도…

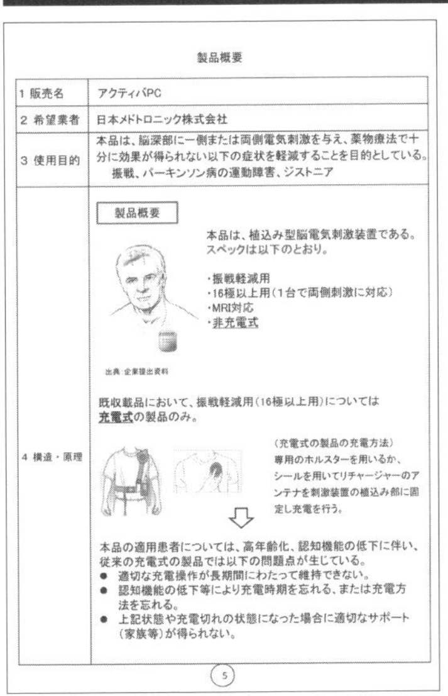

製品概要

1 販売名	アクティバPC
2 希望業者	日本メドトロニック株式会社
3 使用目的	本品は、脳深部に一側または両側電気刺激を与え、薬物療法で十分に効果が得られない以下の症状を軽減することを目的としている。 振戦、パーキンソン病の運動障害、ジストニア
4 構造・原理	製品概要 本品は、植込み型脳電気刺激装置である。スペックは以下のとおり。 ・振戦軽減用 ・16極以上用（1台で両側刺激に対応） ・MRI対応 ・非充電式 出典:企業提出資料 既収載品において、振戦軽減用（16極以上用）については充電式の製品のみ。 （充電式の製品の充電方法） 専用のホルスターを用いるか、シールを用いてリチャージャーのアンテナを刺激装置の植込み部に固定し充電を行う。 本品の適用患者については、高年齢化、認知機能の低下に伴い、従来の充電式の製品では以下の問題点が生じている。 ● 適切な充電操作が長期間にわたって維持できない。 ● 認知機能の低下等により充電時期を忘れる、または充電方法を忘れる。 ● 上記状態や充電切れの状態になった場合に適切なサポート（家族等）が得られない。

5

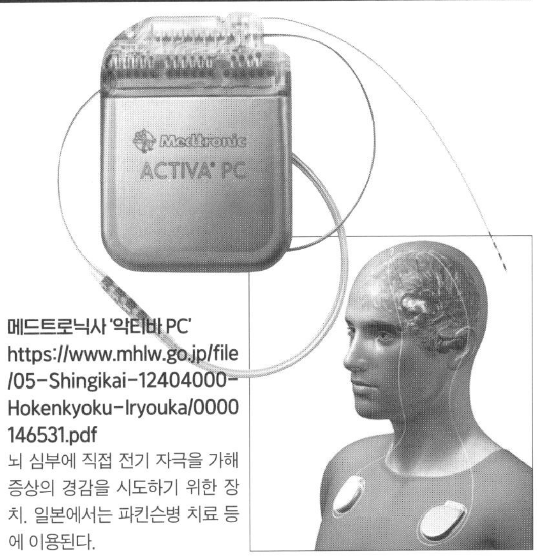

메드트로닉사 '악티바 PC'
https://www.mhlw.go.jp/file/05-Shingikai-12404000-Hokenkyoku-Iryouka/0000146531.pdf
뇌 심부에 직접 전기 자극을 가해 증상의 경감을 시도하기 위한 장치. 일본에서는 파킨슨병 치료 등에 이용된다.

자신의 상사병 정도를 체크해보자!

예일·브라운 강박관념 척도(Y-BOCS) 테스트

문제1 하루 중 몇 시간이나 연모 상대를 생각하는가?

1. 별로 생각하지 않는다.
2. 1시간 이하
3. 1~3시간
4. 3~8시간
5. 8시간 이상

문제2 연모 감정이 사회적 활동이나 업무에 어느 정도 장해가 되는가?

1. 전혀 없다.
2. 약간 장해가 되지만 전반적으로 큰 문제는 없다.
3. 상당한 장해가 되지만 대처 가능한 수준이다.
4. 현저한 장해가 있다.
5. 연모 감정에 빠져 일상생활이 불가능하다.

문제3 연모 감정으로 인해 어느 정도의 고통을 느끼는가?

1. 전혀 없다.
2. 거의 없거나 크게 고통스럽지 않다.
3. 상당히 고통스럽지만 대처 가능한 수준이다.
4. 매우 고통스럽다.
5. 고통 때문에 일상생활이 불가능하다.

문제4 연모 감정을 떨쳐버릴 수 있는가?

1. 가능하다.
2. 대개의 경우, 가능하다.
3. 필사적으로 가능하다.
4. 좀처럼 불가능하다.
5. 전혀 불가능하다.

문제5 연모 감정을 무시할 수 있는가?

1. 가능하다.
2. 보통은 가능하다.
3. 가끔 가능하다.
4. 거의 불가능하다.
5. 전혀 불가능하다.

문제6 하루 중 연모 감정에 소비하는 시간은 어느 정도인가?

1. 없다.
2. 1시간 이하
3. 1~3시간
4. 3~8시간
5. 8시간 이상

문제7 연모 감정이 사교적 활동이나 업무에 방해가 되는가?

1. 방해되지 않는다.
2. 약간의 방해가 되지만 전반적인 생활에는 큰 문제가 되지 않는다.
3. 분명히 방해가 되지만 대처 가능한 수준이다.
4. 현저한 방해가 된다.
5. 방해가 되어 일상생활이 불가능하다.

문제8 연모 감정을 저지당했을 때 느끼는 불안의 정도는 어느 정도인가?

1. 전혀 없다.
2. 약간 있다.
3. 불안감은 높지만 대처가 가능한 수준이다.
4. 불안감이 매우 커서 상당한 장해가 된다.
5. 불안감 때문에 일상생활이 불가능하다.

문제9 연모 감정에 저항하기 위해 어느 정도의 노력을 하고 있는가?

1. 늘 저항한다.
2. 대개의 경우 저항할 수 있다.
3. 약간 저항할 수 있다.
4. 거의 대부분 연모 감정에 빠져 있다.
5. 전혀 저항할 수 없고 오히려 자발적으로 연모 감정에 몰두한다.

문제10 연모 감정을 어느 정도까지 제어할 수 있는가?

1. 완전히 제어하고 있다.
2. 어느 정도 노력과 의지로 제어할 수 있다.
3. 가끔 제어할 수 있다.
4. 제어할 수는 있지만 결국에는 막지 못한다.
5. 전혀 제어할 수 없다.

모든 항목을 선택했다면 1=0점, 2=1점, 3=2점, 4=3점, 5=4점으로 합계 점수를 계산해보자.

9점 이하	정상
10~15점	경도의 상사병
16~23점	중등도의 상사병
24~31점	중도의 상사병
32~40점	극도의 상사병

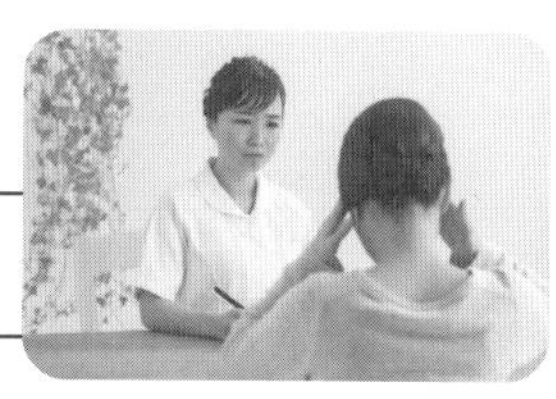

합계24점 이상이라면 심료 내과 진료를 권한다.

Memo:

COLUMN

인간은 무엇을 위해 사는가?

인간의 근본을 묻는 듯한 이런 질문이 있다.

답은 의외로 간단하다. 인간은 자신의 행복을 위해 산다.

극단적으로 말해, 인간은 자신만 행복하면 다른 어떤 불이익도 문제가 되지 않는다. 설령 전 재산을 몰수당하고, 자유를 박탈당하고, 가혹한 노동을 강요당하고, 목숨까지 빼앗긴대도 자신만 행복하면 그만이다. 그렇기 때문에 최고의 행복을 안겨주는 것이 종교나 연애가 되기도 하는 것이다.

반대로 자신이 불행하다고 느끼면 아무리 많은 재산이나 높은 지위도 의미가 없다.

인간은 자신이 불행해지면 어떠한 희생을 치르더라도 회복하려고 한다. 그 가장 두드러진 예가, 모든 것을 희생해가며 감행하는 복수이다.

뇌의 대뇌피질과 감정 중추의 결합이 끊어져 감정이 사라진 인간은 무엇을 보든 가격의 높고 낮음이나 미추(美醜)의 차이를 분간할 수 없게 되어 모든 게 똑같이 보인다. 미래도 다 똑같기 때문에 어떤 약속도 할 수 없다. 감정이 사라지면 가치 판단이 불가능하다.

그만큼 감정은 지성의 필수 조건이다.

다른 관점에서 보면, 감정으로 가치를 판단하는 시스템은 낮은 연산 능력과 기억력으로 최대의 이익을 얻는 가장 좋은 시스템이지만 인간 수준의 높은 연산 및 기억 능력이라면 감정 판단보다는 논리 판단이 최대의 이익을 가져온다.

현대의 호모사피엔스는 감정이라는 구식 판단 시스템과 논리 연산에 의한 신식 판단 시스템이 충돌하고 있다. 생물은 어디까지나 구식 시스템을 버릴 수 없는 구조적 문제를 안고 있다.

즉, 인간이 고도로 진화해 흔적기관이 되어도 감정은 남을 것이다.

행복이란 무엇인가?

자신이 기쁨을 느끼면 그것이 행복인 것이다.

KARTE No.044

전자파로 암에 걸린다는 도시 전설의 정체

송전선과 발암성

'송전선 근처에 살면 암에 걸린다'는 도시 전설과도 같은 이야기. 하지만 초저주파 전자계의 발암성에 대한 명확한 증거는 없다. 과연 그 실체는?

일본에서 이 문제에 대한 관심이 높아진 것은 1992년 스웨덴의 연구 결과가 크게 보도되면서부터이다. 그 내용은 '고압 송전선 근처에 사는 어린이가 소아 백혈병의 발병률이 4배나 높다'는 것이었다. 이 연구 결과가 지금까지 그대로 이어져 도시 전설이 된 것이다.

이 논문에는 자계의 세기가 0.3μT(마이크로 테슬라) 환경에서 생활하면 소아 백혈병 발생률이 3.8배나 높다고 쓰여 있다. 하지만 이 논문의 통계 데이터 처리에는 오류가 있다. 환경 요인과 질병 사이에 존재하지 않는 인과 관계를 만들어내는 '클러스터 착각'이 발생한 것이다.

스웨덴에서 실시된 조사에서는 800종이나 되는 질병에 대한 통계를 내던 중 소아 백혈병만이 4배나 더 높은 발생률을 보였다. 그 밖의 성인 백혈병이나 암이 발병하기 쉬운 부위(대장, 위, 폐, 유방, 전립선)에 대한 데이터는 지극히 일반적이었다.

이것은 통계학에서 '다중 비교 문제'라고 불리는 현상이다. 복수의 데이터를 다루다보면 우연히 발생할 리 없는 일도 확률의 법칙에 의해 일정 비율로 일어나는 경우가 있다. 그것을 클러스터 착각으로 의미를 부여해버린 것이다.

원래 통계학에는 그런 치우친 수치로 인해 잘못된 결과가 나오지 않도록 유의 수준, 신뢰 구간, P값 등 여러 복잡한 계산 이론이 있다. 하지만 이 스웨덴의 논문은 그런 수치를 완전히 배제하지 못했던 듯하다. 결국 '소아 백혈병만이 4배의 발병률'을 보인 것은 낮은 확률이지만 우연히 발생한 숫자에 불과했던 것이었다.

여기에 대해서는 1995년 미국의 공영 방송 PBS의 프로그램 'FRONT LINE'에서도 다룬 바 있다.

—they began accusing the Swedes of falling into one of the most fundamental errors in epidemiology, sometimes called the multiple comparisons fallacy. (필자 역: 과학자들은 스웨덴 연구진이 역학의 가장 기본적인 오류 중 하나에 빠졌다며 비난했다. 그것은 다중 비교 문제라고 불리는 것이다.) 'PBS FRONT LINE Currents of Fear' (Internet Archive).

'통계'라는 것은 어떤 현상의 성질이나 경향을 알 수 있는 중요한 학문이지만 '절대적으로 정확한 숫

Memo: 참고 문헌·사진 출전 등 ●「Magnetic Fields and Cancer in Children Residing Near Swedish High-voltage Power Lines」 American Journal of Epidemiology, Volume 138, Issue 7, 1 October 1993, Pages 467~481 https://academic.oup.com/aje/article-abstract/138/7/467/151494

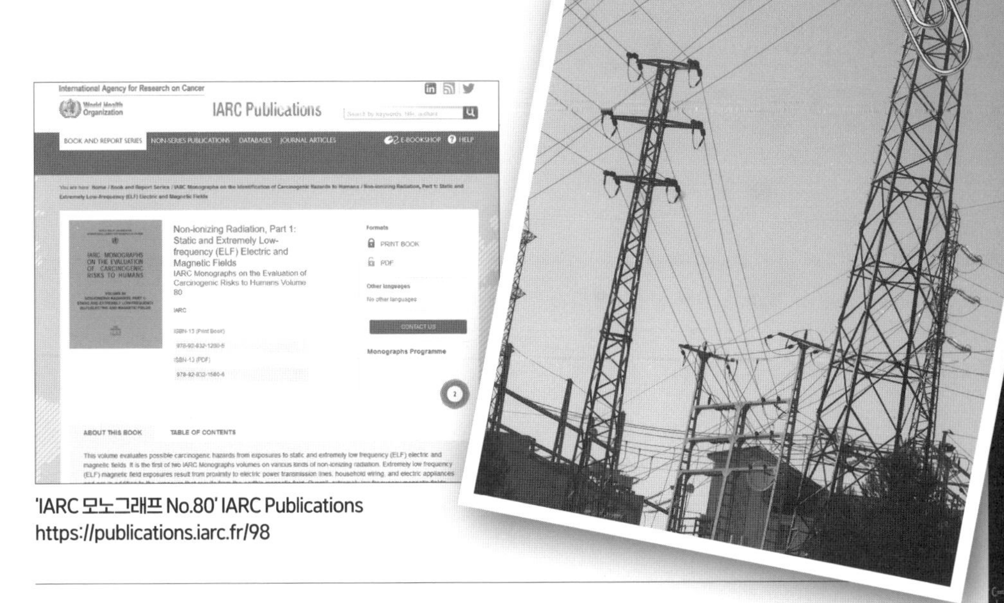

'IARC 모노그래프 No.80' IARC Publications
https://publications.iarc.fr/98

'고압 송전선 근처에 살면 암에 걸리기 쉽다'는 설은 1992년에 발표된 스웨덴의 연구 논문 「Magnetic Fields and Cancer in Children Residing Near Swedish High-voltage Power Lines」로 시작되었다. 하지만 통계 데이터 처리에 치명적인 오류가 있었다. 2001년 국제 암 연구기관(IARC)에서 부정적인 견해를 발표했다. 소아 백혈병과 무관하다고 단정할 수는 없지만 관계가 있다는 증거도 없기 때문에 의문시되고 있다.

자'를 산출하는 것은 아니다. 데이터의 선택 방식에 따라 터무니없는 결론을 도출하기도 한다.

 IARC의 평가

2001년 6월, 국제 암 연구기관(IARC)은 정전자계 및 초저주파 전자계(0~300Hz) 노출로 인한 발암성에 관한 정식 평가를 실시했다. 그것이 「IARC 모노그래프 No.80」이다. 그 결론을 살펴보면….

초저주파 자계는 '인간에 대해 발암성이 있을 수 있다' (그룹 2B)

이것을 보고 '국제적 기관이 발암성이 있다고 인정했다!'고 오해하는 사람이 있다. 그런 말이 아니다. 먼저, 이 평가는 '특정 물질이나 환경이 암의 원인이 되는가'를 분류한 것이다. '암을 일으키기 쉽다'는 것을 평가한 것이 아니라는 점에 주의하기 바란다.

그리고 이 결론의 전제로 쓰인 초저주파 자계에 대한 '종합 평가'는 다음과 같다.

●「PBS FRONT LINE Currents of Fear」 Internet Archive
https://web.archive.org/web/20160203040412/http://www.pbs.org/wgbh/pages/frontline/programs/transcripts/1319.html
●「전자계와 공중위생 초저주파 전계에 대한 노출」 WHO 팩트 시트 322 https://www.who.int/peh-emf/publications/facts/FS322_Japanese.pdf

· 초저주파 자계의 발암성에 대해, 인간의 소아 백혈병에 관한 증거는 한정적이다.
· 초저주파 자계의 발암성에 대해, 인간의 소아 백혈병 이외의 모든 암에 관한 증거가 불충분하다.
· 초저주파 자계의 발암성에 대해, 실험동물에 의한 증거가 불충분하다.

이처럼 상당히 부정적인 평가이다. 그런데 어떻게 '발암성이 있을 수 있다'는 결론이 나온 것일까. 문제가 된 것은 소아 백혈병에 대한 발암성뿐이다(그 이외의 암에 대해서는 애초에 발암성을 시사하는 유의미한 데이터가 존재하지 않는다). 복수의 역학 연구 데이터를 바탕으로 분석한 결과, 초저주파 자계가 0.3~0.4μT를 웃도는 거주 환경에서 소아 백혈병의 발생률이 배증하는 유형이 발견되었다. 스웨덴의 연구보다는 반감되었지만 그럼에도 수치가 높다는 것은 역시…?라고 생각하기 쉬운데 이것을 '발암성이 있다는 증거'라고 성급히 판단해서는 안 된다. 연구자들은 어디까지나 신중한 입장을 취하고 있다.

—하지만 역학적 증거는 선택 편향의 가능성 등 방법상의 문제로 인해 약화된다. 동시에 낮은 수준의 노출이 암 발생에 관여하는 것을 보여주는 생물 물리학적 메커니즘으로 인정될 만한 증거도 없다. (중략)동물 연구에서는 대부분 영향이 없다는 결과가 나왔다. 이 모든 점을 고려할 때, 소아 백혈병에 관련한 증거는 인과 관계가 있다고 볼 만큼 강력하지 않다. (WHO 팩트 시트 322 '전자계와 공중위생 초저주파 전계의 노출'에서 인용)

역학 연구는 통계 데이터에서 경향을 읽어내는 학문이다. 스웨덴의 연구에서 '클러스터 착각'이 일어났듯 잘못된 결론이 도출될 가능성을 완전히 배제할 수 없다. 국제 암 연구기관(IARC)은 이처럼 신중하고 부정적인 주석을 참고로 그룹 2B로 분류해 발표한 것이다. 참고로, IARC에 의한 발암성 분류는 그룹 1에서 그룹 4까지가 있으며 자세한 내용은 일본 경제 산업성 홈페이지에서 확인할 수 있다.

결론적으로 '송전선 근처에 살면 암에 걸린다'는 것은 잘못된 인식이라는 것이다. 정확히는 현 시점에 소아 백혈병에 관해서는 전혀 관계가 없다고 단정할 수는 없지만 관계가 있다는 증거도 없기 때문에 의문시되고 있다는 것이다. 또 소아 백혈병 이외의 암에 대해서는 유의미한 데이터가 전혀 없으므로 완전히 헛소문이라는 것이다. 특히, 후자에 대해서는 속지 않도록 주의하기 바란다.

Memo:
● 'IARC에 의한 발암성 분류' 일본 경제 산업성 홈페이지
https://www.meti.go.jp/policy/safety_securuty/industrial_safety/sangyo/electric/detail/e_health/senmon_kikai.html

보강
[KARTE No.045-049]

KARTE No. 045

유전을 발견하면 석유왕이 될 수 있을까?

모리타니 흥망성쇠기

해저 유전을 발견한 아프리카의 작은 나라가 있다. 엄청난 부를 얻어 모두 행복하게 잘 살았다…는 결말은 아니었던 듯하다. 산유국의 꿈에 부푼 그 나라를 기다리고 있던 것은…?

모리타니라는 나라에 대해 들어본 사람도 있을 것이다. 아프리카 북서쪽에 있는 나라로 극동에 위치한 일본에 대해 극서에 위치해 있다. 1912년경 아르센 뤼팽이 모리타니 제국의 황제 아르센 1세로 즉위해 탄생한 나라라는 설정도 있지만 프랑스의 식민지였다가 1960년 독립해 세워진 빈곤국으로 실재하는 국가이다.

그런 빈곤국에서 2005년 근해 80㎞, 지하 2,600m에 추정 매장량 1억 2천만 배럴의 해저 유전이 발견되었다. 정부와 국민의 기쁨은 이루 말할 수 없었을 것이다.

1배럴에 60달러에 판다고 해도 72억 달러(약 8조 7,300억 원)의 자산이 된다. 석유 회사가 정부에 제시한 추정 순이익은 47억 달러(약 5조 7,000억 원)였다. 모리타니의 2005년 GDP가 18억 3천만 달러(약 2조 2,200억 원)였던 것을 생각하면 엄청난 거금이 그야말로 땅에서 솟은 것이었다.

이제 빈곤을 벗어날 수 있으리라고 기대했다. 일부 세력이 석유 이권을 독점하지 못하도록 법을 정비하고 '국영 석유회사 모리타니 탄화수소 공사'라는 외국의 제삼자로부터 감사를 받는 공정하고 중립적인 특별 기관을 설립해 국민 모두에게 이익이 평등하게 배분되도록 노력했다. 유전 개발은 순조롭게 진행되어 2006년 2월부터 하루 6만 5천 배럴의 석유 생산이 시작되었다.

모리타니는 아프리카 북서쪽에 위치한 나라로 정식 명칭은 모리타니 이슬람 공화국이다. 수도는 누악쇼트. 사하라 사막에 위치하며 국토의 90%가 사막지대이다.

Memo:
참고 자료·사진 출전 등 ●「명목 GDP(US 달러)의 추이」 그래프 세계 경제 수첩
http://ecodb.net/exec/trans_country.php?type=WEO&d=NGDPD&c1=MR&s=&e=

국영 모리타니 탄화수소 공사 홈페이지 http://w3.smhpm.mr/fr2/
2005년 해저 유전이 발견되었다. 국영 석유회사에 의해 유전 채굴이 시작되어 GDP가 크게 증가했지만 10년도 채 안 되어 석유가 바닥나고 말았다. 2018년부터는 석유 대형 기업 로열 더치 셸과 계약을 체결해 새로운 석유 탐색을 시작했다.

그 사이 쿠데타가 일어나기도 했지만 그쪽 감각으로는 대통령이 탄핵된 정도의 사태이기 때문에 크게 문제가 되지는 않았던 듯하다. 유전 수입으로 GDP는 21억 8천만 달러로 급상승, 2007년에는 30억 4천만 달러까지 크게 증가해 총인구 300만 명 남짓한 소국의 경제에 석유 버블이 생겨났다. 그 후로도 계속된 GDP 성장으로 국부가 순식간에 몇 배나 급증했는데….

얼마 안 가 석유 산출량이 줄기 시작해 2007년 9월에는 하루 1만 배럴까지 떨어졌다. 2008년의 GDP는 33억 3천만 달러로 정체했다. 2009년에는 외국에서 신기술을 도입해 산유량을 하루 1만 7천 배럴까지 늘린 덕분에 39억 5천만 달러로 약간 증가했지만 2010년 36억 7천만 달러로 마이너스 성장으로 돌아서 2013년에는 완전히 기력을 잃고 말았다. 국영 석유회사 모리타니 탄화수소 공사는 2015년 적자로 돌아선 재무제표를 공개한 이후 활동을 중단했다.

석유는 주머니에 구멍을 내 내용물을 빨아내듯 내용물의 잔량이 줄어들면 빨아낼 수 있는 양도 줄어든다. 그런 이유로 해수를 주입해 늘어난 내용물을 빨아낸 후 해수와 기름을 분리하는 장치를 도입하기도 하는데…. 단순 계산으로도 알 수 있듯 1억 2천만 배럴의 유전도 계속 뽑아 올리면 10년도 안 돼 바닥난다. 그런데도 국가와 국민들은 땅에서 솟아난 큰돈에 금전 감각이 이상해져 석유가 영원히 솟아날 것이라고 착각한 것이다.

거품처럼 꺼져버린 오일 머니의 꿈

유전 수입이 사라지자 경제가 침체되면서 마이너스 성장으로 돌아섰다. 극적인 경제 성장을 이끈 유전의 꿈이 거품처럼 꺼져버리고 만 것이다. 석유회사의 기만이나 일부 세력의 독점이 있었던 것도 아니다. 석유회사는 그들이 제시한 이익을 그대로 모리타니 정부와 국민에게 지불했다.

어쩌지 기대와 달라 실망감이 들 수도 있다. 애초에 47억 달러를 300만 명의 국민 전원에게 균등히

● 재일 모리타니 공화국 대사관 홈페이지 http://www.amba-mauritania.jp/

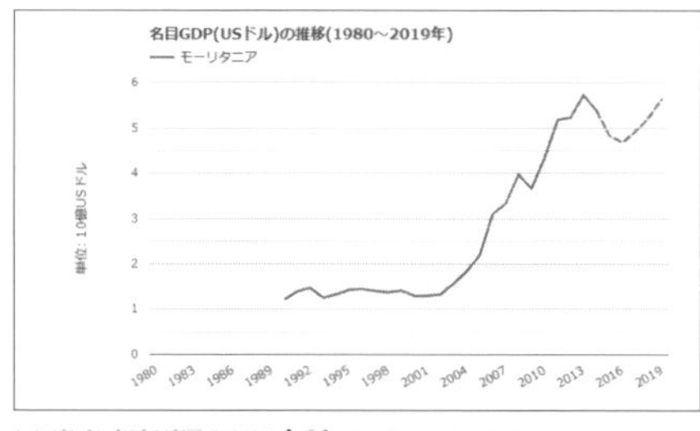

모리타니의 명목 GDP 추이('세계 경제 수첩' 참조)

명목 GDP(US 달러) 추이			
2000년	12억 9천만 달러	2010년	43억 3천만 달러
2002년	13억 달러	2011년	51억 8천만 달러
2003년	13억 2천만 달러	2012년	52억 3천만 달러
2004년	15억 6천만 달러	2013년	57억 2천만 달러
2005년	18억 3천만 달러	2014년	53억 9천만 달러
2006년	21억 8천만 달러	2015년	48억 3천만 달러
2007년	30억 4천만 달러	2016년	46억 9천만 달러
2008년	33억 3천만 달러	2017년	49억 4천만 달러
2009년	39억 5천만 달러	2018년	52억 4천만 달러
2010년	36억 7천만 달러	2019년	56억 5천만 달러

배분하면 1명당 1,566달러(약 190만 원) 정도밖에 되지 않는다. 평균 연소득이 350달러인 나라에서 국민 전원에게 연소득의 4배가 넘는 돈을 공평히 나눠줬다면 그 정부는 충분히 노력을 다한 것이 아닐까?

유전은 흔히 생각하는 만큼 큰돈이 되지는 않는다…는 현실이 석유왕의 꿈을 깨게 만든 것뿐이다. 1천조 엔도 일본인 모두에게 공평히 배분하면 1명당 800만 엔(약 8,000만 원) 정도밖에 되지 않는다. 1천조 엔이 땅에서 솟아나도 다 같이 사이좋게 나누면 평생 놀고먹을 수 있는 석유왕 같은 건 될 수 없다.

하지만 한 번 꿈에 부풀면 쉽게 잊지 못하는 것 또한 인간의 본성이다. 2018년 모리타니 정부는 또 다른 유전 발견성에 대한 꿈과 희망 혹은 망상을 버리지 못하고 로열 더치 셸과 유전 조사 계약을 체결해 새로운 유전을 찾아 나섰다.

문어 최대 수출국

유전이 발견되기 전 모리타니 경제를 떠받친 것은 광산과 어업이었다. 1978년 일본 국제협력기구(JICA)의 기술 지원으로 문어단지 어업을 전수받은 이후 문어가 모리타니의 중요 수출품이 되었다. 일본의 수입 문어 점유율 1위를 차지할 정도로 일본에서 유통되는 문어의 30% 이상이 모리타니 산이다.

석유 버블로 끼니를 걱정하던 국민들이 밝은 미래를 꿈꾸며 자녀를 출산하고 그 결과 총인구가 300만 명에서 430만 명으로 130만 명이나 증가했으며 평균 연령도 낮아졌다. 하지만 국토 대부분이 사막 지대이기 때문에 늘어난 인구를 먹일 식량 생산 능력이 없어 귀중한 외화 수입과 석유로 비축한 자산을 식량 수입에 충당할 수밖에 없는 상황으로 현재 식량의 70%를 수입에 의존하고 있다.

참고로, 모리타니인은 문어를 먹지 않는다. 일본에 비싸게 수출할 수 있기 때문에 문어를 먹기보다 그 돈으로 식량을 사는 편이 이득이기 때문이다. 식량 부족 국가에서 자국의 먹거리를 외국에 수출해 얻은 외화 수입으로 외국에서 식량을 산다니 이상하게 들리지만 칼로리 면에서 생각하면 문어를 먹는 것보다 문어를 판 돈으로 수입한 식량을 먹는 편이 섭취 칼로리가 높기 때문에 손득 계산은 틀리지 않

Memo:
● 모리타니 수도 대통령 관저 사진 Google 스트리트 뷰 https://www.google.com/maps/place/18%C2%B005'39.0%22N+15%C2%B058'15.0%22W/@18.0949421,-15.9714486,1094m/data=!3m1!1e3!4m5!3m4z11s0×0:0×!8m2!3d18.094167!4d-15.970833?hl=ja

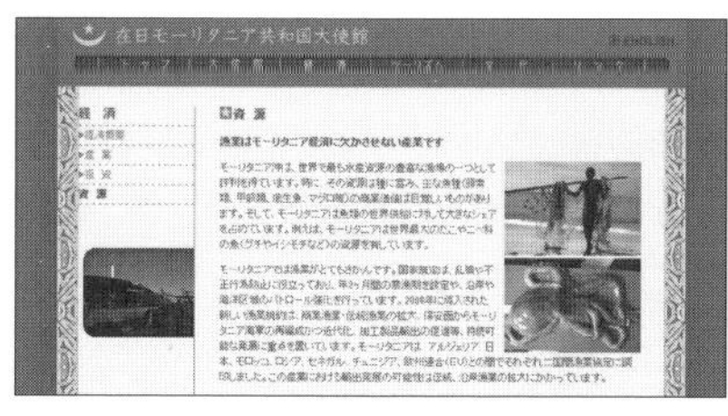

어업이 활발한 모리타니의 주요 수출품인 문어는 중요한 외화 획득 수단이다. 일본에서 유통되는 문어의 30%는 모리타니 산이다. 하지만 난획으로 인한 어획량 감소가 문제가 되어 규제 및 관리에도 힘을 쏟고 있다.

았다. 게다가 문어 수출과 식량 수입으로 인한 물류업 수요와 고용이 발생한다는 점에서 경제 발전에도 도움이 된다.

하지만 문어도 40년에 걸친 난획으로 크게 감소해 문어 자원 역시 고갈되고 있다. 있는 자원을 오로지 소비만 해온 결과가 돌아온 것이다.

또 다시 대국의 식민지로…

최근 모리타니 경제를 떠받치는 것은 중국 정부가 무상으로 지어준 건축물이다. 이른바 건설 경제에 의존해 간신히 버티고 있는 상태. 중국의 막대한 무상 원조 덕분에 2017년 GDP는 플러스 성장으로 회복되면서 2018, 2019년도에도 성장세는 계속되었다.

국회가 열리는 대통령 관저부터 각 청사에 이르기까지 모두 중국 정부가 무상으로 지어주었다고 한다. 엄청난 경제 원조이지만 전자 투표 시스템부터 국가 중추의 컴퓨터 시스템까지 모두 중국 정부의 자금으로 중국 제품을 도입해 중국의 기술 지도를 받는다니 도청이든 감시든 무엇이든 가능할 법도 한데…. 투표 결과도 중국에서 원격 조작이 가능할 것 같은 생각이 드는 것은 내 망상인 것일까? 그럼 다행이지만….

빈곤을 벗어나기 위해 대국의 속국이 되는 선택도, 고통 받는 국민을 구제할 수 있다면 불가피한 선택일지도 모른다….

중국의 조선소에서 모리타니를 위해 건조한 L981 양륙함

중국의 무상 원조로 세워진 모리타니 대통령 관저

●모리타니 탄화수소 공사의 2015년 재무제표. 적자 보고를 마지막으로 재무 내용을 공표하지 않게 되었다.
http://www.smhpm.mr/ETATS-FINANCIERS/ETATS_FINANCIERS_2015.pdf (PDF 삭제 완료)

KARTE No. 046

영세 중립국의 선박을 수호하는 해운왕의 사설 군대

해운 대국 스위스의 수수께끼

스위스는 내륙에 있는 산악 지대이지만 해운업이 왕성한 나라이기도 하다. 세계 2위 해운 기업 MSC가 스위스 경제를 떠받치고 있다. 안전한 항해에 필요한 '힘'을 제공하는 것은….

스위스는 바다가 없는 내륙 국가이기 때문에 해군이 없다. 하지만 선박을 이용한 수상 운송이 활발히 이루어지고 있으며 다수의 스위스 선박이 전 세계 바다를 누비고 있다.

제2차 세계대전 때는 나치 독일과 그 아군들에 둘러싸여 고립된 상황에서도 중립을 유지하며 스위스 경제를 지탱하기 위해 무기 없는 전쟁을 벌인 사람들이 있었다. 제2차 세계대전 중 전 세계 바다를 누비는 스위스 선박과 선원들을 관할하는 '스위스 해상 운수국(SMNO, Swiss Maritime Navigation Office)'이라는 상부 조직과 그 산하의 '스위스 상선대'라는 조직이다.

스위스 상선대의 존재 목적은 스위스 경제를 유지하기 위한 해상 교통로의 확보였다. 즉, 본질적으로는 다른 나라의 해군과 목적이 같다. 전투를 수단으로 삼지 않을 뿐 실질적으로는 스위스의 비무장 중립 해군이라고 불러야 할 해운 조직인 것이다.

제2차 세계대전 중 스위스가 애를 먹었던 것 중 하나가 바로 석유 수입이었다. 석유를 수입에 의존하고 있었기 때문에 전방위적으로 나치 독일에 둘러싸이자 미국에서 석유를 수입하기가 힘들어진 것이었다. 육상 수송은 도저히 불가능하고 선박 수송밖에는 방법이 없었다. 내륙 국가인 스위스에 어떻게 배가 들어왔는가 하면…. 대서양을 지나 북해로 들어가 바다와 강이 만나는 지점에서 소형 선박에 옮겨 실은 후 라인 강을 거슬러 올라가 라인 강의 수원 바로 앞에 있는 스위스의 바젤 항에 도착하면 나머지는 스위스 국내에서 철도 등을 이용해 운반하는 경로이다. 강을 지날 때는 최대 배수량 3,000톤 이하의 작은 배만 사용할 수 있었다. 1만 톤급의 유조선이 하구에 도착하면 4척의 하천용 소형 유조선에 옮겨 싣고 독일과 프랑스의 국경 부근을 흐르는 강을 거슬러 올라가 스위스 바젤에 도착한다. 이처럼 영세 중립을 유일한 방패로 삼은 비무장 스위스 상선대가 전시의 스위스 경제를 떠받친 것이다.

스위스의 해운왕

현재 스위스에는 6곳의 해운 회사가 있으며 그중에서 가장 규모가 큰 것이 제네바에 거점을 둔 세계 제2위의 해운 회사 MSC이다. MSC의 창업자인 스위스의 해운왕 지앙루지 아폰테(Gianluigi Aponte)는 추

Memo:
참고 자료·사진 출전 등 ●「스위스 상선대 75년사(Marine suisse: 75 ans sur les oceans, OlivierGrivat, Editions Imagine)」

MSC(Mediterranean Shipping Company S.A.)
https://www.msc.com/jpn

지앙루지 아폰테(1940~)

이탈리아 출신의 지앙루지 아폰테가 이끄는 스위스의 해운회사 MSC. 중고 선박 1척으로 시작해 세계 2위의 해운 기업으로 성장했다. 스위스는 영세 중립국이지만 비무장이 아닌 국민 개병제를 실시하고 있다. MSC의 스위스인 선원 대부분은 전직 군인으로 선박의 경비를 맡고 있다. 용병 부대로서 해적의 공격으로부터 선박을 보호하는 실질적인 해군의 역할을 한다.

정 총자산 8,000억~9,000억 엔으로 알려진 대부호. MSC는 지금도 철저한 창업자 일족 경영 회사로 간부 전원이 아폰테 가문이다.

지앙루지 아폰테는 이탈리아에서 태어난 이탈리아인이었지만 선박의 승객이었던 스위스 여성 라파엘라 디아만트와 결혼해 스위스인이 되었다. 그가 1970년 중고 선박 1척을 구입해 시작한 회사가 MSC이다. 중고 선박 1척으로 시작해 세계 제2위의 해운왕으로 입신출세한 인물이다. 그 후, 계속 새로운 선박을 구입해 거대 해운회사로 급성장했다.

아폰테가 선박을 구입할 수 있었던 배경에는 고르고 13도 애용하는 것으로 유명한 스위스 은행과 스위스 정부의 조성금 제도가 있다. 스위스의 해운업자가 스위스 선적의 선박을 신규 구입할 때 스위스 은행에서 융자를 받으면 1척당 11억 스위스 프랑(약 1조 4천만 원)까지 스위스 정부가 연대 보증인이 되어 저금리로 빌릴 수 있는 제도가 있다. 연대 보증에 대한 보상은 비상시 정부의 명령에 따르는 것이다. 실제 정부의 명령이 내려진 적은 한 번도 없었다고 한다. 저금리 자금 조달에 성공한 아폰테 가문의 사업

- 스위스 해상 운수국 홈페이지 https://www.eda.admin.ch/smno/en/home.html
- 지앙루지 아폰테, 소형 유조선의 사진 Wikipedia

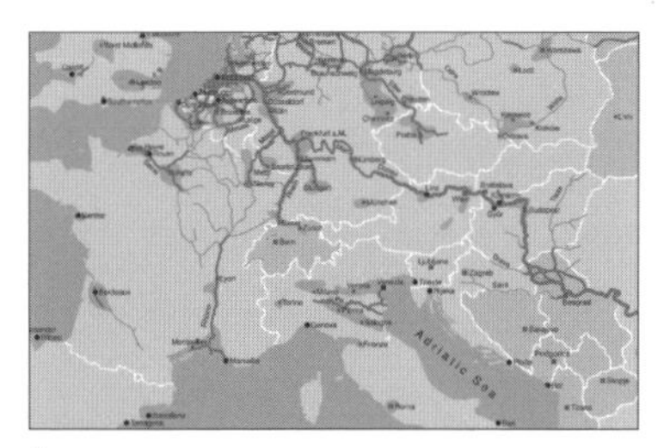

European waterways map
http://www.inlandnavigation.eu/what-we-do/maps-fleet/
유럽의 주요 하천과 수로. 실제 강폭의 지형과는 관계가 없으며 선이 굵은 수로일수록 유통량이 많다.

스위스 바젤 시내를 항해하는 소형 유조선. 석유는 소형 유조선에 실어 바다에서 강을 거슬러 운반된다.

은 크게 확대되었다.

스위스 용병의 부활

제2차 세계대전부터 동서 냉전 시대까지 스위스의 해운을 지탱한 것은 스위스인 선원들이었지만 냉전이 종식된 후에는 그 수가 급격히 줄어 스위스 선적의 선박임에도 스위스인이 한 명도 타지 않는 경우가 비일비재했다. 선원이라는 직업에 매력을 느끼지 않게 된 듯했다. 가장 적을 때는 전 세계에서 5명에 불과해 멸종 위기종이 되기도 했다. 그런데 2008년을 경계로 스위스인 선원이 크게 증가했다. 선원의 급여 수준이 5배 가까이 인상되면서 2019년에는 651명의 스위스인 선원이 존재했다. 어떻게 100배 이상 늘어난 것일까? 그들은 왜 갑자기 선원에 지원했을까? 갑자기 늘어난 지원자는 어디서 나타난 것일까?

그들은 대부분 전직 스위스 군인이었다. 국민 개병제를 실시하는 스위스에는 전직 군인이 흔하다. 그들의 업무는 선박의 운항이 아니라 선박의 경비 다시 말해, 해적의 공격으로부터 민간 선박을 보호하는 민간 군사회사(용병)의 일종이다. 스위스 해상 운수국은 스위스인 선원에게 신분을 증명하는 선원수첩을 발급하고 있지만 공식적인 기능 증명서가 아니기 때문에 선원으로서의 기능을 증명하려면 외국에서 별도로 취득할 필요가 있다고 한다(공식적으로 명기되어 있다). 스위스인 선원 대부분이 선원으로서의 기술을 가지고 있지 않다는 것은 이상한 이야기 같지만 실제 선박을 운항하는 것은 아시아계 선원들이다. 스위스 선박에 스위스인이 한 명도 타지 않았던 시대와 다를 게 없다.

스위스 해상 운수국은 스위스에 있는 6곳의 선박회사를 대표하는 6명의 위원에 의해 운영된다. 하지만 실질적으로는 아폰테 가문이 주도하고 있다고 해도 과언이 아니다. 스위스인 선원의 정체는 말하자면 MSC 경비 부서의 사원이자 아폰테 가문의 사설 군대인 것이다.

Memo:

스위스 선적 선박에 스위스의 공적 기관이 발행한 신분증명서를 가진 스위스 국적의 스위스인 선원이 타고 있으니 완벽한 합법이다. 선박 내에 스위스 정부가 자위권을 지키기 위한 필요 최소한의 범위라고 인정한 무장을 갖추고 있는 것도 당연히 합법이다. 그 무기는 12.7㎜ 중기관총. 작은 해적선 정도는 간단히 침몰시킬 수 있다. 실제 스위스 해상 운수국은 '스위스 선박의 선주는 발틱 국제 해운협의회가 정한 관행 기준을 충실히 이행하며 선주 각자가 해적을 격퇴할 특별한 방법을 가지고 있다'는 미묘한 표현을 사용한다.

이제는 해적도 도망가는 해운왕 아폰테 가문의 사설 군대이지만 그 배경에는 그렇게라도 하지 않으면 선박을 지킬 수 없던 절실한 이유가 있다. 2008년 제네바에서 카다피 대령의 아들을 폭력 혐의로 체포하자 그에 대한 보복으로 리비아에서 스위스인 사업가 2명이 구속되는 사건이 발생했다. 스위스의 메르츠 대통령이 직접 리비아를 찾아가 사죄했지만 한 명은 풀려나지 못하고 금고 4개월의 실형을 받았다. 영세 중립국 스위스는 국외로 군대를 파견할 수 없을 뿐 아니라 외국 군대에 구출을 부탁할 수도 없다. 스위스 국외에서 일어난 일에 관해서는 무력행사를 할 수 없기 때문에 대화를 통해 돈을 지불하는 것 이외에는 해결할 방법이 없는 것이다. 이 사건으로 해적들은 스위스인을 인질로 잡으면 어느 나라 군대의 공격도 받지 않고 몸값을 뜯어낼 수 있다는 것을 학습했다.

이런 사례를 통해 해운왕 아폰테는 자신의 선박에 문제가 생겨도 정부나 군대가 도와주지 않는다는 것을 깨달은 것이 아닐까? 실제 2018년 9월 22일 스위스의 해운회사 마셀의 화물선 MV 글라루스가 나이지리아 근해에서 해적에 습격을 받아 필리핀인 7명을 비롯한 슬로베니아, 우크라이나, 루마니아, 크로아티아, 보스니아인으로 이루어진 총 12명의 승조원이 피랍되는 사건이 발생했다. 한 달이 넘어서야 풀려났지만 유사한 공격이 되풀이될 가능성이 있다고 판단해 인질 석방에 관련한 자세한 내용은 공표되지 않았다. 화물선 MV 글라루스도 사건 후 다른 회사에 매각되어 파나마 선적이 되었다.

누구나 상상할 수 있듯 몸값을 치르고 풀려났을 것이다.

스위스 선적을 포기하면 스위스 은행의 저금리 융자를 받지 못한다. 그래서 지금은 마셀사를 비롯한 스위스의 해운 회사들이 아폰테 가문의 사설 군대 혹은 사실상 스위스 해군이라고 할 수 있는 MSC 경비부에 용병을 맡기게 된 것이다. 이렇게 스위스인 용병은 바다가 없는 나라의 해병으로 부활했다.

MSC의 세계 최대급 컨테이너선 OSCAR. 선명은 아폰테 일족의 아들이나 손자의 이름을 붙이는 것이 관행이다.

KARTE No. 047

선거 유세차와 선전 방송은 효과적이었다…

선전에 의한 세뇌의 공포

큰 소리로 떠들어대는 것은 엄청난 민폐이다. 하지만 같은 말을 여러 번 반복해서 듣다 보면 호의적으로 받아들이고 심지어 진실처럼 느껴지는데…. 선거 유세 차량에 의한 가두선전은 실은 효과적이다?!

선거철이 되면 유세 차량을 타고 요란하게 외치며 돌아다니는 정치인들 때문에 질색한 경험이 있을 것이다. 유권자들의 혐오 감정을 자극해 표를 잃는 어리석은 짓을 자처할 만큼 머리가 나쁜 것일까? 그렇지 않다, 그들은 큰 소리로 소란을 피우는 것이 표를 얻는 데 유효한 전술이라는 것을 알고 있다. 그렇기 때문에 모든 정치인들이 선거 차량을 타고 온종일 자신의 이름을 외치며 돌아다니는 것이다.

근대 심리학에서는 일방적으로 외치는 말에 넘어가지 않을 거라고 생각하지만 자신도 모르는 사이 믿어버리게 되는 현상이 발견되었다. 이를 바탕으로 확성기로 불특정 다수를 향해 심리 공격을 가하는 전술이 생겨난 것이다. 싫은 상대, 극단적인 경우에는 죽이고 싶은 적이라도 여러 번 보거나 듣는 사이 호의가 생기는 심리학 현상으로 '지각적 유창성의 오귀속설'과 '환상적인 진실 효과'라는 학설로 설명된다.

서비스업 등에 종사하면서 악질 고객에게 당해본 경험이 있는 사람도 많겠지만, 대인 교섭에서 일방적으로 되풀이해서 고함을 지르는 교섭술은 의외로 유효하다.

La batalla de las ondas en la Guerra Civil Espanola (Historia)
제2차 세계대전 당시 독일군이 가져온 방송 차량에 관해 쓰여 있다.

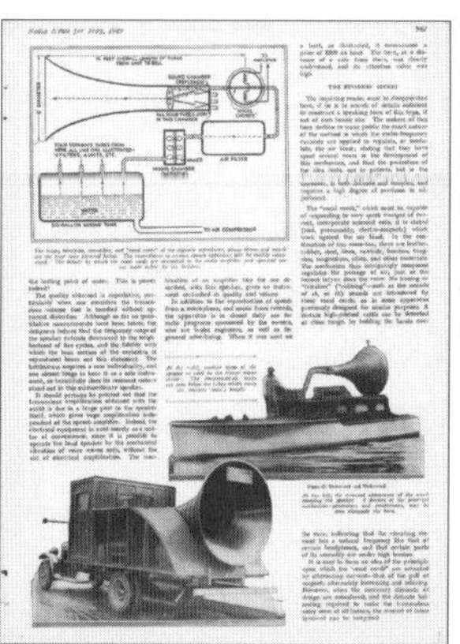

거대 확성기
1929년 미국에서 판매되었던 초대형 확성기 카탈로그('Directory of Signal Corps Equipments: Sounds and Light and Miscellaneous Equipment' 참조)

Memo:
참고 자료·사진 출전 등 ●『La batalla de las ondas en la Guerra Civil Espanola』 Amazon
https://www.amazon.es/Batalla-Ondas-Guerra-Espa%C3%B1ola-Historia/dp/849431968X

선거 유세차는 세계 각국에서 사용되었으나 최근에는 소음 규제의 대상이 되면서 점차 줄고 있다. 영어로는 'Political Campaign Sound track'이라고 한다. 일본은 서양권에서는 일반적인 선거 활동이 금지되어 있기 때문에 선거 유세차에 기댈 수밖에 없는 측면도 있는 듯하다. 확성기로 여러 번 이름을 반복해서 방송하는 것 자체는 심리학적으로 다양한 의미에서 유효한 것으로 알려져 있다.

세계 각국과 일본의 선거 모습

이렇게 효과가 좋아서인지 세계 여러 나라에서 선거 유세 차량을 이용했다. 일본을 비롯해 한국, 대만, 포르투갈, 아프리카 등 여전히 이용되고 있는 나라가 많지만 최근에는 소음 규제의 대상이 되면서 점차 줄고 있다. 미국에서는 1970년에 금지되었다. 서양에서 선거 유세 차량이 사라지게 된 데는 다음과 같은 이유가 있다.

■소음 규제

서양에서는 선거 활동이라고 해도 소음 규제 대상이 된다. 서양에서는 WHO의 권고를 기준으로 65데시벨 이하로 규제하고 있으나 일본의 확성기 소음 규제는 85데시벨 이하로 다른 나라보다 규제가 느슨한 편이다.

■호별 방문

서양의 선거 활동은 일본에서는 위법 행위인 호별 방문을 인정한다. 직접 눈앞에서 후보자의 이름을 연호하는 편이 선거 유세 차량보다 효과적이다. 실제 서양의 선거에서는 호별 방문 유세를 펼칠 선거 운동원을 얼마나 확보하는가가 당선을 좌우한다.

■광고 제한이 없다

서양에서는 TV, 라디오, 인터넷 등의 홍보 활동에 제한이 없으며 매체에 지불하는 막대한 광고료가 당선을 좌우한다. 참고로, 일본에서는 후보자가 개별적으로 매체에 유세 광고를 하는 것이 금지되어 있기 때문에 규정된 정견 방송 이외에는 광고를 할 수 없다. 일본은 비교적 최근까지 인터넷 활동조차 금지했다.

서양권에서는 일반적인 선거 활동이 일본에서는 금지된 경우가 많다. 그런 탓에 선거 유세 차량이라는 반세기 이상 지난 수단에 기댈 수밖에 없는 실정이다.

●거대 확성기 카탈로그 「Directory of Signal Corps Equipments: Sounds and Light and Miscellaneous Equipment」 33쪽
●가두선전 차량·선거 유세차 사진 「Wikimedia Commons」
●『항명』 다카기 도시로 저

1939년 나치의 가두선전 차량

1940년 미국의 선거 유세차

1990년 러시아의 가두선전 차량

제2차 세계대전에 활용된 거대 확성기

역사를 조금 거슬러 올라가보자. 대형 확성기가 발명된 것은 1920년대로 의외로 오래되었는데 1929년 미국에 초거대 확성기의 판매 카탈로그가 있었다. 당시 판매된 제품은 전기 장치인 앰프가 아니라 압축 공기를 사용한 기계식 확성 장치로 카탈로그에는 4마일(6.43738㎞) 거리에서도 선명히 들린다고 쓰여 있다. 트럭이나 선박 등에 탑재 가능해 이동이 자유롭고 외부 전원 등도 필요 없는 편리성이 뛰어난 기재로 세계적으로 꽤 많은 대수가 판매된 듯하다.

그리고 제2차 세계대전이 시작되면서 각국이 이 초거대 확성기를 사용하게 되었다. 192쪽 책 표지에 실려 있는 것은 스페인 내전 당시 독일군이 가져온 이탈리아제 방송 차량이다. 30㎞ 떨어진 곳에서도 들렸다고 한다. 스페인은 독일군의 선전 공격에 사기가 꺾여 패했다. 독일군은 공격이란 기동과 사격과 충격 그리고 이것이 지향하는 방향에 따라 효과를 발휘한다고 가르쳤으며 적에게 충격을 가하는 유효한 수단으로 초강력 확성기를 사용한 것이다.

즉, 가두선전 차량은 일찍이 유효한 전술로 활용되었던 것이다. 전쟁이 본격화되자 각국이 전선 깊은 곳까지 진출해 방송을 했기 때문에 대형 스피커를 탑재한 스피커 탱크가 운용되었다. 확성기를 이용한 선전 공격이라는 발상을 하지 못한 것은 일본 정도가 아니었을까?

영국군이 임팔에서 유창한 일본어로 '방송 중에는 공격하지 않을 것을 약속한다. 방송을 마치면 공격하겠다'고 말하고 일본 가요를 열창. 일본군의 부대명을 호명하고 다른 일본군 사단의 상황까지 정확히 전한 후 위세 사격을 하고 돌아가는 공격을 거듭해 일본군의 사기를 꺾었던 유명한 일화가 있다.

최전선에서 굶주림에 시달리던 병사들의 유일한 낙이 적군이 방송하는 가요였다니 기막힌 아이러니가 아닐 수 없다…. 물론 영국군의 작전이 성공한 결과였지만.

세뇌의 완성…적에게 들은 진실

제2차 세계대전의 가장 실패한 작전 중 하나인 임팔 작전에서는 '무다구치 장군을 비롯한 사령부가

Memo:
- 『참모(参謀)』 아베 미쓰오 저
- 『「우장(愚将)」 무다구치 렌야 중장에 관한 일화와 진실』 https://news.yahoo.co.jp/byline/dragoner/20181110-00103615/

2001년 콩고의 선거 유세차

2010년 북한의 가두선전 차량

2014년 대만의 군용 확성기

연일 요정을 드나들며 호화로운 생활을 하고 있다'라거나 여성을 사이에 두고 '장군이 병사들이 보는 앞에서 참모 대령을 폭행했다' 같은 터무니없는 일화가 다수 전해진다. 한 역사 연구가가 이런 일들이 정말 사실인지 추적했지만 확실한 역사 자료는 찾지 못했다고 한다.

전선에서 기아 직전까지 분투했던 병사와 장교들의 증언에 따르면, 최전선에 있던 그들이 후방에 있는 사령부의 부패상을 알게 된 것은 영국군의 선전 방송을 통해서였다는 것이다(영국 정보기관이 알아낸 정보라는 설정). 즉, 적군의 말을 그대로 믿었을 뿐 누구도 요정이나 게이샤의 실물을 본 적이 없었다.

반복되는 방송을 계속 듣다보면 자극에 대한 지각 정보 처리 면에서 처리 효율이 상승해 자극에 대한 친근성이 높아진다. 이렇게 높아진 친근성을 적의 방송 자체에 대한 호의로 착각하는 것이다. 방송을 반복해 듣다보면 '사령부가 요정에서 게이샤와 호사를 누린다'는 개념이 형성되고 방송 내용에 대한 기지감(既知感)이 높아지면 '환상적인 진실 효과'에 의해 불확정성이 줄고 호의도는 더욱 상승한다.

급기야 자신이 직면하고 있는 고난의 원인이 상층부의 무능에 있다는 현실을 깨닫고 적군의 말을 진실이라고 믿어버리게 되면서 선전 작전이 완성된다. 그리고 전쟁이 끝난 후 패전의 현실을 직면하면서 발생한 사후 확증 편향으로 '적군의 방송에서 들은 정보가 진실이었다'며 자신의 회상을 왜곡한다.

이렇게 우장(愚將) 무타구치의 전설이 탄생했다.

비밀에 싸인 반역자의 정체

제2차 세계대전 이후, 영국군은 선전 방송의 아나운서였던 인물의 신분을 군사 기밀에 부쳐 현재까지도 공표하지 않고 있다. 국가 반역죄로 처벌 받을 위험성을 우려했기 때문이라고 생각된다. 실제 영국 정부는 독일군 선전 방송의 아나운서였던 호호 경을 국왕에 대한 대역죄로 교수형에 처했다.

연합군 사령부(GHQ)도 미국 매체에 일본 선전 방송의 아나운서였던 도쿄 로즈를 찾지 말라는 엄명을 내렸다.

'임팔의 엔카 가수'의 정체 역시 비밀에 싸여 있다.

● 전문용어의 어원 지각적 유창성의 오귀속설: misattribution of perceptual fluency
환상적 진실 효과: Illusory truth effect
사후 확증 편향: Hindsight bias

KARTE No. 048

장애인 자립 지원시설이었다?!

헌터 재벌과 캡스턴

메이지 시대 헌터 재벌이 세운 장애인 자립 지원시설 '캡스턴' 과연 시각 장애 노동자들의 인생은 불행했을까 아니면 행복했을까? 인간의 존엄에 대해 생각해보자.

'캡스턴(capstan)'이란 영화나 만화 등에서 노예들이 몸으로 밀어 움직이는 의문의 장치를 말한다. 그림을 보면 알 수 있을 것이다. 원래는 선박의 닻을 올릴 때 사용하는 장치이지만 선박의 경우 '양묘기'라는 명칭이 더 널리 쓰이며 일본에서는 캡스턴이 다른 의미로 쓰였다. 서양에서는 사용하지 않게 된 장치이지만 일본에서는 근대에도 계속 사용되며 1946년 무렵에야 폐지되었다.

일본에 캡스턴이 등장한 것은 메이지 시대 초기 에드워드 해즐릿 헌터(Edward Hazlett Hunter)라는 영국인이 처음 들여왔다고 한다. 1866년 일본에 온 그는 1873년 고베에 헌터 상회를 설립. '한타 류타로'라는 일본 이름으로 불린 영국계 일본인이었다. 또 1873년부터 1946년에 존재했던 '한타 재벌'의 창업자이기도 하다. 전후의 재벌 해체로 '히타치 조선', '한타 기계'라고 불리게 된 회사이다.

조선소의 건조 역량은 크레인 성능에 크게 좌우된다. 인력으로는 도저히 들 수 없는 중량의 부품을 만들어 선체에 부착하는 작업은 크레인이 필수이기 때문이다. 메이지 시대 일본은 외국에서 조선 기술을 도입했으나 영국 등의 선진국에서는 증기기관으로 움직이는 크레인을 다수 사용한 조선소를 가지

에드워드 해즐릿 헌터(1843~1917년)

헌터 영빈관

https://kitano-hunter.co.jp/

일본 고베 시에 있는 헌터 영빈관. 헌터 재벌 창업자인 E. H. 헌터와 그의 아내가 여생을 보낸 저택으로 현재는 예식장으로 사용되고 있다.

Memo:

참고 자료·사진 출전 등 ●「헌터 재벌 60주년사」

●가이 데릭(Guy derrick with nonrotatable mast), 구 헌터 저택「Wikipedia」

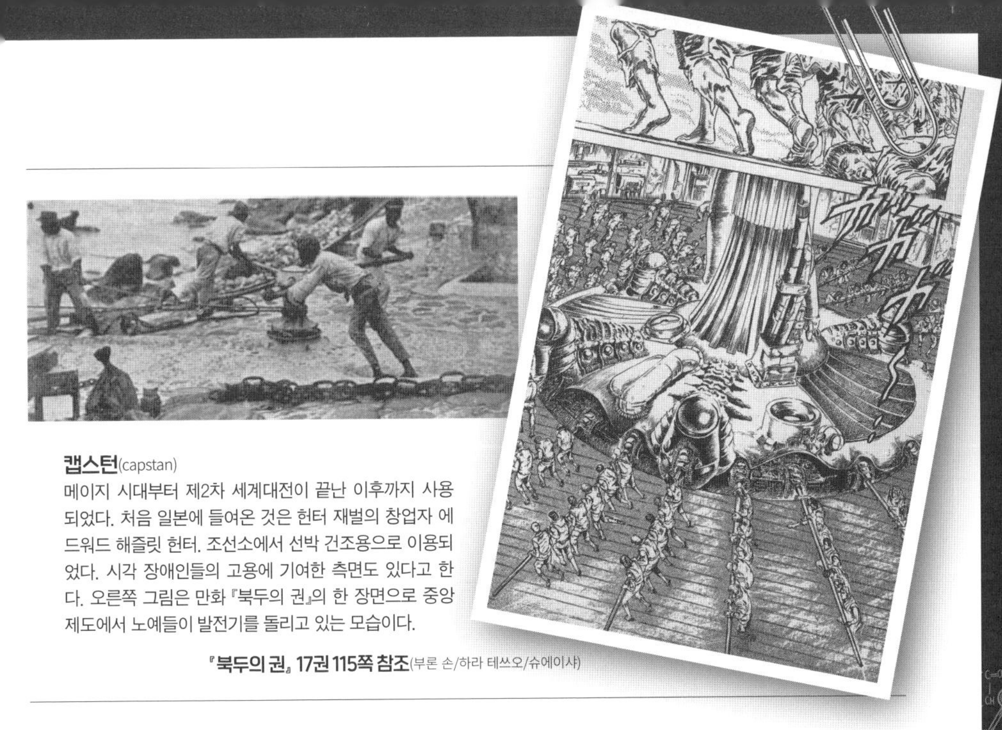

캡스턴(capstan)
메이지 시대부터 제2차 세계대전이 끝난 이후까지 사용되었다. 처음 일본에 들여온 것은 헌터 재벌의 창업자 에드워드 해즐릿 헌터. 조선소에서 선박 건조용으로 이용되었다. 시각 장애인들의 고용에 기여한 측면도 있다고 한다. 오른쪽 그림은 만화 『북두의 권』의 한 장면으로 중앙제도에서 노예들이 발전기를 돌리고 있는 모습이다.

『북두의 권』 17권 115쪽 참조(부론 손/하라 테쓰오/슈에이샤)

고 있었다. 일본은 그런 설비도 모두 수입에 의존했기 때문에 그 수가 절대적으로 부족했다. 헌터 사장은 고향 영국에서는 이미 폐기된 캡스턴을 이용하는 방법을 생각해냈다.

이른바, 인력을 이용한 윈치이다. 마소 등의 축력이 아닌 인력을 이용하는 것은 크레인의 정밀한 제어가 가능하기 때문이었다.

청일 전쟁이 한창이던 당시에는 육체적으로 강인한 청년들이 모두 군에 징병되면서 인적 자원이 부족한 상황이었다. 그러자 시각 장애인들이 주목을 받게 되었다. 크레인을 조작하는 감독이 호각을 불며 '천천히', '빠르게', '정지' 등을 지시했다. 시각 장애인들은 호각 소리에 맞춰 캡스턴을 움직였다.

일본에서 최초의 대규모 장애인 고용이 탄생한 순간이기도 하다. 눈이 보이지 않아도 호각 소리에 맞춰 캡스턴을 움직이면 매일 쌀밥을 먹을 수 있는 데다 급료도 받았다. 장애인 차별이 심각했던 당시로서는 파격적인 대우였다. 캡스턴은 시각 장애인들이 할 수 있는 유일한 육체노동이었던 것이다. 또한 증기 크레인이나 증기 윈치를 구입할 여유가 없던 일본에도 캡스턴은 가장 비용 대비 효과가 뛰어난 조선 기재였다.

괴력의 소유자 오카와 하치로

메이지 시대 오사카에 오카와 하치로(大川八郎)라는 인물이 있었다. 선천성 시각 장애를 가지고 태어난 그는 신장이 6척(약 1.8m)에 달하는 거구의 남성으로 혼자서 8명분의 일을 했다고 전해진다. 보통 사람의 8배라는 것은 확실히 과장된 이야기이겠지만 상당한 괴력의 소유자였던 것은 사실이었던 듯하다.

과거 일본에서는 선천성 시각 장애인에 대한 차별이 매우 심했다. 선천성 장애인은 혈통(유전자)에 결함이 있다고 여겨져 결혼도 하지 못했다. 그런 시대에 오카와 하치로는 8명분의 일을 해 급료를 두 배나 받았다. 당시 시각 장애인이 건강한 사람보다 2배나 더 많은 급료를 받는다는 것은 굉장히 파격적인 대우였다.

더욱 중요한 것은 식사나 급료 이상의 가치를 일깨웠다는 것이다.

'나라를 위해 일한다는 것.'

당시 일본인들에게 있어 나라에 이바지한다는 매우 중요한 가치관이었다. 아무 의미도 없이 살아가는 가축 이하의 존재에서 나라를 위해 일하는 노동자가 된 것이다. 그들은 노동을 통해 '인간으로서의 존엄'을 획득한 것이다.

근대화의 희생양

제1차 세계대전으로 호황을 맞은 일본에서 벼락부자들이 크게 늘었다. 조선소 설비도 빠르게 근대화되었다. 본격적인 증기 크레인이 도입되자 캡스턴은 폐기되었다. 그러자 지금까지 캡스턴을 움직였던 시각 장애인들의 처우가 문제가 되었다. 무자비한 공장장은 달리 할 수 있는 일이 없던 시각 장애인들을 전원 해고하고 회사 기숙사에서도 내보냈다. 하지만 그들은 갈 곳이 없었다. 대부분 13세 정도에 조선소에 와서 길면 30년 이상 캡스턴을 밀었던 것이다. 오랫동안 조선소 기숙사와 캡스턴만 오가던 그들을 받아주는 곳은 없었다.

갈 곳을 잃은 그들은 조선소 한구석에서 항의 시위를 시작했다. 하지만 아무도 그들을 시위에 관심을 갖지 않았다. 심지어 먹을 것도 주지 않고 그대로 방치되었다. 그런 그들을 구한 것은 헌터 재벌의 영애 다이애나 헌터였다.

'아버지, 우리 집엔 돈이 이렇게 많은데 왜 저 사람들에게 주먹밥 하나 주지 않는 거죠?'

딸의 말을 듣고 감동한 헌터 사장은 새로운 캡스턴을 만들기로 했다. 이렇게 캡스턴은 장애인 자립 지원 시설로 부활했다. 그리고 헌터 재벌은 조선소에서 일하는 노동자들을 위해 일본 최초로 노동자 재해보상보험을 도입했다.

제2차 세계대전이 시작되자 전시 표준선의 대량 생산을 위해 새로운 조선소가 지어졌지만 새로운 설비를 만들 시간적 여유도 자재도 부족했다. 여기서 회사의 배려로 유지만 되고 있던 캡스턴이 복권했다.

Memo:

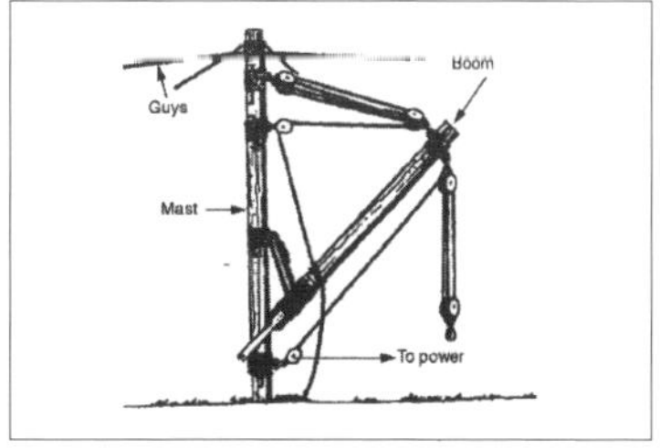

마스트로 고정된 가이데릭. 여기에 캡스턴을 조합하면 인력 윈치가 된다.

구 헌터 저택
메이지 시대 에드워드 해즐릿 헌터가 구입해 개축했다. 일본 효고 현 고베 시에 있는 오시 동물원 내에 있으며 1966년 중요문화재로 지정되었다.

캡스턴과 데릭 조합의 가장 큰 장점은 나무 막대 3개와 약간의 부자재 그리고 밧줄만 있으면 언제 어디서든 즉석에서 크레인을 만들 수 있다는 점이다. 전시에는 당장 필요한 것을 손에 넣을 수 있다는 것이 무척 중요했다. 어떤 무적 병기도 필요할 때, 필요한 장소에 없으면 없는 것과 마찬가지이기 때문이다.

그리하여 많은 장애인들이 모여 패전의 날까지 계속해서 캡스턴을 밀었다.

어둠 속으로 사라진 캡스턴

전후, 조선소를 시찰한 연합군 사령부(GHQ)의 한 장교가 '장애인을 노예로 삼았다'고 착각해 격노한 일이 원인이 되어 캡스턴이 금지되었다. 연합군 사령부는 노예 노동에 동원된 장애인들을 구제하고자 시설을 만들어 수용했다. 아마도 그 장교는 '다시는 노예 노동을 하지 않아도 된다'며 따뜻한 위로를 건넸을 것이다. 그들은 그 시설에서 수명이 다할 때까지 관리를 받으며 여생을 보냈다.

과연 그들은 불행한 노예에서 행복한 장애인이 되었을까? 가혹한 노동을 통해 인간으로서의 존엄을 깨달은 것은 환상일 뿐 실은 국가와 재벌에게 착취당한 것이었을까?

'인간은 빵만으로는 살 수 없다.'

설령 군국주의 국가가 심어준 환상이었다 하더라도 그들에게 노동자로서의 가치를 부여하고 인간으로서의 존엄을 일깨워준 것이 잘못된 일이었을까?

그들의 행복은 그들 자신밖에는 알 수 없다.

KARTE No. 049

원호 누설 사건과 개원 타이밍

새로운 원호에 얽힌 미스터리

일본의 헤이세이 시대가 막을 내리고 2019년 '레이와' 시대가 시작되었다. 일본의 개원에 얽힌 숨은 일화를 살펴보자.

일본의 원호는 왕이 붕어 또는 퇴위할 때 바뀌기 때문에 시기가 좋지 않은 경우도 종종 있다. 다이쇼 일왕은 크리스마스에 세상을 떠났기 때문에 쇼와 원년(元年)은 12월 25일부터 12월 31일까지의 매우 짧은 기간이었다.

일본에서는 '원호를 모르면 사자 직업은 갖지 못한다'는 말이 있다. 법무사는 토지의 매매가 이루어진 시점에 등기를 하는 데 그때 토지의 진짜 주인인지를 확인하는 것도 중요한 업무이다. 사기꾼은 법무사의 본인 확인을 속이는 데 프로. 당연히 모든 신분증명서를 위조해 속이는데 쇼와 원년 6월생이라는 존재하지도 않는 생년월일을 사용한 어리석은 사기꾼이 있었다. 문제는 법무사가 그런 사기꾼에게 속아 넘어가 손해 배상 및 징역형을 받은 것이었다. 기막힌 일이다….

東宮葉山で御踐祚あり
百二十四代の皇位に即かる
祖宗傳承の神器を受け給うて

同時に妃宮は皇后宮に
先帝皇后は皇太后とならせらる

人皇百二十三代の天皇陛下崩御につき、皇太子裕仁親王殿下には、皇室典範第十條「天皇崩ずる時は皇嗣即ち踐祚し祖宗の神器を承く」の明文に從ひ、即時葉山において御踐祚遊ばされ、祖宗傳承の神器を受けさせ給うて、茲に、第百二十四代の皇位につかせられたが、同時に、皇太子妃良子殿下には皇后陛下に冊立せられ、先帝皇后は皇太后とならせられた

同時宮中にては
二つの儀
(祭典と奉告と)

御大喪に付今二十五日
謹んで休業仕候
三越呉服店

改元は本日樞府に御諮詢御裁可の上
即時官報號外を以て發表さるべく、
元號は光文に決定さるゝであらう

御踐祚に伴ふ重大儀
劔璽渡御の儀嚴かに
葉山御用邸で行はる
各宮殿下を初め奉り
文武顯官參列の裡に

『요미우리 신문』 다이쇼 15년 12월 25일

1926년 12월 25일 한밤중에 다이쇼 일왕이 세상을 떠났다. 도쿄 일일 신문이 호외를 내 '고분'이라는 신 원호를 발표하자 각 신문사들이 뒤따라 기사를 냈다. 요미우리 신문도 '신 원호가 고분으로 결정되었다'고 보도했는데…. 결국 '쇼와'로 공식 발표되어 대형 오보 사건이 되었다. 후에 '고분 사건'이라고도 불리었다.

Memo:

1989년부터 31년간 이어진 헤이세이 시대가 2019년 4월 30일 막을 내리고 5월 1일부터 '레이와' 시대가 시작되었다. 이번에는 일왕의 생전 퇴위로 개원되었다. 레이와 이외의 후보로는 '반포(万保)', '반나(万和)', '고시(広至)', '규카(久化)', '에이코(英弘)' 등이 있었다고 보도되었다(ANN NEWS 참조/YouTube).

신 원호 오보 사건

1926년 12월 25일 새벽 1시 25분 다이쇼 일왕이 47세를 일기로 세상을 떠났을 때 도쿄 일일신문(지금의 마이니치 신문)이 호외를 내 신 원호를 '고분(光文)'이라고 발표하자 다른 신문사들도 잇따라 고분이라는 신 원호를 대대적으로 보도했다. 그런데 이것이 완전한 오보로 밝혀지면서 대참사로 번진 것이다.

전국적으로 '고분'이라는 신 원호를 실은 조간신문의 배달이 끝난 오전 11시경, 궁내청에서는 '쇼와(昭和)'라는 신 원호를 공식 발표했다. 오보를 낸 각 신문사에서는 허둥지둥 정정 호외를 내거나 그날 석간이나 다음 날 조간에 정정 사죄 기사를 싣는 등의 소동이 벌어졌다.

가장 먼저 오보를 낸 도쿄 일일신문은 사장 사임안까지 나왔지만 중간 관리직과 말단 직원 몇이 해고되는 정도로 사태를 수습했다. 결국 사장은 사임하지 않고 1930년 귀족원 의원이 되었다. 요미우리 신문은 사죄는커녕 25일의 신문을 없었던 일처럼 치부하며 26일 조간에 '쇼와'라는 원호를 실었다.

당시는 정보 전달 인프라가 미숙했기 때문에 석간을 발행하지 않는 신문사도 많았다. 지방에는 오보라는 사실이 충분히 전달되지 않아 호적에 '고분 원년 12월 25일생'이라고 쓰인 아이들이 속출했다고 한다. 나중에 급히 개정했지만 일일이 수기로 작성하던 시대였기 때문에 전후에도 수정되지 않은 호적이 발견되는 등의 문제가 있었다. 실은 오보가 아니라 정보 누출을 문제시한 궁내청이 급하게 쇼와로 변경했다는 음모론도 있지만…. 현대 역사 연구가들 사이에서는 부정되고 있다.

다이쇼 15년의 크리스마스

다이쇼 15년과 쇼와 원년은 같은 1926년이지만, 원호가 바뀌는 순간이 정확히 몇 시였는지를 따지는 것은 무척 까다롭다. 원호에 관한 자세한 규정은 「황실 전범」에 쓰여 있지만 1920년 개정된 이후, 1979년 또 한 번 개정되어 2017년판이 최신 규정이 되었다.

다이쇼 9년의 「황실 전범」을 기준으로 하면 다이쇼 일왕이 세상을 떠난 1926년 12월 25일 1시 25분까지가 다이쇼 시대, 쇼와 원년은 1926년 12월 25일 1시 26분부터 시작된다. 즉, 다이쇼 15년 12월 25일은 1시간 25분밖에 존재하지 않는다. 컴퓨터 시스템에서는 이 다이쇼와 쇼와 시대의 교체를 어떻게 처리했는지 모르지만 시스템 엔지니어들이 꽤나 애를 먹었을 것이다.

'가토 하야부사 전투대' 참조(도호/1944년 공개)
전쟁 중에는 적성 배제에 필사적이었다고 하지만 당시에도 크리스마스를 축하하는 관습이 있었다. 육군의 철저한 검열을 거친 전쟁 영화 '가토 하야부사 전투대'에도 육군 장교가 크리스마스를 축하하는 장면이 등장한다. 극중에서 '다이쇼 일왕제를 축하하는 자리'라거나 '적성 축제가 아니다' 같은 변명은 하지 않는다(웃음).

실제로는 존재하지 않았던 메이지 45년 7월 30일

비슷한 일이 메이지 시대에서 다이쇼 시대로 바뀌던 때에도 일어났다. 실제 메이지 일왕이 세상을 떠난 것은 7월 29일 22시 43분이라는 설이 있다. 공식 발표가 7월 30일 오전 0시 43분인 것은 1시간 남짓한 시간을 남기고 개원하는데 부담을 느껴 2시간 미뤄졌다는 것이다. 그런 이유로 메이지 45년 7월 30일은 43분밖에 되지 않는다.

낮 시간에 세상을 떠났다면 시스템에 큰 혼란을 초래했겠지만 두 번 모두 한밤중이었기 때문에 컴퓨터나 24시간 영업이 없던 당시에는 큰 문제가 되지 않았던 것이다. 하지만 현대에는 문제가 꽤 복잡해질 수 있기 때문에 쇼와 54년의 개정으로 일왕이 세상을 떠난 당일에는 원호를 바꾸지 않게 되었다. 덕분에 쇼와 64년은 1월 7일 막을 내리고 1월 8일 헤이세이 원년이 시작되었다.

크리스마스 붐의 시작

다이쇼 일왕이 세상을 떠난 12월 25일 크리스마스에는 대형 백화점들이 일제히 임시 휴업을 발표하는 등 당시 일본에서 막 시작된 크리스마스 경쟁이 시작도 되기 전에 모두 자제하는 분위기가 되었다. 하지만 쇼와 2년부터 12월 25일은 '다이쇼 일왕제'라는 축일로 지정되었다. 전후 연합군 사령부에 의해 폐지되기까지 크리스마스는 일본의 축일이었던 것이다. 그런 이유로 일본에 크리스마스가 정착하기 쉬웠다고 한다. 만약 다이쇼 일왕이 수일 늦게 세상을 떠났다면 지금처럼 일본에 크리스마스가 정착하지 못했을 수도 있다.

크리스마스를 혐오하는 일부 오타쿠들이 있다면 다이쇼 일왕제를 즐겨보는 건 어떨까.

Memo:

COLUMN

세계 최고 암살자의 라이플 조준 문제

『패왕・애인』 제3권 35쪽 참조(신조 마유/쇼가쿠칸)

신조 마유 선생의 만화 『패왕·애인』에서는 세계 최고 실력의 암살자가 하쿠론의 목숨을 노리는 장면이 유명하다. 인터넷상에서는 이 암살자의 이상한 조준 자세가 화제가 되었다. 그런데 이런 조준 방식이 실재한다.

'바주카 숏' 등으로 불리며 분쟁 지역의 게릴라 소년병들이 실제 이런 식으로 사격을 한다. 당연히 정식 교본에는 실려 있지 않다. 성인용으로 제작된 소총이 너무 무겁고 길어서 바주카포처럼 어깨에 걸쳐 총신의 균형을 잡는 것이다. 분쟁 지역의 상황을 보도하는 외국의 뉴스 사이트에서는 커다란 라이플을 어깨에 걸친 자세로 조준하는 소년병의 사진을 볼 수 있다. 또 소년병뿐 아니라 근접 전투에서도 비슷한 자세를 취하는 경우가 있다. 바주카 숏은 사격의 반동을 받아내기 위해 개머리판 대신 피스톨 그립을 몸에 밀착시킨다. 이런 자세는 조준이 매우 불편해 명중률이 극도로 낮아지기 때문에 소년병들은 적에 최대한 가까이 접근해 쏘라고 교육받는다. 믿어지지 않겠지만, 이것이 전쟁의 현실인 것이다. 즉, 그 암살자는 어릴 때부터 전장을 경험하며 생존을 위해 원거리에서 바주카 숏을 성공시키는 기술을 갈고 닦았다…는 숨은 설정이 있었는지도 모른다. '독학으로 터득한 저격 방식이 원거리 사격에는 적합지 않지만 이 방법이 아니면 명중시킬 수 없으므로 이제와 조준 방식을 바꿀 수는 없다'고 생각했을 수 있다.

다음은 암살자가 사용한 총 '어썰트 라이플 M16'이 저격용이 아니다. 저격에 적합지 않다는 지적에 대해서이다. 확실히 저격에 적합하진 않지만 절대 불가능한 것도 아니다. M16을 저격용으로 개조한 'SPR Mk12'(고르고 13이 사용하는 것도 아마 이것)라는 라이플도 있지만 그런 특수한 총이 아니어도 저격은 가능하다. M16의 카탈로그 사양이 '유효 사정 거리 600야드(약 548m)'로 되어 있기 때문에 무리라고 생각될 수 있지만 유효 사정 거리는 어디까지나 일반적인 사격 실력을 지닌 사람이 사용해 적중시킬 수 있는 거리를 말한다. 탄환 자체는 2,500m까지 나가기 때문에 수백 명 중 한 명꼴로 사격 실력이 뛰어난 사람이라면 1㎞ 거리의 헤드 샷도 불가능한 것은 아니다. 실제 미국 해병대에서는 일반적인 M16을 사용한 1,000야드(914.4m) 사격 경기가 실시되며 대개 표적을 정확히 명중시킨다. 심지어 조준경도 없다.

100만 명 이상에 달하는 미군 중 500명 가운데 1명꼴로 실력이 뛰어난 스나이퍼가 존재한다고 쳐도 2,000명 이상이다. 전 세계 규모로 생각하면, 어썰트 라이플로 1㎞ 거리에서 헤드 샷이 가능한 스나이퍼가 5,000명 이상이라도 이상한 일이 아니다. 인구비로 생각하면 '의사나 변호사나 박사' 같은 사람보다야 드물겠지만 만화책 한 권에 10명 정도 나온대도 이상하지 않을 정도의 숫자가 존재하는 것이다. 결론은 신조 마유 선생의 조준 방식이 잘못된 것이 아니라는 것이다.

나는 종가 18대 아루마 지로, 야쿠리 교시쓰의 최연장자이자
중년을 훌쩍 넘긴 늙은이로 본업은 교배 전문 여섯띠 아르마딜로이다.
아르마딜로의 고기가 무척 맛있어서
전국 시대에는 포르투갈 상인이 다이묘에게 헌상하기도 했다.
하지만 아르마딜로를 식재료로 인식하지 않은 덕분에 다이묘의 애완동물로 키워지게 되었다.
어쨌든 지금까지 500년 이상 세대교체를 거듭하며 살아남은 귀화 생물이 되었다.
여기에 얽힌 자세한 내용은 졸저『세계 정복 매뉴얼』을 참고하길 바라며….

500년 넘게 일본에 서식하다 보면 쓸데없이 오래된 이야기를 알고 있기도 하고
일반에 알려지지 않은 기업의 역사나 정보에 관련된 자료가 배달되기도 한다.
인슐린에 관한 이야기도 시미즈 제약의 모체인 재벌 총수의 초대로
창업 50주년 기념식에 갔다가 선물로 받은 사사(社史)를 통해 알게 된 것이다.
최근에는 '시미즈 제약'으로 검색해도 정보가 거의 없었기 때문에 기사로 정리해보았다.
인터넷으로 검색만 하면 모든 정보를 알 수 있다는 것은 미신 혹은 맹신에 가깝다.
가령 Windows95가 발매되고 인터넷이 일반화되기 전에 사라진 기업에 관한 상세 정보는
공식 사이트 등의 정보가 존재하지 않기 때문에 검색해도 나오지 않는다.

당뇨병 전문의조차 과거에는 생선을 이용해 인슐린을 만들었다는 사실을 모르거나
알더라도 개발 경위나 생산 기업에 대해서는 알지 못하는 일이 허다하다.
미국에서는 최근 30년 사이 인슐린 가격이 15배 이상 크게 올라
약을 살 수 없는 많은 사람들이 고통 받고 있다.
150억 달러 규모의 인슐린 시장에서 환자들을 착취해
돈벌이에만 혈안이 된 형국이다.
가격이 너무 비싸서 유전자 조작 미생물을 이용한 인슐린을 만들기 위해
연구하고 있는 바이오 해커들도 있다.
과거 일본에서 버리는 생선 내장을 이용해 국내 수요를 충족하고
수출까지 할 정도로 많은 인슐린을 생산했다는 것은 알려지지 않은 듯하다.
생선 내장 이외에 필요한 재료는 아세톤이나 피크르산 등 흔히 구할 수 있는
유기 화합물과 선풍기 날개에 시험관을 붙여 만드는 자작 원심 분리기만 있으면 OK.
일주일 분량의 인슐린 제조에 필요한 생선은 큼직한 것으로 3~5마리,
약 1kg 정도면 충분하다. 남는 생선은 먹으면 된다.

미국 오대호에서 팬데믹이 발생했을 때도 해적왕이 인공호흡기를 자작해 가격을 크게 낮출 수 있었다.
그 결과 이권 다툼에 휘말려 범죄자의 오명을 쓰고 말았지만….

의사는 기본적으로 최신 정보를 계속해서 업데이트해야 하는 직업이기 때문에
자신이 의학을 배우기 이전 시대의 의학 지식은 가지고 있지 않다.
오래된 정보는 술자리의 잡담 외에는 써먹을 일이 없기 때문이다.

이렇게 묻힌 이야기는 기밀도 아니거니와 언론이 자주 규제할 만한 정보도 아니다.
단지 인간들에게 잊힌 것뿐이다.

나처럼 오래 산 아르마딜로는 인간들이 잊어버린 일들까지도 쓸데없이 많이 기억하고 있다.
그런 일들을 인간들도 기억해주기를 바라는 마음에서 이 책을 썼다.

아무리 대단한 권력자나 대부호라도 생명은 살 수 없기 때문에 의료는 이 세상에서 가장 비싼 값에 대량으로 팔리는 상품이다.
무한에 가까운 부와 권력을 누린 진나라의 시황제도 불로불사를 얻지 못하고 결국 죽음을 맞았다.
20조 원이 넘는 자산을 소유한 스티브 잡스도 암으로 세상을 떠났다.

미국의 의료비는 계속해서 높아지고 의사의 소득도 함께 상승한다.
병에 걸린 사람이 의료 행위를 받지 않는다거나 더 저렴한 것을 고를 선택지가 없기 때문에
의료를 파는 쪽은 자본주의의 원리에 따라 한없이 가격을 올린다.
막대한 개발비가 드는 의료 기기나 의약품 가격은 절반 이상이 개발비나 특허료인데
그 이상으로 폭리를 취하고 있다.
의료 불매 운동은 자살 행위나 다름없기 때문이다.

또한 의료는 효과의 유무를 알기 어려운 상품이다.
중세 시대의 사혈이 전혀 효과가 없다는 것을 수백 년 넘게 깨닫지 못할 만큼 그 효과를 알기 어렵다.
근대가 되어 의료 통계학이 등장했지만 효과가 없다는 것을 깨닫지 못하고 고가의 상품을 계속 구입하는 사람은 사라지지 않는다.
판매자는 그것을 악용해 효과가 없는 상품을 계속 판매하고
구매자가 말기에 이르면 내팽개친다. 뒷수습은 일반 병원의 의사들 몫이다.

나는 이 책이 나오기 전 췌장암과 뇌종양으로 죽을 뻔 했지만 '표준 치료'로 목숨을 건졌다.
현장의 의사들은 이 '표준 치료'라는 명칭의 어감이 좋지 않다며 한탄한다.
실제 많은 치료들이 도태된 끝에 살아남은 치료법이기 때문에
'왕도 치료'라거나 '최강 치료' 혹은 '특상 치료'라고 불러야 마땅하다는 것이다.
그러나 일반인들은 특상·상·일반·하의 단계 중 일반 치료 정도로 여기는 경향이 있다.
암 환자의 일정수가 표준 치료 대신 실재하지도 않는 특상 또는 상급의 치료를 찾아다니다 병세가 악화되어 목숨을 잃는다.
자신을 과대평가하는 사람일수록 특별한 치료를 받을 수 있다고 착각해 이상한 민간요법에
손을 대지만 결국 말기가 되어서야 고통을 견디지 못하고 병원의 표준 치료로 돌아와 죽음을 맞는다.
굳이 예를 들자면 스티브 잡스 같은 경우이다.
암이 간까지 번진 후에야 부랴부랴 큰돈을 내고
이식자 명단 제일 윗줄에 이름을 올렸지만 이미 때는 늦었다.
대부호이자 천재적인 사업가로 누구보다 인터넷에 정통했을지라도
인터넷에서 찾은 정보를 그대로 믿어선 안 된다.

내가 큰 병에 걸리자
돈과 권력을 가진 가족과 친척들이 앞 다투어 장기를 이식해줄 상대를 찾아다니고
이식 대기자 명단 윗줄에 이름을 올릴 수 있게 손을 써준다거나 의료비를 마련해주었다.
하지만 보험이 적용되는 표준 치료를 받고 나았기 때문에 굉장히 저렴하게 해결했다.
필요한 것은 올바른 의료를 선택하는 상식이지
전문적인 의학 지식이나 막대한 자산 또는 특별한 권력이 아니다.

의료에 자본주의를 가져오면 판매자가 일방적으로 돈을 버는 악덕 상술로 변질된다.
일본은 국가에서 진료 보수부터 약의 가격까지 세세히 규정하고 있는 덕분에 자본주의의 착취로부터 보호받고 있는 것이다.
모든 환자가 최강의 의료인 표준 치료를 받을 수 있는 제도가 마련되어 있으며
보험이 적용되는 덕분에 의료비도 매우 저렴하다.
일본은 외래진찰료 740엔, 건강보험으로 자기부담 220엔이면 된다.
미국이라면 보통 1만 엔은 내야 한다.

시판 감기약 대부분이 상태가 좋지 않아도 일을 할 수 있을 정도로 증상을 완화시킨다.
의사들은 그런 종류의 '증상을 완화시키는 처방'을 좋아하지 않는다.
과거에는 마약이 특효약으로 쓰이기도 했다.
담배가 만연한 것도 금방 증상을 완화시키기 때문이다.
통증을 완화시켜 다 나았다는 착각을 일으키는 약을 좋은 약이라고 오해한 것이다.
현대에도 환자가 요구하는 것은 같다. 당장 고통이 사라지는 마법의 약이다.
칼에 찔린 상처가 베호마 한 방에 완치되거나 독이 키아리로 사라지는…그런 마법은 실재하지 않는다.
자오리크로 죽은 사람이 살아나는 일도 절대 없다.

500년 넘게 산 요괴 아르마딜로인 내가 말할 수 있는 것은 의료에 지름길은 없다는 것,
병에 걸리면 차근차근 시간을 들여 표준 치료를 받는 것이다.
수면 부족은 잠을 자지 않으면 낫지 않는다.
잠을 자지 않고도 멀쩡한 것은 '각성제'라는 폐인 제조 약물뿐이다.
MP를 회복시켜주는 아이템은 실재하지 않는다.

폭음폭식으로 당뇨병에 걸린 환자 중에는
식사 제한을 하느니 '마음껏 먹다 죽겠다'고 말하는 사람이 있다.
그들의 머릿속에는 '좋아하는 것을 하다 행복하게 죽고 싶다'는 마음이 있을 것이다.
하지만 현실은 병이 계속 악화되어 고통스럽게 죽는 것이다.

수의 의료와 인간 의료가 결정적으로 다른 점이 있다.
동물은 고통이 계속될 뿐이라면 안락사를 택한다.
한편, 인간은 고통이 계속되더라도 삶의 질을 최대한 유지하며 치료를 계속한다.
인생에 있어 고통과 불행은 결코 동일한 것이 아니기 때문이다.
인간만이 자신을 제어하며 질병의 고통 속에서도 행복한 인생을 보낼 수 있는 유일한 생물이다.

어느덧 남은 수명에 대해 생각할 만큼 세월이 흘러 19대 아루마 지로의 교체가 가까워진 느낌이 든다.
악이 멸망한 예가 없듯 괴인이 스러져도 새로운 괴인이 탄생해 야쿠리 교시쓰는 영원히 불멸할 것이다.

야쿠리 교시쓰
아루마 지로

과학실험 의학 사전의 기사가 처음 실린 주요 사이트 글/편집부

2018년 10월 7일, 특수계 뉴스 사이트 'TOCANA'에 한 편의 기사가 공개되었다.

'전국 항문 삽입, 정자 분출 약…아루마 지로가 해설하는「강제 사정」의 세계!'

성에 관련한 지식을 의학적으로 해설하는 데 있어 타의 추종을 불허하는 아루마 지로의 진수를 맛볼 수 있는 기사로 경이적인 방문자수를 기록했다. 그리고 일주일 후 공개된 기사가 바로 이것이다.

'【열람 주의】제2의 처녀막 '자궁구의 순결'을 빼앗는 것이 가능할까? 아루마 지로가 의학적으로 해설한다!'

두 번째 연재에서 바로 18세 미만 열람 금지 처분이 내려졌다. 이 기사 최대의 볼거리는 실제 자궁구를 찍은 사진으로 아루마 지로 본인이 직접 촬영했다고 한다. SNS상에서 크게 화제가 되었다(본문 47쪽에 게시). 법적 규제와 자기 검열의 풍조 속에서 TOCANA는 남다른 기사를 접할 수 있는 유일무이한 뉴스 사이트로 존재감을 드러냈다. 그건 이 사이트의 최우선 목적이 '지적 호기심을 자극'하는 것이기 때문일 것이다. 2020년 4월말 현재, 아루마 지로의 기사는 41편이 공개되어 있다. 정기적으로 신규 기사가 추가되고 있으므로 여러분도 체크해보기 바란다!

TOCANA

https://tocana.jp/

2011년 개설된 특수계 뉴스 사이트. 2018년 10월부터 아루마 지로의 연재가 시작되어 정기적으로 신규 기사가 공개되고 있다. 이 책에서 소개한 기사도 실려 있다.

과학 실험 포털

https://www.cl20.jp/portal/

야쿠리 교시쓰의 공식 사이트. 메일 매거진 기사나 기획 상품 등의 정보가 정리되어 있다. 아루마 지로의 기사도 공개 중이다.

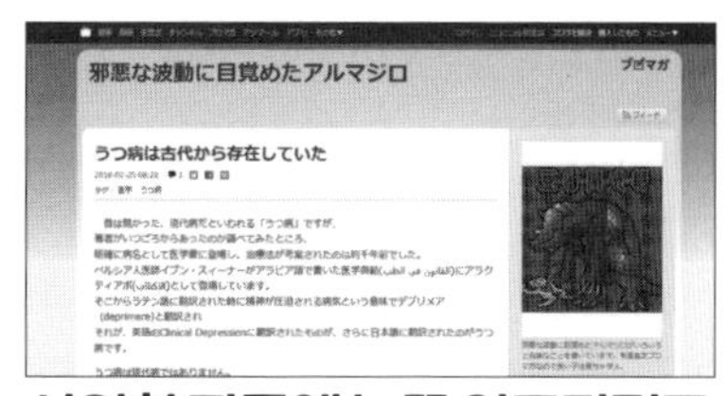

사악한 파동에 눈뜬 아르마딜로

https://ch.nicovideo.jp/aruma_zirou

2013년 니코니코 동화 사이트에 개설한 블로그. 잊을 만하면 새 글이 올라온다. '프로젝트 SEX'나 '전무후무한 수술의 가격'의 기사는 이곳에서 참조했다.

초판 1쇄 인쇄 2022년 11월 10일
초판 1쇄 발행 2022년 11월 15일

저자 : 아루마 지로
감수 : 야쿠리 교시쓰
번역 : 김효진

펴낸이 : 이동섭
편집 : 이민규
디자인 : 조세연
영업 · 마케팅 : 송정환, 조정훈
e-BOOK : 홍인표, 서찬웅, 최정수, 김은혜, 이홍비
관리 : 이윤미

㈜에이케이커뮤니케이션즈
등록 1996년 7월 9일(제302-1996-00026호)
주소 : 04002 서울 마포구 동교로 17안길 28, 2층
TEL : 02-702-7963~5 FAX : 02-702-7988
http://www.amusementkorea.co.kr

ISBN 979-11-274-5697-9 03400

창작을 위한 아이디어 자료

AK 트리비아 시리즈

-AK TRIVIA BOOK

No. 01 도해 근접무기
검, 도끼, 창, 곤봉, 활 등 냉병기에 대한 개설

No. 02 도해 크툴루 신화
우주적 공포인 크툴루 신화의 과거와 현재

No. 03 도해 메이드
영국 빅토리아 시대에 실존했던 메이드의 삶

No. 04 도해 연금술
'진리'를 위해 모든 것을 바친 이들의 기록

No. 05 도해 핸드웨폰
권총, 기관총, 머신건 등 개인 화기의 모든 것

No. 06 도해 전국무장
무장들의 활약상, 전국시대의 일상과 생활

No. 07 도해 전투기
인류의 전쟁사를 바꾸어놓은 전투기를 상세 소개

No. 08 도해 특수경찰
실제 SWAT 교관 출신의 저자가 소개하는 특수경찰

No. 09 도해 전차
지상전의 지배자이자 절대 강자 전차의 힘과 전술

No. 10 도해 헤비암즈
무반동총, 대전차 로켓 등의 압도적인 화력

No. 11 도해 밀리터리 아이템
군대에서 쓰이는 군장 용품을 완벽 해설

No. 12 도해 악마학
악마학의 발전 과정을 한눈에 알아볼 수 있도록 구성

No. 13 도해 북유럽 신화
북유럽 신화 세계관의 탄생부터 라그나로크까지

No. 14 도해 군함
20세기 전함부터 항모, 전략 원잠까지 해설

No. 15 도해 제3제국
아돌프 히틀러 통치하의 독일 제3제국 개론서

No. 16 도해 근대마술
마술의 종류와 개념, 마술사, 단체 등 심층 해설

No. 17 도해 우주선
우주선의 태동부터 발사, 비행 원리 등의 발전 과정

No. 18 도해 고대병기
고대병기 탄생 배경과 활약상, 계보, 작동 원리 해설

No. 19 도해 UFO
세계를 떠들썩하게 만든 UFO 사건 및 지식

No. 20 도해 식문화의 역사
중세 유럽을 중심으로, 음식문화의 변화를 설명

No. 21 도해 문장
역사와 문화의 시대적 상징물, 문장의 발전 과정

No. 22 도해 게임이론
알기 쉽고 현실에 적용할 수 있는 게임이론 입문서

No. 23 도해 단위의 사전
세계를 바라보고, 규정하는 기준이 되는 단위

No. 24 도해 켈트 신화
켈트 신화의 세계관 및 전설의 주요 등장인물 소개

No. 25 도해 항공모함
군사력의 상징이자 군사기술의 결정체, 항공모함

No. 26 도해 위스키
위스키의 맛을 한층 돋워주는 필수 지식이 가득

No. 27 도해 특수부대
전장의 스페셜리스트 특수부대의 모든 것

No. 28 도해 서양화
시대를 넘어 사랑받는 명작 84점을 해설

No. 29 도해 갑자기 그림을 잘 그리게 되는 법
멋진 일러스트를 위한 투시도와 원근법 초간단 스킬

No. 30 도해 사케
사케의 맛을 한층 더 즐길 수 있는 모든 지식

No. 31 도해 흑마술
역사 속에 실존했던 흑마술을 총망라

No. 32 도해 현대 지상전
현대 지상전의 최첨단 장비와 전략, 전술

No. 33 도해 건파이트
영화 등에서 볼 수 있는 건 액션의 핵심 지식

No. 34 도해 마술의 역사
마술의 발생시기와 장소, 변모 등 역사와 개요

No. 35 도해 군용 차량
맡은 임무에 맞추어 고안된 군용 차량의 세계

No. 36 도해 첩보·정찰 장비
승리의 열쇠 정보! 첩보원들의 특수장비 설명

No. 37 도해 세계의 잠수함
바다를 지배하는 침묵의 자객, 잠수함을 철저 해부

No. 38 도해 무녀
한국의 무당을 비롯한 세계의 샤머니즘과 각종 종교

No. 39 도해 세계의 미사일 로켓 병기
ICBM과 THAAD까지 미사일의 모든 것을 해설

No. 40 독과 약의 세계사
독과 약의 역사, 그리고 우리 생활과의 관계

No. 41 영국 메이드의 일상
빅토리아 시대의 아이콘 메이드의 일과 생활

No. 42 영국 집사의 일상
집사로 대표되는 남성 상급 사용인의 모든 것

No. 43 중세 유럽의 생활
중세의 신분 중 「일하는 자」의 일상생활

No. 44 세계의 군복
형태와 기능미가 절묘하게 융합된 군복의 매력

No. 45 세계의 보병장비
군에 있어 가장 기본이 되는 보병이 지닌 장비

No. 46 해적의 세계사
다양한 해적들이 세계사에 남긴 발자취

No. 47 닌자의 세계
온갖 지혜를 짜낸 닌자의 궁극의 도구와 인술

No. 48 스나이퍼
스나이퍼의 다양한 장비와 고도의 테크닉

No. 49 중세 유럽의 문화
중세 세계관을 이루는 요소들과 실제 생활

No. 50 기사의 세계
기사의 탄생에서 몰락까지, 파헤치는 역사의 드라마

No. 51 영국 사교계 가이드
빅토리아 시대 중류 여성들의 사교 생활

No. 52 중세 유럽의 성채 도시
궁극적인 기능미의 집약체였던 성채 도시

No. 53 마도서의 세계
천사와 악마의 영혼을 소환하는 마도서의 비밀

No. 54 영국의 주택
영국 지역에 따른 각종 주택 스타일을 상세 설명

No. 55 발효
미세한 거인들의 경이로운 세계

No. 56 중세 유럽의 레시피
중세 요리에 대한 풍부한 지식과 요리법

No. 57 알기 쉬운 인도 신화
강렬한 개성이 충돌하는 무아와 혼돈의 이야기

No. 58 방어구의 역사
방어구의 역사적 변천과 특색 · 재질 · 기능을 망라

No. 59 마녀 사냥
르네상스 시대에 휘몰아친 '마녀사냥'의 광풍

No. 60 노예선의 세계사
400년 남짓 대서양에서 자행된 노예무역

No. 61 말의 세계사
역사로 보는 인간과 말의 관계

No. 62 달은 대단하다
우주를 향한 인류의 대항해 시대

No. 63 바다의 패권 400년사
17세기에 시작된 해양 패권 다툼의 역사

No. 64 영국 빅토리아 시대의 라이프 스타일
영국 빅토리아 시대 중산계급 여성들의 생활

No. 65 영국 귀족의 영애
영애가 누렸던 화려한 일상과 그 이면의 현실

No. 66 쾌락주의 철학
쾌락주의적 삶을 향한 고찰과 실천

No. 67 에로만화 스터디즈
에로만화의 역사와 주요 장르를 망라

No. 68 영국 인테리어의 역사
500년에 걸친 영국 인테리어 스타일

-AK TRIVIA SPECIAL

환상 네이밍 사전
의미 있는 네이밍을 위한 1만3,000개 이상의 단어

중2병 대사전
중2병의 의미와 기원 등, 102개의 항목 해설

크툴루 신화 대사전
대중 문화 속에 자리 잡은 크툴루 신화의 다양한 요소

문양박물관
세계 각지의 아름다운 문양과 장식의 정수

고대 로마군 무기·방어구·전술 대전
위대한 정복자, 고대 로마군의 모든 것

도감 무기 갑옷 투구
무기의 기원과 발전을 파헤친 궁극의 군장도감

중세 유럽의 무술, 속 중세 유럽의 무술
중세 유럽~르네상스 시대에 활약했던 검술과 격투술

최신 군용 총기 사전
세계 각국의 현용 군용 총기를 총망라

초패미컴, 초초패미컴
100여 개의 작품에 대한 리뷰를 담은 영구 소장판

초쿠소게 1,2
망작 게임들의 숨겨진 매력을 재조명

초에로게, 초에로게 하드코어
엄격한 심사(?!)를 통해 선정된 '명작 에로게'

세계의 전투식량을 먹어보다
전투식량에 관련된 궁금증을 한 권으로 해결

세계장식도 1, 2
공예 미술계 불후의 명작을 농축한 한 권

서양 건축의 역사
서양 건축의 다양한 양식들을 알기 쉽게 해설

세계의 건축
세밀한 선화로 표현한 고품격 건축 일러스트 자료집

지중해가 낳은 천재 건축가 -안토니오 가우디
천재 건축가 가우디의 인생, 그리고 작품

민족의상 1,2
시대가 흘렀음에도 화려하고 기품 있는 색감

중세 유럽의 복장
특색과 문화가 담긴 고품격 유럽 민족의상 자료집

그림과 사진으로 풀어보는 이상한 나라의 앨리스
매혹적인 원더랜드의 논리를 완전 해설

그림과 사진으로 풀어보는 알프스 소녀 하이디
하이디를 통해 살펴보는 19세기 유럽사

영국 귀족의 생활
화려함과 고상함의 이면에 자리 잡은 책임과 무게

요리 도감
부모가 자식에게 조곤조곤 알려주는 요리 조언집

사육 재배 도감
동물과 식물을 스스로 키워보기 위한 알찬 조언

식물은 대단하다
우리 주변의 식물들이 지닌 놀라운 힘

그림과 사진으로 풀어보는 마녀의 약초상자
「약초」라는 키워드로 마녀의 비밀을 추적

초콜릿 세계사
신비의 약이 연인 사이의 선물로 자리 잡기까지

초콜릿어 사전
사랑스러운 일러스트로 보는 초콜릿의 매력

판타지세계 용어사전
세계 각국의 신화, 전설, 역사 속의 용어들을 해설

세계사 만물사전
역사를 장식한 각종 사물 약 3,000점의 유래와 역사

고대 격투기
고대 지중해 세계 격투기와 무기 전투술 총망라

에로 만화 표현사
에로 만화에 학문적으로 접근하여 자세히 분석

크툴루 신화 대사전
러브크래프트의 문학 세계와 문화사적 배경 망라

아리스가와 아리스의 밀실 대도감
신기한 밀실의 세계로 초대하는 41개의 밀실 트릭

연표로 보는 과학사 400년
연표로 알아보는 파란만장한 과학사 여행 가이드

제2차 세계대전 독일 전차
풍부한 일러스트로 살펴보는 독일 전차

구로사와 아키라 자서전 비슷한 것
영화감독 구로사와 아키라의 반생을 회고한 자서전

유감스러운 병기 도감
69종의 진기한 병기들의 깜짝 에피소드

유해초수
오리지널 세계관의 몬스터 일러스트 수록

요괴 대도감
미즈키 시게루가 그려낸 걸작 요괴 작품집

과학실험 이과 대사전
다양한 분야를 아우르는 궁극의 지식탐험!

과학실험 공작 사전
공작이 지닌 궁극의 가능성과 재미!

크툴루 님이 엄청 대충 가르쳐주시는 크툴루 신화 용어사전
크툴루 신화 신들의 귀여운 일러스트가 한가득

고대 로마 군단의 장비와 전술
로마를 세계의 수도로 끌어올린 원동력

제2차 세계대전 군장 도감
각 병종에 따른 군장들을 상세하게 소개

음양사 해부도감
과학자이자 주술사였던 음양사의 진정한 모습

미즈키 시게루의 라바울 전기
미즈키 시게루의 귀중한 라바울 전투 체험담

산괴 1
산에 얽힌 불가사의하고 근원적인 두려움

초 슈퍼 패미컴
역사에 남는 게임들의 발자취와 추억